未解的宇宙

汪　诘◎著

湖南科学技术出版社

图书在版编目（CIP）数据

未解的宇宙 / 汪诘著．—长沙：湖南科学技术出版社，2019.6
（科学盛宴丛书）
ISBN 978-7-5710-0142-1

Ⅰ．①未… Ⅱ．①汪… Ⅲ．①宇宙 - 普及读物 Ⅳ．① P159-49

中国版本图书馆 CIP 数据核字 (2019) 第 070548 号

湖南科学技术出版社获得本书中文简体版中国大陆独家出版发行权

WEIJIE DE YUZHOU
未解的宇宙

作者
汪　诘

责任编辑
杨　波　李　蓓　吴　炜　孙桂均

出版发行
湖南科学技术出版社

社址
长沙市湘雅路 276 号
http://www.hnstp.com

湖南科学技术出版社
天猫旗舰店网址
http://hnkjcbs.tmall.com

邮购联系
本社直销科 0731-84375808

印刷
长沙鸿和印务有限公司
（印装质量问题请直接与本厂联系）

厂址
长沙市望城区金山桥街道

版次
2019 年 6 月第 1 版

印次
2019 年 6 月第 1 次印刷

开本
880mm × 1230mm　1/32

印张
10.75

字数
180000

书号
ISBN 978-7-5710-0142-1

定价
60.00 元

Contents • 目录

序　言

在我还是少年的时候，就对神秘的大自然和宇宙充满了好奇，每当借到一本讲述宇宙未解之谜的图书，都会如获至宝。神秘的飞碟是外星人的飞船吗？百慕大三角为什么会发生那么多离奇的失踪事件？尼斯湖里的怪兽到底长什么样？我痴迷地想知道这些神秘问题的答案。在那个少年的心中，宇宙之大，无奇不有，越是离奇的传说越有研究的价值。

但随着年龄的增长，我才逐渐发现，原来少年心中的大自然与世界的真相之间有如此巨大的差距。随着对科学知识的深入学习，我开始了解科学史，了解相对论、量子力学，我又突然发现，原来宇宙的真正神奇之处远超少年的想象。

外星生命之谜，生命起源之谜，黑洞之谜，暗物质、暗能量之谜等，这些宇宙中的谜题远比飞碟、百慕大、尼斯湖怪兽更加令人震撼和着迷。

青少年对宇宙未解之谜往往有着非常强烈的好奇心，而好奇心正是人类区别于动物最重要的特质之一。好奇心不但促使我们不断保持学习的状态，激发创造的活力，更驱动着人类文明的不断发展，甚至可以说，一切科学发现最初都是源于好奇心的驱使。

然而我也看到，在宇宙未解之谜这个科普领域却又是伪科学的重灾区。如果接受了错误的知识，青少年不但无法从小培养科学精神，反而还会形成错误的世界观，在看待问题的思维方式上可能会误入歧路。

在我的这本书中，你会跟随我从真假之谜分两个维度切入，领略最原汁原味的科学思维和科学方法。通过破除假谜，了解如何识别假象和谎言；通过了解真谜，将你引入真正的科学探索的大门。

在这个纷繁复杂的世界中，我希望你能尽早树立这样的思维方式：用证据还原真相，用科学理解宇宙。

这将令你受益一生。

本书能够得以顺利完成，我必须要感谢我的文献助理黄小艳女士（但我喜欢亲切地叫她牛牛小编），是她帮我耐心细致地查阅了大量的外文文献，以确保本书信源的真实可靠。我还要感谢我的好友，科普作家吴京平先生，他对本书的选题以及内容都提出了非常多宝贵的意见。因为有了这位擅长用评书风格讲科学史的高手相助，使得本书的趣味性大大增强。

来吧，这就跟我开启一段探索之旅。

宇宙终结之谜

宇宙终结之热寂说

我们知道，那些所谓的世界末日往往都是一些经不起推敲的传说和故事，没有任何的科学依据。但是，如果把时间的尺度拉到足够长，那么地球也迟早是要毁灭的。别的不说，单说太阳就不能一直像现在这样燃烧下去。科学家们已经发现，太阳在几十亿年以后就会变成一颗红巨星，很可能到那时候太阳的烈焰就会吞噬地球，地球上的所有水分都会被蒸发殆尽，当然也就不可能允许生命的存在。太阳最终也会因为燃料耗尽而慢慢熄灭，太阳系将回归黑暗。从这个意义上来说，世界末日迟早会到来。不过，那也只能称为地球或者太阳系的末日，并不是人类世界的末日，因为我们可以移民到宇宙中的其他恒星系。

看一看

不过，如果我们把时间的尺度继续拉长，宇宙的最终命运又会是怎样呢？宇宙是否有末日呢？关于这个问题，依然是一个宇宙未解之谜。

但是，科学家们可以根据已知的物理定律，作出一些基于科学的猜想。你知道科学猜想和胡思乱想有什么区别吗？科学猜想是基于现有的实验或者观测，利用合理的假设和已知的科学定律，一步一步推导出来的结论。胡思乱想就刚好相反，不需要任何理由，仅仅只是随便一拍脑袋就凭空冒出来的想法。但是，我并不是说胡思乱想就要不得，其实，人类离不开胡思乱想，我们每个人都有胡思乱想的自由，只要我们清楚科学猜想和胡思乱想的区别就好。

这两节内容，就来跟你说说关于宇宙末日的几种科学猜想。总的来说，有两种最主要的猜想，一种叫作“热寂说”，一种叫作“大撕裂说”。我们先从最多科学家支持的热寂说开始讲起。

在物理学中，有一个非常著名的热力学第二定律，这个定律是这样说的：任何孤立系统中的熵，只能增大不能减小。那到底什么是熵呢？这个问题是一个我最常被问到，但也最常会把人搞糊涂的问题。

熵，实际上表示的是一种自然界自发的发展方向，这个方向就是从有序向无序发展，用热力学的术语来说就是从低熵值向高熵值发展。我们拿到一副新的扑克牌，牌是从小到大按顺序排列的，我们洗牌的次数越多，这副牌就会变得越来越无序，在这个系统中，熵就是在慢慢地变大。一个打碎的玻璃杯，不可能自发地还原。你在沙漠中堆起一座沙堡，风很快就会让沙堡消失，重新回归无序，再厉害的风也永远不可能把沙子吹成一座规则的沙堡形态。

听完我的这三个比喻，或许你感觉自己理解了什么是熵，但我想告诉你，用有序和无序来理解熵，依然还是一种比喻，这样的理解依然是模糊的，在遇到一些其他例子时，还是容易产生误解。

例如，假设我们有两个盒子，每个盒子中都有 4 块积木块，其中一个盒子中的积木块大致均匀地分布在盒子中；而另一个盒子中的积木块则是一边多一边少。

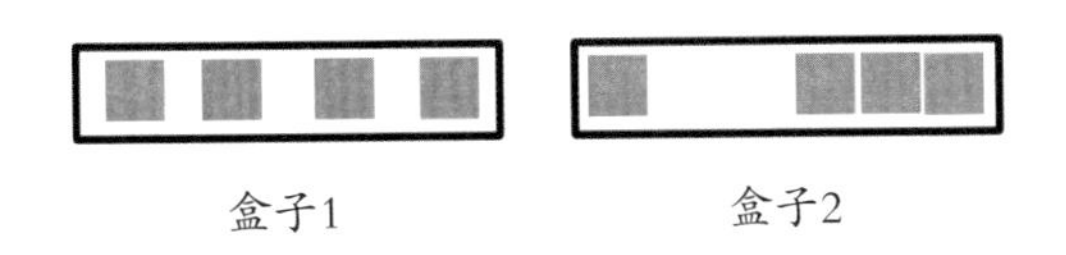

现在我问你，这两个盒子的熵值，哪个更大呢？这时候，你如果再用有序和无序去考虑问题的话，可能就会有点儿犯糊涂了，到底是盒子 1 更有序呢，还是盒子 2 更有序？或许，大多数人会认为盒子 1 更加有序，因为看起来更加整齐。但是，答案恰恰相反，从熵的角度看过去，盒子 1 的熵值更大，也就是更加无序。而盒子 2 的熵值更低，更加有序。这是为什么呢？

今天，我要教给你理解熵值更加准确的方法，就是考虑哪种状态的可能性更高。我们来分析一下，假如我们把这个盒子中的空间一分为二，给积木编号为 1、2、3、4。那么，盒子 1 我们可以认为是四块积木刚好一边各 2 块，而盒子 2 则是左边有 1 块积木，右边有 3 块积木。

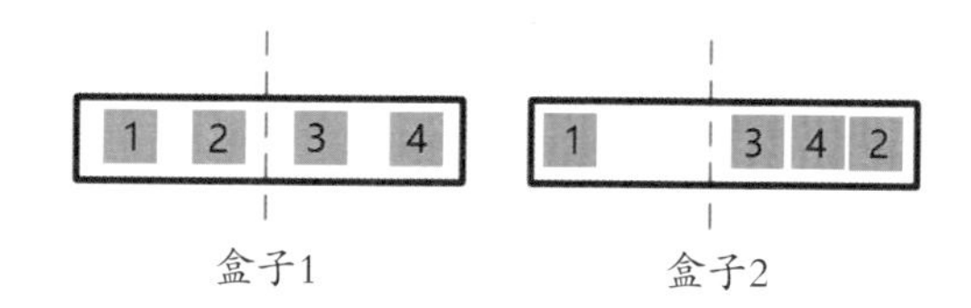

请你开动脑筋，想一下盒子 1 的这种分布方式的可能性总共有多少种，答案是 6 种可能性。相当于从 4 块积木中任意选出 2 块放到左边的空间。那盒子 2 的分布方式有多少种可能性呢？答案是 4 种可能性，相当于从 4 块积木中任意取出 1 块放到左边的空间。

好了，如果你理解了，那么请你记住，熵值不断增大的真正含义是自然界会自发地朝着分布可能性更高的方向发展。你可能到现在还没有想明白，那么我们来做一个思想实验。假设现在这是一个密封的长条状的盒子，盒子有一定的深度，这样积木块可以在里面自由地运动，不会堵塞。

好了，我们把盒子拿起来，使劲地摇一摇，然后把盒子放平稳，你觉得出现盒子 1 的情况的可能性更大呢，还是出现盒子 2 的情况的可能性更大？这次应该不难理解了吧，显然，积木块大致平均分布在盒子中的可能性是更大的。

或许有些人还会想，为什么熵值会必然增加呢？在这个思想实验中，完全有可能摇出盒子 2 的情况嘛。的确，在这个例子中，因为盒子 1 的可能性比盒子 2 的可能性大得不是很多，所以，只要我们摇的次数足够多，总还是会观察到盒子 2 的情况的。但是，如果我们把积木块的数量增加到 1000 个，那么盒子 1 的可能性就要比盒子 2——也就是 999 个积木块都集中在右边——的可能性大得多，大到一个不可思议的程度，大约是 10 的 300 次方倍。打个比方，假如你从宇宙诞生的那一刻开始，每一秒钟摇一次盒子，一直摇到今天，也远远摇不出一次盒子 2 的情况。

好了，有了熵增的基本概念后，我们就要回到主题了。在宇宙学家的眼中，我们的宇宙就好像是这个盒子，而宇宙中的所有物质都是由原子组成的，这些原子就好像是盒子中的积木块。那么，宇宙中所有原子也一定会自发地朝着无序发展，整个宇宙的熵最大，也就是最无序的状态是什么呢？就是宇宙中的所有原子都均匀地分布在整个宇宙空间中，到了这时候，宇宙熵就达到了最大，我们的宇宙再也不可能产生什么变化了，宇宙的末日也就到了。

因为这个末日是由热力学第二定律推导出来的，所以，就被称为宇宙的热寂说。并不是宇宙最后会热死的意思，其实到了热寂那一天，宇宙的温度也降到了最低。

不过，科学家们对于热寂的整个过程到底会是怎样、会在多久之后发生，却没有一致的答案，甚至产生了比较大的分歧。关键的问题在于质子到底会不会衰变。这又是一个宇宙未解之谜。

那么，质子衰变是怎么回事呢？在自然界中，有一种叫作天然放射性的现象，这种放射性是怎么产生的呢？原因就是一些原子量较大的原子突然变成了原子量较小的原子，例如常见的，用来制造原子弹的铀原子，就会突然变成铅原子，这被称作衰变，衰就是表示原子量或者能量衰减了。

不过，原子的衰变不是质子衰变。大家知道原子核是由质子和中子构成的，那么，有一些物理学家就开始思考一个问题：构成原子核的质子会不会衰变呢？

正方物理学家认为，质子会衰变，因为用质子衰变可以解释宇宙学中的一个难题，这个难题就是：为什么在我们的宇宙中物质比反物质要多得多。

但是，反方物理学家却不这么认为，他们认为质子不会衰变，理由更简单，因为我们从来没有在实验室中观察到过质子的衰变，要解释那个反物质的难题可以从其他角度去考虑，但是请不要随意假设没有实验证据的质子衰变。

正方说，实验观察不到是因为质子的平均衰变周期太长了，根据他们的计算，质子最少也需要100万亿亿亿年才有可能衰变。

这里我需要解释一下，这个时间表示的是一种衰变概率，它的意思也可以等价于，如果我们同时观察100万亿亿亿个质子，那么平均每年就会有一个质子发生衰变。

检验科学理论的正确与否，唯一的方式就是实验证据。为此，美国和日本都建造了巨大无比的实验项目，其中最出名的就是日本的超级神冈探测器，科学家们在一个盛满了5万吨纯水的大水池中除了探测中微子外，也在仔细地捕捉质子衰变的信号。

那么，实验的结果到底是什么呢？质子是否衰变与宇宙终结之谜又是什么样的关系呢？我下节给你揭晓答案。

如果大家想见识一下超级神冈探测器的壮观景象，可以到“科学有故事”的微信公众号中回复关键词“SK”来观看一段纪录片中的节选。神冈探测器真的犹如进入科幻世界，令人迷醉，不看一眼的话，太可惜了。

宇宙终结之大撕裂说

上节我们说到，质子是否会衰变这个问题事关宇宙热寂的方式。全世界有很多大型的实验装置都在试图寻找质子衰变的证据，然而，到目前为止，全世界没有任何一个实验室宣称找到了质子衰变的证据。不过，这还不能证明质子就一定不会衰变，很可能只是因为我们观察的时间还不够长，观察的对象还不够多，毕竟，质子衰变的概率实在太低太低了。

看一看

不过，不论质子是否衰变，宇宙从现在开始都要经历一个漫长的退化时代。在这个阶段中，虽然质子是稳定的，不会发生衰变。但是，宇宙中的恒星都会慢慢地燃烧殆尽，星系和恒星的形成逐渐减缓并完全停止。越大越亮的恒星燃烧得越快，太阳在银河系中算是一颗中等大小的明亮恒星，大约再过 50 亿年就会全部烧完。而像比邻星这样的红矮星，体积小，温度低，比太阳可以燃烧的时间要长得多，但总有一天，也是要耗尽燃料，直至枯竭的。

这个过程是不可逆的，因为宇宙中的总熵必须一直增大。尽管宇宙中的总能量是守恒的，但是在热力学第二定律的支配下，能量会趋向于均匀分布在宇宙空间中。恒星燃烧其实就是把能量以辐射的形式散布在宇宙中。

有些人可能听说过生命的本质是负熵，这就好像人可以通过打扫屋子把屋子从无序转变成有序。那么，有没有可能在生命的参与下，减少宇宙的总熵呢？很遗憾，这是不行的。其实，生命不但不能减少一个孤立系统中的熵值，反而只会加速熵的增加。

就以打扫屋子为例，虽然屋子的熵值变低了，但是从地球这个大环境来看，你打扫屋子的行为必定要消耗能量，从总体来看，你只会消耗更多的电力和体能，而不论是烧煤发电还是消化食物产生体能，都是在破坏某种有序结构。所以，生命的出现，其实是让大自然更高效率地消耗能量，我们每一个人其实都是加速宇宙走向热寂的帮凶。

随着时间的推进，质子是否会衰变就决定了宇宙走向热寂的不同方式。按照现在的某些理论假设，质子的半衰期大约是 10^{36} 年，也就是说，在 10^{36} 年之后，大约就会有一半的质子发生了衰变。等到了大约 10^{40} 年之后，宇宙中所有的质子都会衰变完毕。到这个时候，宇宙中就再也找不到会发光的物质了，只剩下黑洞和质子衰变后产生的轻子。

宇宙也从退化时代进入了黑洞时代，这个时代要远远长于充满恒星的宇宙时代，百花盛开的宇宙只不过占到了黑洞时代的约 0.0000…（60 个 0）1，这是一个小到了简直无法打比方的数字。但黑洞也不是永恒的，它依然无法逃脱热力学第二定律为它设定的命运，黑洞会慢慢地蒸发，最终以霍金辐射的形式将自身的质量一点点地还给宇宙。

当所有的黑洞都蒸发完毕后，宇宙就进入了真正的黑暗时代，虽然从宇宙大爆炸那一刻产生的光子依然游荡在宇宙空间中，但是，宇宙是无比黑暗的，因为这一点点的光子与如此巨大无比的宇宙空间相比，依然是不值一提的。

但此时，宇宙离最终的完全热平衡还差很远很远。大约会在 10^{1000} 年以后，宇宙达到了完全的热平衡，也就是说，所有的光子和轻子在宇宙中均匀地分布，宇宙的熵达到了最大值。到了这个时候，我们才可以说，宇宙热寂了。那么宇宙热寂之后呢？之后是有之后还是从此再也没有之后了呢？目前的科学就只能到这里为止了。

如果质子衰变的假设是错误的，质子不会发生衰变，它会一直稳定地存在下去。那么，一个可能的结果就是宇宙中所有原子量小于铁的物质都会最终发生核聚变，变成铁原子。而所有原子量大于铁的原子都会最终衰变为铁原子。因为根据量子理论，铁的结合能是最小的，熵值是最大的。这个过程大约要经过 10^{1500} 年才能最终完成。这也是宇宙的热寂，因为最终的目标依然是熵值最大。此时的宇宙，铁原子均匀分布在宇宙的所有空间中。冰冷的热力学第二定律依然死死地统治了整个宇宙。

关于宇宙热寂的假说一度统治着宇宙学，不同的宇宙学家只是在热寂的年代和方式上会产生分歧。不管怎么说，宇宙热寂需要的时间实在太长太长了，我建议你不用试图去想象我前面说到的那些时间跨度有多大，因为我保证，不论你有多么巨大的想象能力，也不论你把那些时间想象得有多久远，实际上，真实的时间跨度依然要远远大于你的想象。

但是，令人意想不到的是，当人类进入 21 世纪，在宇宙学上的一个意外发现，很可能让宇宙末日来临的时间大大地缩短了，这种缩短程度超乎想象，就好像把现在的整个可观宇宙一下子缩短到还没有一个原子那么大。这个意外发现到底是什么呢？

这就是我们之前已经详细讲过的暗能量，暗能量的出现，很有可能改变宇宙的最终命运。

2003 年，距离暗能量的发现已经过去了四年，美国著名的达特茅斯学院的罗伯特·考德威尔仔细地计算着暗能量对宇宙的影响到底会是怎样。计算结果表明，如果暗能量产生的斥力与宇宙的平均能量密度的比值小于 -1 的话，那么很可能，暗能量的力量会无限增强下去，一直到把宇宙中所有的基本粒子都互相扯开为止。

考德威尔用了一个词来形容这种情况，英文是 Big Rip，也就是——大撕裂，非常的形象。更加令人意想不到的是，根据考德威尔的计算，这个结局会到来得非常快，他的计算结果是在 220 亿年之后，宇宙就会被彻底撕裂了。所谓的彻底撕裂，就是每个基本粒子之间互相远离的速度都超过了光速，任何基本粒子之间永远也不再可能发生相互作用。

这个理论刚出来的时候，并未引起太大的反响，偶尔也会有一些科学家参与讨论，但反对的声音比较多。不过，大撕裂假说在 2015 年迎来了一个重量级的支持。这一年 7 月，在著名的《物理评论 D》杂志上刊登了一篇论文，这是一本入选自然指数的期刊，在物理学界很有影响力。这篇论文的作者是美国范德比尔特大学的一组研究人员。他们建立了一个数学模型来计算宇宙加速膨胀的可能结果，该模型支持大撕裂假说。并且，这篇论文还回应了之前一些科学家对这个假说的质疑。

虽然大撕裂距今还有 220 亿年，并不会对我们的现在产生任何影响。但每每想到这种可怕的大撕裂的结局，我还是会不寒而栗，想想吧，每一个基本粒子互相远离的速度都大于光速，这个宇宙不可能再发生任何的变化，一切可能性都丧失了。但是，在人类没有彻底揭开暗物质和暗能量产生的根源之前，大撕裂仍然是一个建立在流沙上的城堡，可能说毁就毁了。

热寂假说和大撕裂假说是目前科学界有关宇宙末日最重要的两种假说，除此之外，还有一些其他假说。例如宇宙大塌缩假说，这种假说认为宇宙在膨胀到某一个临界值之后，就会开始收缩，宇宙将会从膨胀模式进入塌缩模式。这个假说曾经一度是主流的假说，但是随着暗能量的发现，这种假说也就失去了市场。但它并没有被彻底地否定，主要原因还是关于暗能量我们知道的太少了。

此外，还有一种很有趣的假说叫作大反弹，也就是说，宇宙就像一个反复被吹大又放气的气球，会不断地从小到大又从大到小，循环往复。

总之，我们的宇宙到底会走向何方，会以什么样的方式迎来末日，这些问题依然是宇宙未解之谜。但我想告诉大家，或许你今天晚上睡觉的时候，也会想出几个宇宙终结方式的猜想，但是，在我看来，我们普通人的这些猜想都是胡思乱想，而不是科学猜想。如果你真的对宇宙末日的问题感兴趣，最好的方法是从现在开始就学好数学和物理，等你能把科学家们现有的假说中那些数学公式都看懂了，再去提出自己的假说也不迟。

最后，这一节给大家准备了一个 Discovery 的小视频，听听专业人士对宇宙终结的看法，其中还有一个观点，想要弄懂宇宙终结，就必须先搞清大爆炸的原理，这是为什么呢？如果你有兴趣，在我的微信公众号“科学有故事”中，回复“宇宙终结”，就可以观看了。

宇宙大沉默之谜

他们在哪儿呢？

估计很多人都看过著名的科幻小说《三体》，这部科幻小说的第二册有个副标题，叫“黑暗森林”，很多人看完之后都会觉得印象深刻。然而，可能你们没有注意到，在小说中，作者借主人公的口，解释完黑暗森林理论后，接着说了一句这就是“费米悖论”的解释。而这个著名的费米悖论，正是我们今天要谈论的话题，宇宙大沉默之谜。

费米悖论

我们要先从费米悖论开始讲起。费米是意大利科学家，二战期间为了躲避法西斯的迫害，逃亡到了美国。他在美国可以算是家喻户晓的著名科学家，因为他主导研发了世界上第一个受控核反应堆。这个反应堆就是原子弹工程的起步阶段，为原子弹的制造奠定了基础。两位获得过诺贝尔奖的华人科学家杨振宁和李政道都曾经受教于他。

看一看

既然叫费米悖论，就是因为这是费米先生弄出来的一个悖论。这个故事大致是这样的，1950 年的一天，费米和几个同事，在一起吃午餐的时候，偶然聊起了最近的新闻。从 1947 年罗斯威尔事件以来，不明飞行物是当时的热门话题。很多人声称自己看到了 UFO，报纸上也经常报道。正巧，纽约也有新闻说最近垃圾桶经常失踪，不明不白就没了。于是漫画家邓肯就画了一张很有意思的漫画——外星人开着飞碟来到了地球，趁月黑风高之夜，把垃圾桶全都偷走了。

我想这些外星人太没见识，我们地球人都知道，偷井盖比偷垃圾桶合算。也不知道这些外星人是聪明还是笨。费米他们几个谈到了 UFO，他们当然不相信外星人光临地球的传闻，因为这些科学家都受过严格的科学训练。知道什么是可靠的证据，什么是捕风捉影的臆想。但是，就在这时候，费米的这颗聪明脑袋中突然冒出了一个问题。

他的直觉告诉他，在地球上没有发现外星人存在的证据，这件事情似乎有点儿不可思议。费米是个估算的高手。有一个著名的事件，当年测试原子弹爆炸的时候，他第一个跳起来，撒了一把碎纸屑。他根据原子弹冲击波把纸屑吹出去的距离，就准确估算出原子弹的当量是 2 万吨 TNT。

今天，费米突然想估算一下地球文明与外星文明接触的可能性有多大。估算必须有个起点，费米的起点是宇宙学第一原理，也被称为“平庸原理”，意思是，地球在宇宙中并不特殊，只是一颗普普通通的行星。我们也并不是独一无二的存在。

在这个基本前提下，费米就开始了估算：银河系有 1000 多亿颗恒星，哪怕只有万分之一的概率出现地球这样的行星，也有 1000 万个“地球”了，再有万分之一的概率进化出智慧文明，那也至少应该有 1000 个像地球一样的文明了。银河系的尺度是 10 万光年，如果按照百分之一的光速计算，1000 万年就可以从银河系这头飞到那头了，即便是按照千分之一光速的保守速度计算，1 亿年也能横贯整个银河系了。1000 万年也好，1 亿年也好，相对于地球存在的时间来说，都不算太长，毕竟我们的地球已经存在了 46 亿年之久。

更重要的是，银河系中的智慧文明利用无线电波互相联系应该是更加普遍的行为，毕竟无线电波的速度可以达到光速，如果以光速作为考量的话，那么银河系就很小了，再相对地球 46 亿年的历史来说，早就应该有无数智慧文明发射的无线电信号到达了地球才对。

可是我们人类却什么痕迹也没发现，这不是一件奇怪的事情吗？假如发达的外星文明有很多，那么他们都在哪儿呢？正是费米当时的这句感叹“那么他们都在哪儿呢？”成为了著名的“费米悖论”。

我们来理一下费米悖论的逻辑关系，它的核心思想是“人类没发现外星人的踪迹（简称观点甲）”和“人类应该发现外星人的踪迹（简称观点乙）”相矛盾，但目前我们已经知道观点甲是事实，这样一来，就必须要给观点乙一个合理的解释。

实际上，在费米刚刚提出这个疑问的时候，不管是他自己还是其他人，也都当是一个茶余饭后闲聊的谈资而已，并不会去深入思考这个问题有没有什么严肃的科学研究价值，或者社会学意义。而且，在1950年那个时代背景下，要解释人类为什么没有发现外星人这个问题还是相对容易的。

反对的人可以从两个角度去反驳，第一个角度是质疑宇宙学第一原理，凭什么认为地球这样奇特的环境在宇宙中是普遍存在的呢？那个时候，人类的望远镜还很弱，根本无法证实太阳系以外还有行星。而且，根据天体物理学的定律，我们也可以计算出，恒星系中的宜居带，也就是允许液态水存在的温度区域是相当狭窄的。狭窄到什么程度呢？我们以太阳系为例，假如我们把整个太阳系比作是一个足球场的话，你用美工刀在足球场中心附近划出一个圈，划痕所在的区域差不多就是宜居带的大小了。因此，平庸原理在没有证据的情况下，是完全可以质疑的。

反对者的第二个反驳角度是，人类还没有仔细监听过来自宇宙的星际无线电波，凭什么说外星人没有试图用无线电与我们取得联系呢？费米提出问题的年代也是射电望远镜刚刚发明的年代，那时候的射电望远镜分辨能力还比较低，并且也没有几个人把射电望远镜的使用目标设定在监听外星智慧文明信号上，所以，当时没有收到外星人发给地球的电报不是太正常不过了吗?

监听和寻找

所以，费米的闲聊很快就过去了，没有什么人真正把它当回事。不过，在美国确实有一位痴迷于寻找外星人的射电天文学家，他就是法兰克·德雷克。1960 年，德雷克使用美国国家无线电天文台的射电望远镜开始了他的第一个地外文明搜寻计划，史称第一次“奥兹玛计划”，这是人类历史上第一个由严肃科学家代表官方实施的外星人搜寻计划，具有开创性意义。

从此开始，人类搜寻地外文明信号的努力就再也没有停止过，而且投入的资源也越来越多，规模也越来越大。就在 2016 年，全世界最大的单口径射电望远镜中国天眼在贵州落成，也正式加入搜寻地外文明电波的战斗中。然而，将近 60 年过去了，人类依然一无所获。如果银河系中真有无数个外星文明存在的话，那么它们似乎对地球集体保持了无线电静默。人类就像是一个孤独的小孩，寂寞地调节着收音机，一个频率一个频率地慢慢搜索过去，虽然全神贯注地听了 60 年，却什么也没有听到。

这是费米悖论逐渐受到科学界重视的原因之一，在费米那个年代，人们只是感觉宇宙是沉默的，但并没有证据。可是今天，我们已经积累了快 60 年的证据。

第二个原因就是宇宙学第一原理也获得了大量观测证据的支撑。从 1995 年人类发现第一颗系外行星开始，人类发现系外行星的速度就逐年递增。截止到 2017 年 8 月，综合英文维基百科和 NASA 官网提供的数据，天文学家已经发现了将近 5000 颗系外行星候选者，超过 3200 颗已被确认，这其中被确认位于宜居带的行星有 53 颗。

这里要特别说明的一点是，这些系外行星中的 80 % 以上都是由开普勒空间望远镜发现的，而开普勒望远镜是固定地对着天鹅座附近的一小块天区，也就是说，它只能观测固定的 10 万颗恒星左右。它采用的方法叫作“行星凌日”法，这种方法有一个苛刻的要求：只有当系外行星的公转平面与地球的公转平面大致平行且处在同一水平线上时，才能被开普勒望远镜观测到。因此，按照概率来说，在这 10 万颗恒星中，大约只有 1 %，也就是 1000 颗恒星系中的地外行星能被观测到。现在我们的观测证据表明，几乎所有的恒星系统中都存在行星，而且都不止一颗。

这些证据足以表明宇宙学第一原理是可靠的，地球在宇宙中的地位并不特殊，与地球相似的系外行星比过去最大胆的天文学家估计的还要多。

正是在这样的背景下，越来越多的科学家、哲学家开始对费米悖论感兴趣了，既然大量地外文明存在的可能性很高，那么他们都在哪儿呢？

人类在将近 60 年的监听过程中，只有唯一的一个真正令人激动的发现，这个发现是什么呢？如果你想知道的话，在我的微信公众号“科学有故事”中，回复“Wow”就可以观看了。

黑暗森林法则

看一看

上一节我给大家讲了从宇宙学第一原理出发，我们似乎应该得出一个最合乎逻辑的结论就是：人类应该收听到来自外星文明的电波。但现实情况是，我们很努力地监听了将近 60 年，却一无所获。这样的话，就需要一个解释，为什么宇宙似乎对人类保持了无线电静默呢？要知道，这绝不是技术上的问题，即便是以人类 20 多年前的技术，就已经能把无线电波发送到银河系的任何角落，而且抵达目标的信号强度用现有的人类技术就能接收到。

这个问题随着时间的推移，也受到了越来越多科学家、哲学家和科幻作家的关注，历史上有很多人都试图给出一个合理的解释。早期的解释大多集中在否定宇宙学第一原理这个思路上，认为地球是宇宙中，至少是银河系中非常特殊的一种存在。不过，我们上节也说过，随着观测证据的增多，稀有地球假说也就越来越不吃香了。现在还在持稀有地球假说的人都已经上升到了稀有地球说的 2.0 版本，也就是说，他们不再否定类地行星在宇宙中是很普遍的这个基本前提。但是他们会提出，出现智慧生命需要的条件实在太苛刻了，而我们现在找到的所有超级地球无非只是满足了两个最基本的条件，一是和地球差不多大小并有着坚硬地表的岩石星球，二是位于宜居带中。

但是，一颗行星想要诞生生命，尤其是智慧生命，哪有这么简单呢？你们知道还有多少苛刻的条件吗？比如说：

木星在太阳系中扮演了非常重要的角色。一方面它替地球遮风挡雨，吸引了无数小天体的撞击。另一方面它又扰乱小行星带，造成大大小小的冰块砸向了地球，地球因祸得福在内太阳系有了充足的水源。因此巨行星的位置也非常重要。

再比如，地球有个超大号卫星月亮造成了潮起潮落，对生命演化也是有作用的。地球是有板块的，激烈的地震火山可以释放地球内部的能量，地球也就不会冷得太离谱。而且可以改变地球大气的成分。

即便有了生命也不代表能出现智慧生命。细菌病毒都可以亿万年地生存下去。诞生智慧生命本来就是非常偶然的事件。智慧生物能发展出工业文明更是奇迹中的奇迹。假如某颗恒星的煤炭和石油都埋藏过深，那么生命恐怕也难以走上利用外部能源的道路。

但这种稀有地球假说 2.0 版被吐槽最多的地方是，这种假说太像是“萝卜招聘”，也就是说，把外星人完全按照地球的特征来拟定智慧生命存在的条件，当然筛来筛去就只有地球一家最合适嘛。刘慈欣在《三体》中就描写了一个会脱水的三体人来适应三体星上反复无常的自然条件，自然选择的神奇之处可能远远超出人类的想象。

还有一种假说，被称为“大过滤器”假说，这种假说也由来已久，而且还在不断地被完善升级中，这种假说与稀有地球假说有点像，但实质上不太一样。这种假说不否定宇宙学第一原理，但是认为，存在着某种大过滤器，使得宇宙中能演化出有能力进行星际通讯和旅行的文明少之又少。这个理论认为，生命的演化要经历 9 个关卡。

1. 合适的行星系统（存在有机物以及可能宜居的行星）；
2. 可自我复制的分子（比如 RNA）；
3. 简单单细胞生命，也叫作原核生命；
4. 复杂单细胞生命，也叫作真核生命；
5. 有性生殖；
6. 多细胞生命；
7. 脑量较大、使用工具的动物；
8. 我们目前这个阶段；
9. 星际殖民扩张。

每一道关卡，都会刷掉一大批候选者，最后能通过全部 9 关的，要么极为稀少，要么就是还没出现。我们人类似乎被卡在了第 8 关，进入不了第 9 关，也就是星际殖民这一关。例如，卡尔·萨根和约希夫就提出，技术文明要么会在持续一个世纪的发展星际通讯的过程中走向自我毁灭，要么掌握自己的命运并继续存活上亿年。笼统地讲，一个星球总是会从有序走向无序，也就是可用的资源越来越少。如果在此之前还无法发展出足够强大的宇航技术，那么最终也一定会因为资源枯竭而亡。这里面真正起作用的就是热力学第二定律，也就是我们之前讲过的熵增定律。

这个假说是目前比较流行的假说，也是得到最多支持的假说，虽然没有什么明显的逻辑上的漏洞，但最大的问题在于，我们只有地球生命这一个研究对象，实在是缺乏证据来证明每一关都会筛掉大量的候选者。而且从我看到的所有材料综合来看，研究生命起源和演化的科学家们似乎越来越有信心地说，在地球这样的环境中，出现生命并且演化出高度复杂的生命形式是自然选择的必然。

还有一种假说，也是最晚提出来的一种假说，就是科幻作家刘慈欣先生在 2008 年创作的科幻小说《三体·黑暗森林》中提出来的假说。他认为，由于宇宙中资源的总量是恒定的，而生存是文明的第一需求，因此，文明在发展到一定阶段后，必然会意识到宇宙是一座黑暗森林，所有的文明都在争夺有限的资源。一个文明如果暴露了自己的位置，是一件非常危险的事情，因为别的文明会由于害怕自己被消灭，而率先消灭比自己弱小的文明。

刘慈欣借助科幻小说，预言了文明在发展过程中，第一步会演化出隐藏基因，也就是开始意识到宇宙丛林的危险，而自己很弱小，所以要尽可能地把自己藏好，不要暴露位置。第二步就会演化出清理基因，也就是说，一旦发现了别的比自己弱小的文明，就会毫不犹豫地把它消灭，以免这个弱小的文明以技术爆炸的方式超过自己，反而消灭了自己。

我觉得黑暗森林理论最有意思的地方在于，人类文明发展的轨迹似乎完全印证了刘慈欣的预言。例如，在人类刚刚发展出宇航技术和发明射电望远镜的头几十年，我们特别热衷于联络外星文明。例如，20 世纪 70 年代，先驱者 10 号和 11 号，旅行者 1 号和 2 号，都分别携带了送给外星人的礼物。那张著名的金唱片中还录制了联合国秘书长和美国总统代表人类对外星人的友好问候，还欢迎外星人来地球坐坐。1974 年，人类首次利用当时全世界最大的阿雷西博射电望远镜向武仙座球状星团发送了电报。此后，人类在 1999 年、2001 年和 2003 年还有三次大规模的给外星人发电报的行为。但是，2003 年之后，这种行为开始遭到了越来越多科学家的警告和谴责。其中最著名的一位就是霍金，他多次发出不要与外星人联络的警告。

2005 年 3 月，在圣马力诺共和国召开了第六届宇宙太空和生命探测国际讨论会，在这次会议上通过了一个在寻找外星人历史上有里程碑意义的文件，也就是圣马力诺标度。在这份文件中，明确指出，试图给外星文明发送电报是显著危险的行为，而回应来自外星文明的电报则是极端危险的行为。

国际航空学会甚至还搞出了一份《寻找地球以外智慧生命国际公约》，向全世界呼吁，在未征得国际组织研究批准前，不允许发送任何信号给地球以外的智慧生命。

从以上这些事实中，我们可以得出结论：人类正在演化出隐藏基因，认为宇宙有风险正在逐步成为国际共识。那么，人类在下一步是否会演化出清理基因呢？这个恐怕要等到非常非常遥远的未来才能知道了，别说星际攻击了，就是星际旅行的技术对现在的我们而言，都是遥不可及的梦想。

但是黑暗森林理论也存在与大过滤器理论同样的问题，从人类这一个有限的样本中得出的结论还不能算是证据，只能算是一种逻辑自洽的猜想。

总之，费米的疑问到现在为止还是一个宇宙未解之谜。这并不是一个完全虚无缥缈的话题。我们常说，以人为鉴，可以明得失；以史为鉴，可以知兴替。而我认为，对于外星文明的研究和探讨可以站在整个文明的角度审视人类文明自身。

想听听号称要带领人类殖民火星的马斯克是怎么看待外星人问题的吗？如果你有兴趣，在我的微信公众号“科学有故事”中回复“Musk”，就可以观看了。

暗物质之谜

什么是暗物质

在当今的天文学界和物理学界有两个共同的重大谜团，有些文章中把它们并称为黑暗双侠，这就是暗物质和暗能量之谜，我将用三节的篇幅先为你讲解暗物质之谜。

看一看

我们先从暗物质是怎么被发现的开始讲起。1932 年，有一位叫奥尔特的天文学家观察到了一个非常奇怪的现象，那就是银河系的转动速度似乎太快了一点，他觉得银河系中的恒星似乎太少了，但遗憾的是，限于技术条件，他的观测数据比较粗糙，什么也证明不了。现在回过头来看，奥尔特确实厉害，直觉超一流，他从非常有限的观测数据中就窥到了惊人的秘密。

到了第二年，也就是 1933 年，在美国的加州理工学院，另外一个特别有个性的天文学家兹维基，也发现了一些与奥尔特类似的奇怪现象。不过兹维基当时研究的并不是银河系，而是后发座星系团。后发座是天上的一个星座，离北斗的勺柄不远。在后发座的这片天区中，有个巨大的星系团，星系团的中心有两个巨大的星系，都有银河系 10 倍大小，周围还分布着 1000 个大小不等的星系，它们共同组成了这个巨大的星系团，距离我们 3.2 亿光年左右。

兹维基研究了这个星系团里的星系运行情况，发现与牛顿力学计算出来的速度是不相符的，而我们知道星系的旋转速度与星系中所有物质产生的引力相关。这说明，似乎这个星系团不应该产生那么大的引力。兹维基就认为，必定存在很多不发光的物质，而且数量庞大。于是，兹维基就把这些物质命名为暗物质。有趣的是，宇宙中最暗和最亮的物质都是这个兹维基命名的，最亮的那个是超新星。可惜的是，兹维基并没有把这件事当作太重要的发现，在当时也没有引起太多重视。

在兹维基之后，还有一些天文学家也发现了类似的奇怪现象。例如，1936 年，史密斯对仙女座大星系的研究似乎印证了兹维基的观点。1959 年凯恩和沃特研究了仙女座大星云和银河之间的相对运动，他们发现我们人类所处的本星系团中看不见的物质比可见物质的质量要大 10 倍左右。

但是，直到这时候，科学界对暗物质依然没有给予足够的重视，其中一个最主要的原因还是在于证据不够充分。从这里你也可以看出，科学研究是多么讲究证据。原因其实也不难理解，每一位科学家的时间和精力以及经费都是有限的，而这个世界上可供研究的课题又那么多，选择研究课题是一件非常谨慎的事情。

非同寻常的证据来自女天文学家薇拉·鲁宾的研究，其实鲁宾也并不是专门去研究暗物质才发现的证据，而是无心插柳的结果。事情是这样的，20 世纪六七十年代，鲁宾选择了一个在当时非常冷门的方向，那就是研究银河系的旋转。从奥尔特开始，大家用的办法其实大同小异，但是测量精确度却在突飞猛进，数据的积累也越来越多。

积累的数据越多，越让鲁宾感到心惊，银河系外围的旋转速度那不是快了一点点，而是大大超出了预期。为什么这么说呢？因为根据牛顿的万有引力定律，离银心越远的恒星，应该旋转得越慢。但是实际观测的数据根本就不是这样。离星系中心很远的那些恒星，运行速度并没有明显地减慢，比预期的速度要快得多。按照这个速度去计算的话，整个星系产生的引力都拉不住这些恒星，星系根本就无法维持，早就该散架了。可是这些星系已经稳定存在了上百亿年，这是一件非常奇怪的事情。

我给你打个比方。假如我们用沙子捏成一个陀螺，让它转起来，这个沙陀螺就会散架。要想不散架，就必须用胶水和在沙子中，增强沙子之间的结合力。我们的银河系就好像这个沙陀螺，而万有引力就好像沙子中间的胶水。现在的情况是，银河系中如果只有会发光的可见物质提供引力的话，那么银河系早就该散架了。

鲁宾这次的发现与之前最大的不同在于，她提供的数据非常详细，证据无可辩驳。所以，到了 1980 年左右，大家都觉得这是一个大问题。看来星系之中含有大量我们看不到的物质，这些物质也会产生引力，确保了星系能以更快的速度旋转而不分崩离析。而且这种物质似乎与星系的形成有密切关系。

接下去，科学家们就开始追问，为什么我们看不到这些物质呢？一开始，大家觉得这不难理解，不过是一些不发光的气体云罢了，因为它们太暗了，所以我们看不到它们。就好像地球表面的空气是无处不在的，但是我们也没办法用肉眼看到空气。这是一个非常合理的想法。

还有一些人认为是因为在宇宙中的黑矮星数量非常多，黑矮星就是燃料耗尽而慢慢冷却的恒星。当然，真正让科学家们松一口气的是黑洞理论的兴起，如果黑洞是存在的，那么就顺便解释了暗物质现象。因为黑洞就是个只进不出的家伙，我们无法直接观测黑洞。

可是，随着观测数据的积累，人们惊讶地发现，即便把上面这些不发光的物质总量全部都按照最大的可能性加起来，星系的总体质量也远远达不到预期的质量。

说到这里，你可能会好奇，科学家们是怎么估算星系的总体质量的呢？这个办法很巧妙，就是利用引力透镜效应。什么是引力透镜效应呢？根据爱因斯坦的相对论，大质量天体附近的时空弯曲非常厉害，就连光走的都不是直线。假如有个遥远的天体，它发出的光在奔向我们地球的途中遇上了大质量的星系团，光线也是会发生弯折的，这个遥远天体的图像也就会被扭曲，就好像隔着透镜看一样。通过引力透镜效应，就可以计算出半途中碰上的这个星系团总共有多少物质。

那么如何计算这个星系团里能够看到的普通物质是多少呢？这也不难，只要看看这个星系团的整体亮度就行了。不管是自己发光的，还是被别人照亮的，照片上都能看得到。

科学家们把用引力透镜效应计算出来的星系总质量称为引力质量，而把通过星系亮度估算出来的质量称为光度学质量。现在的结果是，在宇宙中已知的绝大多数星系，它们的引力质量都远远大于光度学质量，平均而言，有 6 倍的差距。这也就证明了星系团大部分物质是看不到的，但是却有引力存在。所有能看见的物质只是很少一部分。

既然暗物质如此之多，为什么我们看不到它们呢？这当然就是一个宇宙未解之谜了。科学家们猜测，很可能是因为它们不参与电磁相互作用。

在日常生活中，我们绝大部分的感受其实都来自于电磁力。例如，光本身就是一种电磁波，当然要依靠电磁作用。我们能看到的各种颜色，能感觉到温度的高低，能感觉到物体的软硬，背后都是电磁力在起作用。

为什么石墨那么软？为什么金刚石那么硬？为什么糖是甜的、盐是咸的？其实都与化学成分以及原子的排布结构有关系。原子、分子的结构都是依靠电磁力作为骨架来搭建的。

假如暗物质对电磁力毫无反应，碰到普通的分子、原子，自然是无动于衷。我们当然也就感受不到这些物质的存在。但是它们同样会产生万有引力，它们庞大的数量在星系尺度上显示出了巨大的力量。

因为我们现有的知识体系并不能很好地解释这种现象，所以才会觉得它们非常的神秘。不过，也正因为有这样的认知空白，科学家们才有了无穷无尽的研究课题，而科学活动的目的就是要发现自然界中那些尚不为人所知的规律。

如今，暗物质已经被大多数物理学家所承认，但是仍然有一部分科学家认为，他们有更好的办法来解释星系旋转过快的现象，不需要去假设一个看不见摸不着的暗物质，就好像 100 多年前的以太一样，因为按照奥卡姆剃刀原理，“如无必要，勿增实体”，理论中的假设越少越好。这一派科学家虽然很少，但科学理论的真伪从来不以人数来决定，唯一能决定理论好坏的只有实验和观测证据。

所以主流物理学家们也面临着巨大的挑战，暗物质如果真的是一种物质，这些物质到底有什么样的性质呢？我们该如何去探测暗物质呢？我们下一节再来讲两种理论的 PK。

围绕暗物质的争论

今天我们来讲讲暗物质的性质，为此，我们需要一些预备知识。

以前曾经碰到过一脸稚气的小朋友问我：暗物质是不是反物质啊？大概现在的科幻作品里面很喜欢提到反物质引擎，于是反物质这个词出现的概率也很高。孩子的好奇心总是很强烈的，于是这个词他就记住了。一般人也很容易把反物质和暗物质搞混淆。

我这里明确回答一下，暗物质和反物质不是一回事。反物质是反粒子构成的。对于反粒子，物理学家们并不陌生。最早被发现的反粒子就是正电子。正常的电子带负电，但是反电子带的是正电，除此之外这两种粒子看不出什么区别。

看一看

大多数人都以为反物质只能出现在实验室中，不会出现在我们的日常生活中，其实并不是这样，我们每一个人都接触过反物质，甚至可以说，反物质无处不在。一个最常被引用的例子就是香蕉，不知道为什么，物理学家们非常喜欢用香蕉来举例子。香蕉里面含有钾元素，极少量的钾原子带有放射性，100 克香蕉平均每秒钟会有 15 个钾原子发生衰变，发射出普通的带负电的电子。但是，这里大概有千分之一的概率会出现正电子。假如你手上握着一根香蕉，大约两小时之内就会有一个正电子打进你的手里。这个正电子要是碰到了普通的电子，就会发生正反粒子湮灭，变成了纯能量。当然，这种极其微小的能量，你是一点感觉也没有的。

那么有的人仍然有疑问，为什么有些元素会有放射性呢？为什么会发生衰变呢？原因就在于一种叫弱相互作用的物理现象，正是弱相互作用导致了某些原子核是不稳定的。与弱相互作用相对应的还有一个强相互作用。一般来讲，强相互作用会把原子核捆在一起，形成各种各样的元素。而弱相互作用则会导致原子核不稳定，发生衰变。

除了强、弱相互作用，还有电磁相互作用让原子能结合成分子，分子能结合成物质；另外还有一种相互作用就是我们最熟悉的万有引力，它保证了我们能稳稳当当地站在地球上，保证了地球绕着太阳转。

这四种基本的相互作用，或者说这四种基本的力，协同配合，就构成了我们看得见摸得着的物质世界。

好了，预备知识讲完了。你可能想问，这和我们的主题暗物质有什么关系呢？答案是大有关系。回答暗物质到底是个什么东西这样一个高深的问题，让天文学家来回答不合适，这事儿还得交给粒子物理学家去寻找答案。粒子物理学家们可以双管齐下，一方面用大型计算机进行模拟计算，另一方面也可以调用大型设备去做非常精密的实验。

现在粒子物理学家们提出了很多描述暗物质的理论，最有希望的一种版本叫作 WIMPs 模型，全称就是弱相互作用重粒子，后面为了讲解方便，我就把它简称为“暗粒子模型”。说白了，科学家们也在猜测，暗物质显然没有电磁相互作用，所以我们看不到它们，强相互作用恐怕也是没有的。但是，这种物质有引力，这是板上钉钉的事情。那么有没有弱相互作用呢？这成了了解暗物质的一个关键问题。很多物理学家猜测，暗物质应该也有弱相互作用。暗粒子模型描述的暗物质粒子运行速度不快，但是质量很大，粒子的运动速度决定了物质的温度，因此这种猜测下的暗物质也被叫作冷暗物质。

根据暗粒子模型计算出来的暗物质数量和天文观测计算出来的数量比较相符，数据匹配特别好，而且也和宇宙大爆炸理论相符合。所以，物理学家们把它称为“WIMPs 奇迹”。大家喜欢这个理论的另外一个理由是，这个理论是可以用大型粒子加速器或者其他的办法去探测的，能够用实验去检测是一个可靠理论必备的特征。

欧洲核子研究中心有着世界上最大的对撞机 LHC，在粒子对撞的过程中就有可能会生成暗粒子。但是目前 LHC 并没有探测到什么特别的迹象。看来想依靠对撞机，在实验室里面造出暗物质粒子是很难的，即便偶尔造出来了，恐怕也很难捕捉。这条路暂时是走不通的，还需要去想别的办法。

虽然暗粒子模型这种理论看上去很不错，但是它也有解决不掉的烦恼。把这个模型输入计算机，用大型超级计算机去模拟一种矮椭球星系的形成过程，发现计算出来的数值偏大。冷暗物质会导致星系变成一锅粥，显得非常稠密。可是天文观测到的矮星系并没有那么稠密。这么来看，似乎冷暗物质又是不对的。不过，在科学研究中，如果一个理论在解释大多数现象时都表现得很好，但是却遇到了一个反例，这时候科学家们通常不愿意推翻整个理论，而是想着能不能打一个补丁来解决。

于是，科学家们设想用另外一种理论来解释矮椭球星系的问题。在现在人们已知的粒子之中，有一种中微子，这种粒子非常轻，而且也不容易和别的物质发生相互作用，所以这种粒子可以轻松地穿透整个地球，如入无人之境。过去大家以为中微子是没有质量的粒子，后来发现，它的质量不为零，但是非常微小。中微子的质量起码比电子轻了上百万倍，现在只能估计出一个大致的数量级。中微子也有不同的种类，而且会变来变去，来回变身，因此中微子也是一个神秘莫测的家伙。

现在有些物理学家假设，暗物质粒子会不会是一种运动速度非常快的中微子呢？这也被称为“热暗物质”。他们把这个热暗物质模型拿到计算机里面去算，模拟矮椭球星系的形成过程，看看计算结果和实测数据是否匹配。结果发现这种热暗物质会导致星系变成一盘散沙，根本无法凝聚。看来，热暗物质的假说也遇到了很大的困难。

那么不冷不热的温暗物质行不行呢？经过大型计算机的模拟计算，不冷不热的温暗物质倒是可以形成矮椭球星系。但问题是，补了西墙，却拆了东墙，又有另外一些数据完全对不上了。

所以，到现在为止，暗物质的身份仍然是一个迷，我们依然缺乏一个很有效的理论模型去解释暗物质。暗物质似乎给粒子物理学家们设下了重重陷阱，你要想揭开暗物质神秘的面纱就不得不面对一个又一个的坑。这个坑你巧妙地化解了，说不定就掉进下一个坑里。你的理论对这个现象可以完美地解释，对那个现象则毫无办法。

有一小撮比较另类的科学家则在旁边窃笑不已，他们严守奥卡姆剃刀原理："如无必要，勿增实体。"为什么一定要假想一种说不清道不明的暗物质呢？为什么只有添加了这种东西才能解释星系边缘恒星速度不正常的现象呢？难道你们就没想过对现有的引力理论下手吗？

这样的想法足够另类。到现在为止，以牛顿、爱因斯坦为首，科学家们历经数百年建立起来的理论大厦经受住了无数严苛实验的检验，但依然有一些科学家们怀着质疑精神。但是我必须告诉大家，科学的质疑与盲目质疑的区别在于，你不能只破坏不建设，为了质疑而质疑没有意义，你必须要提出一个更好的替代品。这些科学家就试图修正牛顿第二运动定律。

这一派科学家虽然人数很少，但是他们在物理学界依然很活跃。科学与宗教的区别在于，科学没有像圣经一样不可侵犯的教义，科学只讲逻辑和实证。不论是多数派还是少数派，任何科学理论必须经受全世界同行的评议。多数派科学家就认为那些修正牛顿动力学的努力有点像事后诸葛亮，他们纯粹是为了凑出一根曲线，强行给牛顿理论打了个补丁进去。

现在的情况是，主流科学界遵循久经考验的牛顿与爱因斯坦理论体系，但是不得不引入一个目前还看不见摸不着的新物质。而作为少数派的理论不需要引入暗物质，保持了系统的简洁性，但又对久经考验的牛顿定律下手。总之，科学家们处于两难的境地。

不过，到了 2018 年 3 月 29 日，著名的《自然》杂志刊登了一篇论文，展示了一个非同寻常的证据。我想，这个证据一出，恐怕少数不相信暗物质存在的人也打算投降了。那这个证据到底是什么呢？咱们下节揭晓答案。

探测暗物质

上一节讲到了暗物质理论和修正牛顿动力学之间的争论。一般来讲，要提出一个新的理论来取代旧理论，需要满足几个要求：

1. 新理论必须能够复制旧理论所有的成功之处。
2. 新理论必须能够解释新的现象，否则也没有提出新理论的必要了。
3. 最重要的是新理论必须有预言能力，并且能够在实验和观测上被验证。

修正牛顿动力学理论虽然支持的人很少，但是这个理论仍然是在科学方法论的框架之内提出来的，也可以用科学方法去验证。修正牛顿动力学可以很好解释星系里恒星的运动速度异常这方面，但是其他方面都不尽人意。不过，几十年来，这个理论并没有完全退出历史舞台。

哪知道，2018 年 3 月的一个消息，估计要让支持修正牛顿动力学的人哭晕在厕所里了。来龙去脉是这样的：天文学家研究了一个不起眼的星系，编号为 NGC1052-DF2，后面我们简称 1052 星系。测算下来，这个星系的引力质量和光度学质量相差无几。这意味着什么呢？这意味着，如果按照暗物质理论

看一看

来解释的话，一句话就可以了，这说明该星系基本不含暗物质。

但是修正牛顿动力学理论就遇到了大麻烦，因为这个理论否定了暗物质的概念，而修改了最基础的牛顿动力学理论，目的是为了解释为什么按照之前的观测结果，所有的星系的动力学质量都要远远大于光度学质量。如果这个理论是对的，那么就不能出现例外。但是，现在偏偏 1052 星系就是首个被天文观测到的例外。可以说，这个理论遭到了致命的打击。

相反，1052 这样的星系用暗物质理论非常好解释，这个星系的引力质量和光度学质量相差无几。那就等于说这个星系暗物质基本不存在，所以外围恒星旋转的速度符合现有的物理学法则。这等于是用“不存在证明了自己的存在”。

在历史上，为了解释观测到的自然现象，几乎都会同时出现很多竞争的理论，例如托勒密、第古、哥白尼的天体运行模型。即便到了今天，在科学界依然存在与广义相对论竞争的理论。不过，科学与哲学、艺术、文学等其他学科有一个最大的区别：其他这些学科，往往讲究的是求同存异，百花齐放，没有绝对的正确与错误，但是，科学理论的赢家只能有一个。几乎每一个教科书上的公式都是经过了激烈竞争后的胜出者。

目前看来，暗物质理论更加可靠，能解释的现象也更多。但是，问题仍然困扰着大家——暗物质究竟是什么？理论物理学家们仍然在不断提出模型，修改模型，然后动用计算机去计算。而另一些实验物理学家则把注意力放到了其他地方。

实验物理学家在思考如何能探测到暗物质粒子。大家或许有疑问，现在连暗物质粒子是什么，有哪些性质都不知道，该如何去找呢？似乎一点可靠的线索都没有。

当然，即便是猜想也要有个逻辑的起点。目前科学家们是以WIMPs理论为基础的。上节我们讲过，这个理论把暗物质粒子描述成一种具有引力，有弱相互作用的非常重的粒子。科学家们猜测，WIMPs粒子，自己就是自己的反粒子。假如两个这样的粒子发生碰撞，就会发生湮灭现象，这也就为我们探测暗物质粒子提供了可能性。

现在探测宇宙里面各种粒子的太空探测器有那么几个：一个是装在国际空间站的Alpha磁谱仪；一个是帕梅拉探测器；还有费米卫星和我国发射的悟空号探测器。几个探测器的数据都可以相互对照印证。

名气最大的是装在国际空间站上的Alpha磁谱仪，领衔担纲的科学家是著名的诺贝尔奖得主丁肇中。这个探测器是国际协作的产物，其中高强磁铁是我国提供的。中国的高强磁铁是全世界最好的，F-35战斗机上也在用。

丁肇中在世界科学界的威望极高。本来NASA的航天飞机需要全部退役，但是丁肇中说服NASA在2011年再执行了一次航天飞机任务，把Alpha磁谱仪送进了国际空间站。这个探测器无法作为一个独立的卫星运行，因为太阳能电池板供电不够用，只有国际空间站太阳能电池板面积够大，能提供足够的电力。只有航天飞机有能力把这么重的探测器扛到国际空间站上。没办法，退休前航天飞机只好再加班多飞一趟。

根据理论猜想，暗物质粒子在太空里相互湮灭会释放出反电子和反质子。虽然我们看不到暗物质粒子，但是我们能够看到它们留下的脚印。Alpha磁谱仪主要关注的是反电子，经过一年多的观测，它收集了680多万个电子和反电子，其中反电子有40万个，这些粒子的能量都非常大。

经过和帕梅拉卫星以及费米卫星数据的比对，大家认为，在10GeV能量段以上的反电子多得不正常，可能是暗物质粒子互相湮灭留下的脚印。统计曲线上明显出现了一个大鼓包，这就是实测数值与理论预期的偏差。

就在2017年年底，我国的悟空号探测卫星的数据也发布了。悟空号的能量探测范围比费米卫星和Alpha磁谱仪都要宽得多。在更高的1.4TeV能量段上，发现了特殊的峰值。这是非常令人惊奇的事情。

这么描述大家可能还是不太懂。没关系，我们还用打比方的方式来讲。比如说小镇里家家户户都是独生子女家庭，周末举办亲子活动，爸爸妈妈带着孩子都在海边沙滩上搞聚会。我们根据人口结构可以预计，成年人的脚印是孩子的两倍。成年人的脚都差不多大小，孩子的脚印有大有小，应该是平均分布的。这就是我们根据已知的情况推断出来的一个预期。

可是我们真的到现场去数一下脚印，发现完全超出了我们的预期。现场出现了一大串巨大的脚印。这种脚印不像是小镇上任何人的。那么只能判断，一定是有一大群大个子来过现场，脚印就是他们留下的。可是，聚会的现场并没有人看到过有奇怪的人出现。那么我们只能判断，他们是隐身人，也就是说，现场存在一些看不到的大个子隐身人，他们留下了自己的脚印。这种大个子的隐身人就好比是暗物质粒子。

按照科学家们一贯的严谨态度，他们表示，多出来的这些高能反电子疑似是来自于暗物质。不过，这种探测方式依然只能算是间接证据。

那么能不能直接抓到这些暗物质粒子呢？毕竟暗物质应该就在我们的身边。办法也是有的。在意大利大萨索山的一个地下隧道里面，有一群科学家正守在探测器的旁边等着暗物质粒子撞上门来，这有点像守株待兔。我国在四川锦屏山的地下隧道里，也有两个大型探测装置在蹲坑守候。

上海交大主导的 PandaX 计划动用了一大罐液态氙。科学家们预测，假如真的有暗物质粒子撞上来，撞到了氙元素的原子核上，就会发出一个闪光，超高灵敏的光电探测器就能探测到这个闪光。清华大学主导的暗物质探测器则采用了超低温的锗晶体，原理也差不多，也是等着暗物质粒子撞到锗元素的原子核上。意大利大萨索山底下隧道里的暗物质探测器用的是碘化钠晶体。

那为什么探测暗物质粒子要跑到深深的隧道或者矿井中呢？这是为了屏蔽外界各种各样的粒子。因为能穿透上千米厚的岩石来到地下实验室的粒子，也就只有神秘莫测的暗物质粒子和“鬼鬼祟祟”的中微子了。所以中微子的实验，多半也是在地下深坑里做的。

前一段时间，意大利人放出一些消息，地下探测器也已经有些进展了。经过 6 年的数据积累，他们发现探测到的信号与季节有关系。季节变化来自于地球绕着太阳运动。难道太阳系里的暗物质分布是不均匀的？地球转到轨道这一头浓度大一些，转到轨道那一头浓度小一些？可是还是有不少科学家对他们提出了质疑。毕竟这样的关联未免有些牵强了，证据还严重不足。

总之，到现在为止，我们只知道暗物质真的是一种物质，它具有引力作用，可能具有弱相互作用。寻找暗物质就像一次全世界协作的大规模的犯罪现场勘查，每个团队各领取一块区域进行仔细地排查，等到把所有的区域都排查完了，罪犯的蛛丝马迹一定是能被找到的。只是，到现在为止，暗物质仍然是一个宇宙未解之迷。不过，我有信心能在有生之年看到谜底。

我找了一个与 Alpha 磁谱仪相关的视频，这个视频是 2012 年欧洲宇航局为了纪念它发射进入轨道一周年而制作的。你可以在我的微信公众号“科学有故事”中，回复关键词“AMS”，回复完就可以观看了。

暗能量之谜

宇宙在膨胀

还记得我之前讲过，在当今宇宙中，有两个最大的谜题，它们被并称为黑暗双侠，这就是暗物质和暗能量。而暗物质之谜我们已经讲过，今天就来给你讲暗能量之谜。

看一看

要把暗能量到底是什么给你解释清楚，我必须要从爱因斯坦提出广义相对论的那个时代讲起。爱因斯坦在 1915 年提出了一个场方程，这个理论把万有引力描述成了时空的弯曲。

依照爱因斯坦的理论，地球为什么绕着太阳转呢？那是因为太阳周围的时空是扭曲的，就好比平坦的表面上有个巨大的坑，地球速度不够，飞不出这个大坑。但地球的运动速度也确保了我们不至于掉进坑底。我们在地球上受到的重力也是时空弯曲效应的体现，我们也很难爬出地球的引力阱。踢向天空的足球最后总是会掉回地面。

20 世纪初，物理学爆发了两场革命，一个就是刚才说的相对论，另一个就是量子力学。量子力学关注的是微观领域的运动规律。爱因斯坦深知自己的场方程在微观领域是没有用武之地的，因为引力太微弱，大约只有电磁力的 10^{-37} 倍，完全可以忽略不计。在日常生活的尺度上，牛顿力学也就够用了。只有在大尺度上，特别是宇宙级别的大尺度上，他的场方程才能发挥出最大的威力，于是爱因斯坦就把注意力投向了宇宙学领域。

爱因斯坦的场方程看上去还挺简洁的，其实这是因为爱因斯坦发明了一套简便的数学符号，把一大堆方程组写成了 3 个字母，所以看起来才显得非常简洁。其实摊开了以后是个非常复杂的方程组，而且计算起来极其困难。方程的一边代表能量，另一边代表时空的形状。

爱因斯坦认为，宇宙里的物质是均匀分布的，上下左右各个方向都没什么区别。当时的天文观测的确是支持他的想法的。有了这个前提条件，就可以用场方程来整体计算宇宙了。但令爱因斯坦自己也没想到的是，他计算出了一个动态的宇宙。什么叫作动态的宇宙呢？就是说，从整体上来讲，宇宙不可能保持静止，要么就在整体膨胀，要么就在整体缩小，就好比整条河都在流动，小船即便什么都不做，也无法静止在原地。

宇宙怎么可能是动态的呢？爱因斯坦总觉得不对劲。宇宙整体上应该是保持静止的，一定是自己的方程式少了什么，于是他加入了一个宇宙常数，这个常数加进去以后就相当于添加了一种排斥效应。假如数值合适，就可以让宇宙保持静止，不再变化。当时，像爱因斯坦这样用场方程来计算宇宙的人还不在少数。俄国人弗里德曼也计算出了和爱因斯坦类似的结果。

只是弗里德曼比爱因斯坦的胆子大，他欣然接受了动态宇宙这样一个貌似很不合理的结论，但是爱因斯坦不同意他的理论。爱因斯坦认为，宇宙常数已经解决了这个问题。但没多久，比利时的神父勒梅特发现，即便带上宇宙常数，算出来的宇宙依然是动态的。

到了 1929 年，哈勃发现了宇宙中遥远的星系都在远离我们，而且距离越远的星系跑得越快，这说明什么呢？这说明宇宙在膨胀。

科学家们总是喜欢用气球来打比方。你在一个气球表面涂上一些点。当气球被吹大的时候，所有的点都在彼此远离。但是气球表面是没有中心点的，你站在每一个点上都会看到其他的点在远离你，而且是远处的跑得快，近处的跑得慢。哈勃在望远镜里也看到了这样的现象。这个现象用宇宙整体膨胀来解释是最合理的。

爱因斯坦得知这个消息后，他当然是非常后悔的，原来宇宙真的在膨胀，宇宙真的是动态的。他觉得自己犯了一个一生中最大的错误，那就是添加了一个其实毫无必要的宇宙常数。

为什么这是一个错误呢？因为他在添加这个常数的时候是没有任何埋由的，仅仅是为了满足他对宇宙的一个固有观念。从这个角度来讲，他的确是犯了一个错误。但是在他去世 40 年之后，天文学界的一个惊人发现却让这个宇宙常数又被后人翻出来赋予了别的含义。不得不承认，大师就是大师，犯错误都能歪打正着。如果爱因斯坦地下有知，不知作何感想。

到底是一个什么样的惊人发现呢？这个惊人的发现来自于两队独立的天文学家对遥远星系的距离和退行速度的测量。我们首先来讲星系的退行速度是怎么测量出来的，当年牛顿用三棱镜把太阳光分解成了彩虹的颜色，后来大家又发现在太阳的光谱里面有很多细细的黑线，这一连串的黑线就像条形码一样，但是没人知道这些线条代表什么含义。

后来大家才明白，原来这些细线是和各种化学元素有关系的。我们通过识别这些条形码，就能知道太阳上有什么元素。比如说氦元素就是首先从太阳上发现的。于是这些黑色的线条就被称为“吸收谱线”，简称“光谱线”。

很快，大家就发现，光谱线会出现整体性偏移，特别是那些遥远的天体，这说明天体发光频率整体发生了改变。光谱线向红色那一端偏移称为红移，往蓝色那一端偏移称为蓝移。哈勃第一个发现，大部分天体普遍出现红移现象，所以也叫宇宙学红移。

宇宙学红移代表什么含义呢？它代表着光的频率整体降低。哈勃当时认为这是由多普勒效应造成的。什么是多普勒效应呢？当一辆汽车按着喇叭向你飞驰而来的时候，音调变高。从你身边飞驰而过的时候，又变成了音调降低。音调的变化幅度与速度直接相关，我们可以根据音调来计算相对运动速度。光也是一种电磁波，也有多普勒效应。哈勃认为红移就代表着天体逃离我们的速度。红移越大，速度越快。

现在我们知道，哈勃对宇宙学红移理解有误。这是宇宙的膨胀导致了光波被拉长，因此频率降低。但是不管怎么说，光谱的红移量就像一个速度表，标志着天体与我们之间空间尺度拉大的速度。

那么天体的距离如何测量呢？这就要靠一根接一根的量天尺来测量。我们很容易用三角测距法计算出某些恒星的距离。300 光年之内，都可以用三角法测量。这是我们拥有的第一把宇宙量天尺。

但是，更加遥远的天体就不行了。假如要测量银河的大小，区区 300 光年是无论如何不够用的。哈勃要测量银河系的邻居仙女座大星系的距离，那就更不够用了。我们需要一把更长的尺子。

哈勃使用的是造父变星。我们来打个比方说明问题。一盏 100 瓦的大灯泡，放得越远光越弱。我们知道大灯泡的绝对亮度是 100 瓦，又能测量观察到的视觉亮度，根据这两个数值的差，就能计算出距离。对天上的星星也可以照此办理。但是，我们不知道天上的星星绝对亮度是多大，这是个难题。

好在，哈勃时代这个问题基本解决了。他在仙女座大星系里面发现了造父变星。这种天体的亮度就像手机呼吸灯一样会由亮变暗，再由暗变亮，如此循环往复。周期长短和绝对亮度是有关联的。那么知道变光周期也就可以推算出绝对亮度。这是第二把尺子，当然第二把尺子要用第一把尺子来校准。哈勃就是利用造父变星测算了大大小小星系的距离，从而发现了遥远的星系都在远离我们。

现在的太空望远镜已经可以拍摄到非常遥远的天体。感光器件连续曝光几十天，对准针眼大小的区域拍一张照片。照片上每个光点都是一个星系团。即便是星系团级别，也不过才几个像素大小，我们无论如何都没办法从中分辨出造父变星。第二把量天尺也失效了。

为了能够测量出距离地球几十亿甚至上百亿光年外的星系距离，我们必须要找到新的量天尺，那么有什么办法能把量天尺推进到视野的尽头呢？办法终于被天文学家们找到，这还不得不从一个薅邻居家羊毛的小偷说起。好了，下节为你揭晓答案。

大爆炸宇宙学

看一看

上一节结尾的时候我卖了个关子，用造父变星这把量天尺我们只能测量距离我们较近的星系，稍微远一点的星系在天文照片中只不过是一个亮点，小的只有几个像素大。几个像素之中当然没有办法分辨出造父变星。那该怎么办呢，天文学家们靠什么来计算这种暗弱星系的距离呢？

办法当然是有的，这个办法与恒星的死亡有关。宇宙中最常见的恒星是太阳这样稳定燃烧的普通恒星。太阳在50亿年之后会变成红巨星，最后的归宿是白矮星。白矮星需要漫长的时间才能冷却下来，变成一种不发光的黑矮星。一般来讲，到了白矮星阶段，恒星就算是死了，到了黑矮星阶段算是彻底死透了。

比太阳大 8—10 倍的恒星死的时候不会这么平淡，假如在这颗恒星的晚年，吹光了所有的气体以后，剩下的核心质量还超过 1.44 倍太阳质量，那么它是没办法稳定存在的，会发生超新星爆发，最后剩下一个中子星。超新星爆炸的亮度可以达到普通星系总亮度的一千倍以上。

1054 年，宋朝的司天监记录到了一颗“天关客星”。这颗星在 23 天里的白天都能看到，在随后的一年里，夜里还能看到。大约一年以后，它逐渐消失了。后来天文学家在同一个位置找到了一个蟹状星云，到现在这个星云还在以 1450 千米 / 秒的速度膨胀。中间还有一颗新鲜出炉的中子星在高速旋转。一千年的时间对天体来讲，真的可以算是新鲜出炉。这颗超新星就是由一颗质量是太阳质量 9—11 倍的恒星爆炸形成的。

但是，还有一类超新星，爆炸以后会炸得干干净净，一点残渣都不留。太空里成双成对的双星是非常常见的，其中一颗星已经到了风烛残年，变成了白矮星。可是因为离伙伴距离太近，这颗白矮星就开始薅邻居家的羊毛，疯狂吞吃伙伴的气体，越吃体重越大。当质量达到了 1.44 倍太阳质量这个临界值的时候，就会突然发生超新星爆发。这种薅邻居家羊毛的小偷被称为 Ia 型超新星。而这种 Ia 型超新星有一个显著的特点，由它爆发的原理可知，它每次都是刚好达到 1.44 倍太阳质量就爆炸。这等于是一颗装药非常精确的闪光弹。我们完全可以用 Ia 型超新星来当作标准烛光。它比造父变星亮太多了，可以在极其遥远的距离上看到它。NASA 发现了迄今为止最远的 Ia 型超新星，距离我们 100 亿光年，换句话说，它是在 100 亿年前爆炸的，居然还能被我们在地球上看到，所以 Ia 型超新星是一把非常优秀的量天尺。

尽管超新星非常亮，但是因为距离远，所以看起来仍然非常微弱，寻找起来非常难。一般都是用比对照片的办法来查找是不是有哪个小点以前没见过。有些星系的星系核也会突然变亮，有的恒星会被太阳系里的小天体遮挡，造成亮度变化，因此还要排除这些干扰因素。好在现在都可以用计算机程序来自动化操作，还可以加入 AI 人工智能帮忙，找到 Ia 型超新星已经不像过去那么艰难了。

超新星是一把非常好的量天尺，但是也需要精确校准。利用爆炸余晖，可以把这把尺子调节得更加精确。遥远的天体发出的光千里迢迢跑到我们地球的过程之中，难免会碰上气体云、尘埃之类的，还要矫正这些雾霾带来的亮度误差。这些气体云和尘埃会更多地吸收蓝光，因此可以从红光和蓝光的比例来判断衰减了多少。

经过天文学家的不断努力，这把尺子已经被校准。20 世纪 90 年代以来，有两个独立的研究团队利用当时世界上最先进的设备，在连续几年的时间里，坚持不懈地对高红移 Ia 型超新星进行了观测，系统地研究了宇宙膨胀现象。他们本来的目标是计算出宇宙膨胀的减速状况。

上次我们讲到过弗里德曼和勒梅特，到弗里德曼的学生伽莫夫手里时，大爆炸宇宙学正式成型。这个理论的基础就是来自于爱因斯坦用场方程对宇宙作出的计算。依据大爆炸宇宙学，我们宇宙的万事万物来自 138 亿年前的一场大爆炸。从这一个点开始不断地膨胀，产生了现在的万事万物。

科学家们预计，在爆炸以后，受到引力的作用，宇宙的膨胀速度会减慢，就像炮弹朝天上发射一样，出炮膛的一瞬间速度是最快的，然后就会开始减速，当达到最高点，速度为 0 时，下落的过程就开始了。速度不够快是飞不出地球的引力范围的，炮弹上升的高度有极限值。

当然，炮弹速度足够快，就可以不掉下来，变成卫星，再快一些就可以飞出地球引力范围，一去不回头。所以在过去，物理学家们也一直都认为宇宙大爆炸和炮弹发射很类似，宇宙中的所有物质都会产生引力。假如物质足够多，引力足够大，最终我们的宇宙膨胀到了顶点，还是会开始收缩的，最后重新变成一个点，这个过程叫作“大挤压”。这样的宇宙虽然无比辽阔，但是体积终究有限，因此也叫封闭宇宙。

假如物质不多不少刚刚好，我们的宇宙再也不会收缩了，虽然膨胀速度在下降，但是永远也减不到 0。和人造卫星不会掉到地球上是同一个道理。这是一种温和的结局，一切都慢慢消逝。

这一切的关键都取决于我们的宇宙物质密度有多大。根据科学家们的计算，宇宙物质密度有一个临界点，平均下来就是每立方米 3 个氢原子，如果超过这个临界点，那么宇宙恐怕将会走向大挤压结局。但是目前我们发现宇宙的物质密度远比这要小，大约每立方米只有 0.2 个氢原子。看来我们的宇宙并不是一个封闭的宇宙。

为了探求宇宙的未来，天文学家们试图测量宇宙膨胀的精确速度，从而确定它的减速情况。几乎所有的科学家都认为，宇宙膨胀理所应当是在刹车，区别无外乎是温和的刹车，还是急刹车，也有小部分科学家认为是空档滑行。

20 世纪 90 年代，有两个各自独立的团队几乎同时向这个宇宙终极命运问题发起了冲击，其中一个团队由美国劳伦斯伯克利国家实验室的波尔马特领衔，成员来自 7 个国家，总共 31 人，阵容强大；另一个团队则由哈佛大学的施密特领衔，也是一个由 20 多位来自世界各地的天文学家组成的豪华团队。

波尔马特团队的计划叫作超新星宇宙学计划，而施密特团队的计划叫作高红移超新星搜索队。最终，两个团队先后发现了让人大跌眼镜的现象，宇宙在前 70 亿年确实是在减速膨胀，可是在 70 亿年前的某个时间点上，减速膨胀反转成了加速膨胀，这就好像开车，先是踩刹车，然后再踩油门，这个事情就大大出乎科学家们的意料了。爱因斯坦或者伽莫夫要是听说这事儿，估计一口老血都能喷出来。

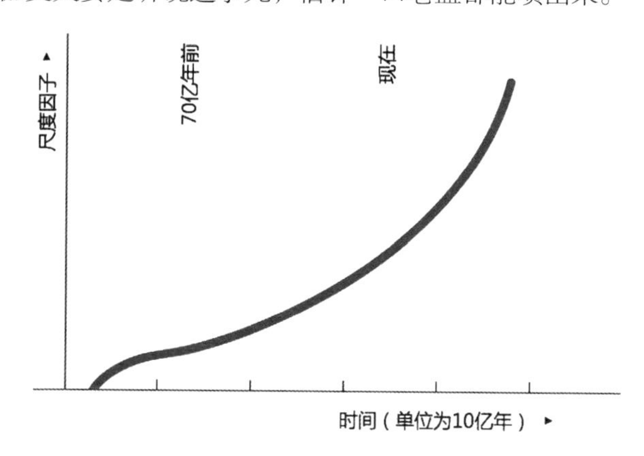

宇宙加速膨胀的这个观点足以惊动全世界，这样惊人的观点要站住脚，必须要经受住比其他科学观点更加严苛的考验。因此，尽管两个团队公布了所有的观测数据和他们的研究方法，但要让全世界的科学家们接受依然证据不够。在这之后，世界各地的天文学家们又进行了大量的独立观测、验证，包括 COBE、WMAP 和普朗克卫星都对这个结论做了不同程度的观测验证。到今天为止，宇宙加速膨胀已经成为一个经受住严苛检验的事实而被科学共同体所接受。

2011 年，波尔马特、施密特以及亚当·里斯获得当年的诺贝尔物理学奖。这一次，诺贝尔奖算是反应比较迅速的，没有等到这几位七老八十才把奖发给他们。波尔马特算是最老的，当时也才 52 岁。在此之前，他们已经拿奖拿到手软了。

从诺贝尔奖的反应速度，大家也能掂量出他们的成就有多重要。这个发现实在是太让人意外了。那么，接下去，就自然而然会产生一个重要的问题：到底是谁在踩油门呢？这一切该如何解释呢？咱们下节揭晓答案。

最后，我给大家找了一个 Ia 超新星爆炸原理的演示视频。如果你有兴趣，在我的微信公众号“科学有故事”中，回复“超新星”，就可以观看了。

暗能量与宇宙常数

上一节，我们讲到科学家们发现，我们的宇宙正在加速膨胀。按照过去的理论，这是不可能的。我们过去认为，宇宙膨胀应该是减速的。现在发现，宇宙就像被踩了油门，在加速膨胀之中。到底是谁在踩油门呢？这是个大问题。

为了解决这个问题，1998 年，迈克尔·特纳引入了一个新名词，那就是“暗能量”，我们讲到最后一集，这个名字才浮现出来。因为讲暗能量只能从宇宙大爆炸的发现一路讲起，否则没有基础的人是根本听不懂的。所以，暗能量其实还是一个假想的概念。

看一看

研究暗能量，必须要从宇宙诞生的那一刻开始。138 亿年前，宇宙从一个奇点之中诞生。爆炸后的一瞬间，物理法则开始生效，那个瞬间，一切都是温度极高的状态，随着宇宙的膨胀，温度开始下降了。到了第 10—11 秒左右的时候，粒子的温度已经降低到了我们现有高能物理理论能掌握的阶段。我们就可以计算那个时候究竟发生了什么事情。那个时候，夸克和胶子开始组合成质子和中子。第 10^{-6} 秒时，宇宙产生了大批的质子与反质子对、中子与反中子对。但是数量并不匹配，正粒子比反粒子多了这么一丝丝。随后它们互相抵消湮灭，还剩下十亿分之一的中子和质子保留到今天。大爆炸以后 1 秒左右的时间段，电子和正电子也遭遇过类似情况，电子也多了一丝。我们看到的宇宙星辰就是由这残留的一丝正物质构成的。

在宇宙大爆炸大约 3 分钟后，宇宙浓汤的温度足够低了，原子核才能形成。一直到大爆炸以后 38 万年，宇宙的雾霾才逐渐散开，变得透明。光子才能痛快地在宇宙里不受限制地随意穿行。这就是大爆炸以后发出的第一缕光。这些光子已经被我们人类探测到了，这就是"宇宙微波背景辐射"，它能告诉我们宇宙早期的信息，以及宇宙之中物质含量的信息。因为这些光子几乎是穿行整个宇宙才落到我们的探测器里，它们一路之上受到的引力扭曲，穿过的气体，遇上的尘埃，都会在微波背景辐射之中留下痕迹。

通过对微波背景辐射的研究，大家发现，无论是普通物质还是暗物质，甚至暗能量，都会对宇宙的曲率有贡献。科学家们发现，我们的宇宙非常平坦，所以总物质量应该是接近临界密度，也就是每立方米 5 个氢原子的水平。可是现在统计下来，把暗物质也都算上，满打满算也才 30 % 左右。因此，科学家们推测，剩下的这些就是暗能量。根据普朗克卫星的最新数据，暗能量占 68.3 %，暗物质占 26.8 %，普通物质仅占 4.9 %。

我们在讲到暗物质的时候，讲到过 4 种基本的力。暗物质可能有引力和弱相互作用。这个暗能量，连弱相互作用都不可能有。它只有引力，最奇葩的是它的引力是负数，也就是斥力。

那么我们大致可以这样描述宇宙膨胀，刚发生大爆炸的时候，宇宙膨胀极快，但是只要有引力在，必定是减速的，那时候暗能量的力量相对弱小。等到宇宙足够大了，物质足够稀薄了，物质相互之间变远了，引力开始变弱了，弱到一定程度，被暗能量翻盘压倒，最终，引力输给了暗能量的斥力。于是宇宙开始加速膨胀。

从宇宙膨胀先减速、后加速的情况来分析，暗能量似乎不会随着宇宙尺度的扩大而被分摊，它似乎和宇宙的尺度没关系。似乎暗能量是处处均匀，处处一致的。难道，神秘的暗能量就是当年爱因斯坦场方程里那个号称最大错误的宇宙常数吗?

的确，宇宙常数可以体现为一种排斥效应，这是个非常合理的解释。常数就意味着不变，当然不会随着宇宙的尺度发生变化，也不会有均匀不均匀的问题。所以说，爱因斯坦的确够厉害，连犯错误都能歪打正着。

目前估计，暗能量的数值是非常小的。因此我们在实验室里面也没办法测量出来。哪怕达到星系级别也看不出暗能量有多大的本事。但是，最可怕的一点就是它处处都一致，哪怕到宇宙边缘，人家还是不会衰减。在宇宙尺度上，引力只有甘拜下风。

真空能

假如暗能量真的是爱因斯坦添加的宇宙常数，这个数值到底有多大，这个东西是与普朗克常数、万有引力常数一样的基本常数吗？我们仍然不知道这个常数是因何而来的。我们只是为了解释某种现象而硬塞了一项数值进去。

我们曾经说过，对于量子物理学家来讲，真空其实是沸腾的粒子海洋，真空之中蕴含着能量，但是，我们日常的工作生活从来也感觉不到这种能量的存在。因为我们关心的是能量的变化，能量的差值，而不是能量的绝对值。我们说珠穆朗玛峰是世界最高峰，海拔 8844.43 米，说马里亚纳海沟是世界最深的深渊，最深处在海平面以下 11034 米。我们为什么都是从海平面算起呢？我们为什么不考虑脚底下还有 6400 千米的地球半径呢？因为海平面是一个人为标定的 0 点，这么做最方便。与此类似的还有温度，0 摄氏度可不代表没有温度。同理，科学家们也把真空视为能量的 0 点。这样计算是最方便的。反正在一般情况下，你也找不到比真空的能量更低的东西了。因此，真空能也叫“零点能”。

但是，在计算宇宙之中的总能量的时候，似乎不能忽略真空本身具有的能量。假如真空能量计算值可以和观测数值相匹配，那么科学家们就有把握认为，宇宙常数的实质就是长期被大家忽略的真空能。

可惜计算出来的数值大相径庭。天文学观测的数值一般误差都很大，能搞对数量级就很不错了。哈勃最开始测量仙女座星系的距离有 80 万光年，现在我们已经修正到了 250 万光年。可是真空能和暗能量不属于这种误差量级，不幸的是，多数粒子物理理论预言的真空能比暗能量大了 120 个数量级。一个数量级代表 10 倍，120 个数量级代表一个大得难以想象的数字。

理想很丰满，现实很骨感。虽然真空能从理论上分析的确很有道理，但是数字完全对不上。量子物理学家们也懵了，虽然量子物理学家们很擅长消除计算中出现的无穷大，但是这回他们没有搞定，多出来的真空能他们怎么也没办法抵消掉。毕竟到现在为止，量子力学和广义相对论都是无法调和的，搞不定才是常态。

不管是哪种理论，暗能量的斥力特性都是必须保留的，处处均匀的特性也应该保留。类似的还有标量场理论，这个理论的外号叫作“第五元素”。

我们在讲暗物质的时候，讲到过修正牛顿动力学。对于暗能量来讲，同样是他们施展的舞台。他们或许只要把某条简单的曲线多扭几个弯就可以和观测匹配得不错。但是他们的理论总是没什么人喜欢，况且我们在讲暗物质的时候，牛顿修正力学理论还遭到了重创。

到现在为止，也没人知道暗能量到底是什么东西。但是科学家们已经公认，宇宙大爆炸开始的一瞬曾经有过暴涨的阶段，膨胀速度极快，似乎那时候宇宙常数特别大。暗能量在空间上处处均匀，似乎是个常数。但是在时间维度上呢？过去的宇宙常数和今天的宇宙常数是一样的吗？总之，关于暗能量的许许多多问题，都依然是宇宙未解之谜。

通过这三节的内容，我把暗能量的来龙去脉大致给你梳理了一遍，你至少搞清楚了科学家们正在研究的暗能量到底是怎么回事。在我们的生活中，这个词经常会被一些搞伪科学的，或者神秘主义爱好者所利用，把暗能量当作许多超自然现象的解释。甚至还有用暗能量来解释神佛鬼怪和灵魂的。你一定要记住一点，暗能量只有在整个宇宙这样的大尺度上才能体现出来，甚至在银河系这样的尺度中，暗能量的效应都几乎观测不到。记住了这一点，你就能有理有据地识别出伪科学了。

还有一点，如果你看完了这一章，觉得很有意思，也想自己研究暗能量，那么，我必须提醒你，要研究暗能量有一个前提，那就是必须要先学习广义相对论，如果没有这个基础，你就永远也不可能取得与同行对话的资格。

最后，我给大家找了一个讲解暗能量的视频，其中特别提到了暗能量和爱因斯坦的联系。如果你有兴趣，在我的微信公众号“科学有故事”中，回复“暗能量”这三个字，就可以观看了。

时间旅行之谜

穿越到未来

我们今天来讲时间旅行之谜。要把这个问题给讲清楚，最重要的事情莫过于把时间到底是什么给讲清楚。

大概自人类文明诞生以来，对于时间到底是什么的讨论就从来没有停歇过。古代的智者有过很多精彩的论述，比如，孔老夫子站在泗水边，望着奔流的大河，留下一句著名的话："逝者如斯夫，不舍昼夜。"他的意思是说，时间就像连绵不断的河水，昼夜不停地在流动着。与孔老夫子类似，英国的大物理学家牛顿也把时间比作河流，永不停歇地流逝。时间的流动似乎是独立于人的感受之外的存在。对每个人来讲，流逝的速度都是一样的。我们只能在时间的这条大河里随波逐流。我们是没有办法改变这条河流的流速的。牛顿的时间观念被后人称作"绝对时空观"，在这种观念之下，时间旅行当然是绝对不可能的。

但是德国的数学家和哲学家莱布尼茨不认同牛顿的思想。他认为，时间不过是一系列事件的顺序排列罢了。假如没有任何事件发生，时间也就没有任何意义。他们谁对谁错，一时间众说纷纭。但是，仅仅从哲学思辨的角度去讨论，基本上也只能泛泛地空谈，对于解决实际问题来说，似乎也没有太多的帮助。

当时间走到了 20 世纪初，在瑞士伯尔尼专利局，有一个不起眼的三级专利员也开始思考起了时间的问题。他就是爱因斯坦，正是他彻底颠覆了人们的时间观念。爱因斯坦的核心理念是，去纠结时间的定义到底是什么没有意义，人类的语言是无法准确描述时间这样的事物的。研究时间的正确姿势应该是换个思路，我们只关心怎么测量时间，而不去纠结于时间到底是什么。

至于时间到底是什么，根本就不是人类的语言所能够描述清楚的，但我们可以把时间测量的方法定义出来，那么测量出来的值就是时间的数学意义，就能够指导我们对世界作出预言。

把这个概念理清楚之后，很多事情一下子就变得豁然开朗了。那么到底怎么测量时间呢？爱因斯坦认为，任何有精确周期性运动的东西都可以用来测量时间，只是测量精度不同而已。例如，用心跳就可以测量时间，我们完全可以创造一个时间单位叫“跳”，然后我们就可以说火车从 A 地运行到 B 地需要多少跳。只不过这种测量方式就会显得很粗糙，因为每个人心跳并不都是同步的，有些人快有些人慢，而且就是同一个人的心跳也时快时慢，所以，用心跳来作为时间单位就太粗糙了，不合适。我们也可以用太阳的东升西落来测量时间，这就精确得多了，那么一次东升西落的时间单位就可以记作一天；我们也可以用钟摆的来回摆动来测量时间，摆动了多少个周期，就是多少个时间单位。总之，一样事物的周期性运动越是稳定、精确、快速，用它来测量时间，得到的数值精度就越高。

接下来，爱因斯坦就根据前人做出的很多物理实验的结果，作出了一个开天辟地的大胆假设，这个假设现在很多人都耳熟能详，对的，就是光速不变，准确地说就是真空中的光速永恒不变，而且还有一个定语，无论你用什么方式去测量，也无论你用于测量光速的物体本身处在怎样的运动状态，在排除了测量物本身的误差后，得到的数值总是不变的。只要采用的测量方式不变，真空中光速的数值就不会变。

说实话，绝大多数人在第一次听到我上面这段很是绕口的话之后，并没有什么感觉，甚至根本就没有领会为什么我们说这是一个非常大胆，甚至是离经叛道的假设。不举具体的例子是很难把深奥的科学道理讲浅显的。

我要借助一个具体例子给你再讲一遍爱因斯坦的大胆假设。现在，我们手里有两个钟摆，它们俩是严格同步摆动的，我现在把这两个钟摆一个放在地面上，一个放到一艘宇宙飞船上，宇宙飞船的飞行速度接近光速，在飞行的时候，飞船开了大灯，一束光从宇宙飞船的头上照射出去了。爱因斯坦的假设是，不论是用地面上的钟摆来测量这束光的速度还是用飞船上的钟摆来测量光的速度，都应该是一样的。速度的计算公式是距离除以摆动的次数。你可能会说，速度不是距离除以时间吗？别忘了我们不知道时间是什么，我只是用来回摆了多少次来代表时间。摆动的次数多，我们就认为时间长，摆动的次数少，我们就认为时间少，我们只关心怎么测量时间，不关心时间到底是什么。于是，站在地面上的你就会发现，那束光离地面上的钟摆的距离增量，总是会大于那束光离飞船上的钟摆的距离增量，因为飞船上的钟摆也在和光一起朝前运动。这样一来，如果爱因斯坦的假设是正确的，结论就很奇怪了，要保证距离除以摆动次数的数值始终保持相同，就必然要求两只钟摆的摆动周期不相同了。可明明两只钟摆都在地面上的时候摆动周期是严格同步的啊。

你也可以把刚才这个例子中的钟摆换成自己的心跳，假如你站在地面上，你的双胞胎哥哥在宇宙飞船上，那么当你的心脏跳动了 100 次时，你哥哥的心跳可能只跳动了 10 次，具体是多少下，要看飞船的运动速度有多接近光速。

这个结论对于当时的物理学家们来说，要多奇怪就有多奇怪。这也就意味着，时间不是永恒不变的，是有可能随着相对运动的速度不同而变化的。飞船上的一天有可能等于地面上的一年。

所以，用爱因斯坦的观点来看，穿越到未来这种事情是有可能发生的，只要运动的速度足够快，你想穿越到未来什么时候就可以穿越到什么时候。请大家注意一点，根据爱因斯坦的理论，只要你比别人运动得快，你的时间在别人看来就会更慢，只是程度不同而已。所以，哪怕你骑个自行车，也相当于在向着站着不动的人的未来穿越，只不过穿越的时间很少很少而已。

爱因斯坦的这个理论在科学界被称为“狭义相对论”，在刚刚提出的时候，那当然是遭到了一片的反对声。因为这个结论非常地反直觉，不论是哲学家还是爱因斯坦之前的科学家，自古以来都认为时间就是永恒流逝的，是独立于我们的物质世界之外的东西。还有一个原因，毕竟爱因斯坦的这个理论是建立在光速不变这个假设上的，只有这个假设是成立的，后面的所有推论才是成立的，而这个假设到底是不是真的成立呢？至少在爱因斯坦刚刚提出理论的那会儿，大多数科学家是不赞同的。

但是，科学结论有一个最大的特点，那就是可以得到实验的检验。不论多么怪异的结论，只要这个结论是可以被检验的，那就好办，是对是错，用实验证据来说话。假如实验的结果与理论预测的结果一致，那么就可以反过来证明爱因斯坦作出的大胆假设是正确的。其实，要作出一些大胆的假设并不难，胆大的人很多，但是要根据这个假设作出能够被实验检验的预言就非常难了。这也是判断科学结论和非科学结论的一个标准。

那么，科学家们是否成功验证了狭义相对论呢？穿越到未来有实验证据吗？答案是有的。第一次实验是 1971 年，科学家们准备了两组跳动周期完全一样的原子钟。一组停留在地面，一组搭乘航班做环球飞行，当飞机停下来后，两组原子钟记录下来的跳动次数果然不同，而且具体的数值与爱因斯坦的理论计算值非常接近。你也可以把原子钟的跳动想象成自己的心跳。后来，各种各样更加精确的实验被陆续完成，全都证明爱因斯坦是对的。

今天讲的是“时间旅行之谜”的上节，科学已经向我们证明，穿越到未来是完全有可能的，只是很难很难。下一节我们要来谈回到过去是不是也有可能呢？这才是更有意思的话题，也或许这才是你真正想知道的。

回到过去

上一节我们说了，科学家们已经证明，向前穿越到未来是完全有可能的，那么，能不能找到某种途径回到过去呢？这个问题远比穿越到未来要复杂得多。

1985 年，著名的天文学家、科普达人卡尔·萨根写了一本科幻小说，这是他一生中的唯一一本科幻小说，名字叫作《接触》(*Contact*)。在这本小说中，因为情节需要，女主角要在很短的时间内抵达银河系的中心，并且环游银河系，所以，他需要设计一个时空穿越的基本原理。卡尔·萨根是一个科学家，他对自己的幻想要求很高，所有的幻想都要找到科学依据。

有些科学爱好者听到这里，可能马上就会想到，超光速就行了呗。确实，有很多科幻作家喜欢用超光速运动来穿越，但是作为严谨科学家的卡尔·萨根可不会这么干，因为超光速运动违反了我们已知的物理定律，用超光速来实现穿越是没有什么科学依据的。一开始，卡尔·萨根的设想是从一个黑洞跳进去，从另外一个白洞喷出来。

黑洞是广义相对论计算出来的一种奇特的天体。这个天体的表面引力非常大，以至于光都逃不出去。因此这个天体是黑的，很难被发现。爱因斯坦在 1915 年推导出了广义相对论，这个理论把引力解释为时空弯曲。地球绕着太阳转也可以解释为地球在弯曲的时空里走了一条最自然不过的路线。就像皮球滚下山坡，皮球也会自己找到一条最合适的路线一样。

我们可以这样理解黑洞，你把太阳周围的时空想象为一个碗，地球就像一个小球在里面贴着碗壁转圈圈。而黑洞不是个碗，是一个漏斗，如果小球已经掉进了中间的洞里，任凭小球转得多么努力，也无法避免一直掉下去的命运。

无论是碗也罢，漏斗也罢，都是爱因斯坦场方程计算出来的一个解，实际上，这个场方程可以有无数个解。1935 年，爱因斯坦和美国的助手罗森两个人计算出了一个有趣的解，这个解就好像是个沙漏的形状，相当于一个黑洞和一个白洞的漏斗喉部对接起来，这个结构被称为爱因斯坦 - 罗森桥。在这个结构中，似乎可以从一个时空点跳跃到另外一个时空点，说通俗点就是时空的穿越。大家注意，我说的时空点跳跃就已经包括了时间和空间的跳跃。

卡尔·萨根当然是知道爱因斯坦 - 罗森桥的。他在写小说的时候，就是按照这个设想，从一个黑洞跳进去，所有物质都压向黑洞中间的奇点，然后从另外一个白洞里喷出来。这不就实现穿越了吗？因为卡尔·萨根的本职工作并不是理论物理，他自己有点吃不准，于是他就去请教好朋友基普·索恩。这位好朋友就是 2017 年因为发现引力波而获得诺贝尔奖的著名理论物理学家。索恩认为，爱因斯坦和罗森计算出来的那个结果是没办法进行穿越的，因为对接的喉部是堵死的，要想搞穿越只能靠虫洞，说白了就是把喉部撑开，否者任何物质都无法通过，只有虫洞，才有可能实现回到过去时间点的想法。

卡尔·萨根听取了索恩的意见。这部小说非常成功，拿下了科幻界的最高奖——雨果奖。后来还拍成了电影，成了科幻史名著。索恩和他的学生也因此被激发起了对虫洞的兴趣，这才有了后来的著名科幻电影《星际穿越》。

1988 年，索恩和学生莫里斯发表了一篇论文。这篇文章发表在了《美国物理学》杂志上。这本期刊的名头听上去很大，“国字号”的，其实只是给物理教师看的半科普杂志。经过他们的计算，搞出了一个真的可以穿越的解，似乎时空穿越是有物理学理论支持的。但是大家还是别高兴得太早。索恩的虫洞需要一样特殊的物质，也就是负能量物质。

我们看到所有物质都是具有正能量的，正能量会使得时空弯曲，能量越集中，那么弯曲就越厉害，黑洞就属于时空被完全封闭了起来。负能量物质是理论上存在的一种物质，它的作用刚好相反。因此虫洞的喉部是可以用负能量撑开的，撑到足够大，才能允许一个人钻过去。

但是，根据计算，撑开一个半径 1 厘米的虫洞，就需要地球质量的负能量物质。1 厘米的虫洞是不能用来穿越的，只能用来偷窥。即便撑开一个几十米的虫洞，也不能用来穿越，因为如果人离开管壁距离不够大，是会被撕碎的。起码直径要达到一光年这么粗才能安全地穿越。但这几乎是一个不可想象的能量，因为哪怕要撑开一个半径 1000 米的虫洞，就需要相当于整个太阳质量的负能量物质了。

不过，从理论上来说，基普·索恩计算出来的虫洞是个稳定存在的虫洞，这种类型的虫洞叫作“洛伦兹虫洞”。你从洛伦兹虫洞穿越，相当于抄近道走捷径，但再短的捷径也还是要花时间才能通过。还有另一种“欧几里得虫洞”。这种虫洞描述起来就像科幻小说里面的“瞬移”，突然发生，突然消失。欧几里得虫洞需要极强大的磁场，只有高速旋转的中子星周围大概能有这么强大的磁场，但是我们显然没办法去中子星边上检验一下。

虽然基普·索恩认为虫洞可以让人回到过去，但是反对这种想法的科学家就更多了。他们的理由很简单，回到过去会发生逻辑上的悖论，因而回到过去是不可能的。

比如说著名的“外祖母悖论”。假如你穿越回去，趁着你的外祖母生孩子之前杀死了她，那么，既然你母亲的母亲都不存在了，怎么会有你的出生，又怎么能有你回到过去杀死外祖母呢？这是一个无法解决的矛盾。

所以，已故的著名物理学家霍金就认为，我们的宇宙依赖于因果律，一定有某一条我们尚不知道的物理定律在保护着时序不被打乱，也就是说回到过去的时间旅行是无法完成的。

然而另外一些科学家则辩护说，我们坚信虫洞的存在，也相信回到过去是可能的。逻辑矛盾也并不是完全无法解决，或许有这样几种可能性：

第一种：自由意识丧失说。就是说，你回到过去之后，就会完全被历史所控制，你就会像一个不受自己支配的演员，只能按照写好的剧本演戏。

第二种：时空交错说。就是说，你回到的那个时空和真实的历史时空是平行纠缠在一起的，但永远不可能相交，你可以看见历史，但不能影响历史。是的，只能看，不能摸。

第三种：平行宇宙说。就是说，当你干下了任何改变历史的事情时，宇宙就分裂成了两个平行的宇宙，在我这个宇宙中希特勒最后自杀了，在你那个宇宙中希特勒最后成了全世界的统治者。

但你可能也会跟我一样想到这样一个问题，我们现在是没有能力制造时间机器的，但是未来人呢？如果在遥远的未来有人造出了时间机器，那么，那个人是不是就有可能乘坐时间机器回到现在或者以前的时代呢？但为什么我们从来没有见到这样的未来人呢？历史上也从未记载有未来人光临。假设未来无限远的话，假设时间机器确实可以造出来的话，那么概率再小也应该有未来人回来了啊。有这个想法的人还真不少呢。2005 年，为了庆祝国际物理年，同时也是为了庆祝相对论诞生 100 周年，美国麻省理工学院举办了一场“时间旅行者大会”，举办方郑重地在报纸上刊登广告，邀请未来的时间旅行者光临会场，并且携带未来的物品作为证据。大会开了一天，确实来了很多“旅行者”，可惜没有一个能让人相信是“时间旅行者”。这些旅行者都辩称时间旅行只能光着屁股旅行，就像施瓦辛格扮演的终结者那样，所以他们没有信物。

你别笑，这还真是支持回到过去派遇到的大麻烦。为此，有些科学家就猜想，或许，回到过去最多只能回到时间机器制造出来的那一天，时间机器就相当于是一个路标，没有路标的时代就再也回不去了。

目前来说，是否能反向时间旅行依然是一个宇宙未解之谜，人们对时间的本质也还有很多的争论。比如时间箭头只有一个方向到底是不是一个牢不可破的宇宙法则呢？到底有没有一条自然法则在保护着宇宙中的因果关系呢？这一切都在等待科学的解答。

黑洞之谜

黑洞是否真的存在？

黑洞这个词大概现在的三岁小孩也听到过，它的名气实在是太响了。但是，能够正确理解黑洞到底是什么的人其实并不多，对黑洞的各种误解也是普遍存在的。我要用三节的篇幅给你讲讲黑洞之谜。

看一看

我们先从对黑洞最朴素的理解开始，一点一点走进真实的黑洞。牛顿发现了万有引力定律，解释了为什么地球上的每一个人都觉得自己是头朝上脚朝下，也解释了月亮为什么不会掉到地面上。

我们每一个人都受到来自地球的吸引力，但这个吸引力其实并不是那么强大，我们只要双脚一用力，就能跳起来，短暂地对抗地心引力。起跳的初速度越大，我们就能蹦得越高，在空中停留的时间也越长。当年，牛顿就计算出来，如果我们起跳的速度能达到 7.9 千米 / 秒的话，那么，我们就永远也不会掉回地球了，我们会成为地球的一颗卫星，绕着地球转，就像月亮那样。而这个速度被称为“第一宇宙速度”，也叫“环绕速度”，就是要成为一颗环绕地球运动的卫星所需要的最小速度。理论上来说，任何星球都有属于自己的环绕速度。

那这个 7.9 千米 / 秒的数值是怎么计算出来的呢？实际上，这个数值是根据牛顿的万有引力定律公式推导出来的，它只跟两样东西有关，那就是星球的质量和体积，与我们自己本身有多重没有关系。环绕速度与星球的质量成正比，与体积成反比。太阳的质量和体积都要比地球大得多，太阳的环绕速度是 220 千米 / 秒，当然，这个速度是相对于太阳的速度，而不是相对于地球的速度。你看，这个数值就比地球的环绕速度的数值大了很多。这些知识，人类在牛顿时代就已经搞得清清楚楚了。

200多年前，有一位叫拉普拉斯的天体物理学家，有一天他突发奇想，假如有一个天体的环绕速度超过了光速，那么，岂不是连光都无法从这个天体上跑出来了吗？那这个天体岂不是变成全黑的了吗？他还动手大致算了算，太阳的半径如果缩小到只有3千米，这意味着体积要缩小万万亿倍，就会成为这样一颗不发光的恒星。但拉普拉斯只是随便想了想，并没有深究，他认为宇宙中不会有这样的恒星存在，只是一种纯粹的数学计算罢了。后来，他又知道了光是一种波，而不是由一个个有质量的微粒构成的。所以，拉普拉斯就更觉得自己是胡思乱想了。

用拉普拉斯的这种想法来理解黑洞是一种最朴素的方法，也是大多数人理解到的层次，但是，这却并不是对黑洞的正确理解，接下去，我要给你讲一些高级货。

拉普拉斯之后，光阴如梭，一晃100多年就过去了，时间走到了1915年，爱因斯坦大神把人类对宇宙的认识推进到了一个远超牛顿的境界。大神告诉人们，万有引力只是时空弯曲的一种表现形式罢了，牛顿的万有引力只是对时空弯曲本质的一个近似公式，如果太阳的半径真的缩小到了只有3千米，那万有引力公式就不适用了。要真正把时间、空间、运动、引力这些东西的相互关系给搞清楚，那就必须要用到一个超级烧脑的方程式，这就是爱因斯坦场方程，爱因斯坦的理论就是大名鼎鼎的相对论。

1915年，正值第一次世界大战时期，在德国和俄国交战的前线，有一位年轻的德国炮兵上尉，他的名字叫史瓦西，他看到了爱因斯坦那个超级烧脑的方程式后，本能地就爱上了它，当其他物理学家还在质疑这个方程的时候，史瓦西已经开始默默计算了。他花了很长的时间，终于找到了爱因斯坦场方程的一个特殊解。他发现了一个惊人的情况，这个情况和拉普拉斯当年发现的情况有着异曲同工之处。

史瓦西根据相对论计算出来，如果把太阳压缩到半径 3 千米，或者把地球压缩到只有一个巧克力豆那么大，这时，在地球或者太阳中心点的时空就会被弯曲到无穷大，就好像时间和空间在这个地方打了个结。没有任何东西能够从它们的表面逃脱，连光也不例外，这倒不是因为光速小于环绕速度。其实，在这种情况下，已经不存在环绕速度的概念了，因为时空在这个地方被弯曲成了一个深深的洞，光掉进去了就再也找不到出口了，事实上，根本就不存在出口。后来，科学家们就把这样一种奇怪的天体称作“黑洞”。因此，黑洞实际上不是一个洞，在天文学上，它是一个有质量的天体。

黑洞是我们这个宇宙中已知的最奇怪的一种天体。我们永远也无法看到黑洞里面的样子，因为在那里面，时间和空间已经打成了一个结，也可以说，时间和空间都不复存在了。黑洞就像宇宙中的一个吸尘器，不断地吞食着一切靠近它的物质，而且吞进去了就别想再跑出来。

实际上，黑洞比你想象得还要怪异。所谓黑洞的大小，只是黑洞的中心到边界的大小。在这个黑乎乎的区域中，其实是空无一物的。那你可能要感到很奇怪了，物质都跑到哪里去了呢？其实，我刚才说把地球压缩到一个巧克力豆那么大，真实的情况是，一旦地球被压缩到巧克力豆那么大时，就没有任何力量能够阻止地球继续收缩了，只留下一个黑洞洞的外壳。那么，地球上的物质到底跑到哪里去了呢？我只知道它们会一直一直收缩下去，永远停不下来。你一定要让我告诉你到底最后会怎么样，我只能回答你，对不起，我想到一半就已经昏迷不醒了，求你别问了。如果你去问科学家，他们可能会这样回答你，这些物质最后都会收缩成一个非常非常奇怪的点，我们就把这个点叫“奇点”，哎呀小伙子，等你长大了就明白了。好吧，其实我现在长这么大了，也还是想不明白。

正因为这样，当黑洞刚刚被提出来的时候，几乎没有人相信宇宙中真的会有这样奇怪的天体。后来，著名的物理学家霍金和别人一起发现，似乎宇宙中出现这样的一种奇怪天体是不可避免的。随着相对论被一个又一个的实验所证实，科学家们的信念更加坚定了。但是，科学精神有一条非常重要的原则，那就是“非同寻常的主张，需要非同寻常的证据”。黑洞显然是一个非同寻常的主张，那就必须要有非同寻常的证据。要最终证明黑洞的存在，必须要找到天文观测的证据。于是，天文学家们开始了艰苦卓绝的努力。在几十年以前，黑洞的真实性一直是天文学中最大的未解之谜。

直到 20 世纪 70 年代，天文学家们才普遍猜测有一个过去一直搞不明白的奇怪天体很有可能就是黑洞。这个天体距离地球大约 6000 光年，放出非常强烈的 X 光。你可能会奇怪，不是说黑洞不发光吗？怎么又会放出强烈的 X 光呢？这是因为物质在向黑洞的坠落过程中，会形成一个围绕着黑洞的大旋涡，这被叫作吸积盘，因此 X 光不是黑洞发出来的，而是吸积盘中的气体高速摩擦发出来的，这些 X 光可以看成是黑洞存在的间接证据，但并不是直接证据。

但即便是这样的间接证据也是很罕见的。我能查到的公开资料显示：截止到 2007 年，天文学家们努力了半个多世纪，也仅仅找到了 17 个黑洞候选者。第一份黑洞存在的直接证据一直要到 2015 年 9 月 14 日才出现。那一天，位于美国汉福德区和路易斯安那州的利文斯顿的两台引力波探测器同时探测到了一个引力波信号。经过 8 个月的分析论证后，在 2016 年 6 月 16 日清晨，美国科学家正式向全世界宣布：这个持续了不到 2 秒的引力波信号正是两个黑洞并合产生的引力波信号，在茫茫宇宙中穿行了13亿年，才抵达地球，恰好被人类捕捉到。

从黑洞存在之谜被提出到解决，恰好过去了100年，但人类对黑洞的研究其实才刚刚起步，因为，科学家们发现，关于黑洞还有更多的未解之谜在等待着解答。

为了帮助大家更好地了解黑洞，我汉化了一个来自国外知名的关于宇宙的视频，你只要在我的微信公众号“科学有故事”中回复“黑洞一”，就能观看了。

黑洞内部什么情况？

看一看

关于黑洞，所有人最想知道的第一个谜题就是，黑洞的内部到底有什么？当然，这样的问法可能并不是十分严谨，比这更好的问法是：如果我们能穿过黑洞的视界面，会遇到什么情况呢？

这个问题，一直是几十年以来，天体物理学家们致力解决的重大谜题之一。

要把这个问题讲清楚，我们要从黑洞的物理性质说起。黑洞是目前人类已知的、宇宙中最简单的天体，只需要用三个物理参数就可以描述一个黑洞，它们是：质量、角动量和电荷。质量决定了黑洞的大小，但一个黑洞质量一定是大于零的。角动量是任何旋转的物体所具有的一种物理量，黑洞的角动量可以是零，表示该黑洞不旋转。电荷是衡量物体带电多少的一个物理量，黑洞的电荷也可以为零，表示该黑洞不带电。这样一来，我们就可以根据是否带电和是否旋转来把黑洞分成四种，也就是：

第一种：不带电不旋转；第二种：带电不旋转；第三种：不带电旋转；第四种：又带电又旋转。现代的理论物理学家们已经可以用数学建模和计算机模拟的方式来推测黑洞内部大概是一种什么情况。

我们先来看第一种，也是最简单的一种黑洞，不带电不旋转的黑洞，这种黑洞是一位叫史瓦西的物理学家最先提出来的，因此也被称为史瓦西黑洞。这种黑洞实在是太简单了，它只有唯一的一个参数，那就是质量。

如果我是一个外部观察者，看着你驾驶着飞船飞向史瓦西黑洞，我会看到你的动作随着接近黑洞，就会变得越来越慢，因为黑洞附近的时间会变得越来越慢，我看到你的颜色也越来越红，因为光的频率被扭曲的时空越降越低，频率越低，我们人眼睛就会觉得颜色越红。到了黑洞的视界面上，光的频率已经被降到无限低了，所以，这里也被叫作无限红移面。请记住这个名词，后面还要频繁出现。对于史瓦西黑洞，视界面也就是无限红移面。当飞船接近黑洞的过程中，会被黑洞的潮汐力拉长，黑洞越小，潮汐力反而越大，飞船也会被拉得越长，超过一定的临界值，飞船就会被扯碎。我们现在假设你飞向的是一个超大质量的史瓦西黑洞，你不会被潮汐力扯碎，这时，如果镜头回到你自己身上，你又会看到什么呢？

实际上，你并不会有太多的感觉，时间和空间从你的角度来看，都依然是正常的，只是如果你回头看宇宙背景的星光，会变得越来越蓝。你会看到一个黑乎乎的黑洞视界面离你越来越近，穿过视界面的一刹那，你不会有任何感觉，除了飞船上的电子仪器会发现来自宇宙中的一切电磁波信号逐渐减弱，直至全部消失。飞过视界后的情况科学家们就有分歧了。一些量子物理学家认为，飞过视界后，你马上会遇到一堵火墙，你会被烧得连渣也不剩。但另一些广义相对论学家认为，你会继续安然地朝着黑洞的中心，也就是奇点不可逆转地飞去。注意，此时的不可逆转不是因为你的飞船无法掉头往外飞，而是时间的箭头指向了奇点，不论你做什么，时间都是不可逆转的，它一定把你带向奇点。而且，不论黑洞的质量有多大，黑洞在你身上引起的潮汐力一定是随着靠近奇点而增大的，你和你的飞船迟早要被彻底扯碎成一个个的基本粒子，最后都被奇点无情地吞入。到底你是会被火墙烧死还是被潮汐力扯碎呢？对不起，这是一个宇宙未解之迷。

说实话，史瓦西黑洞一点儿都不好玩。好在，宇宙中也是最不可能出现史瓦西黑洞的，因为要出现这种黑洞的条件极为苛刻，或许只有在宇宙大爆炸时才会诞生，又或许宇宙中压根就不存在这种黑洞。另一种带电不旋转的黑洞就要有趣得多。这种黑洞也被叫作 R-N 黑洞，以两位科学家姓名的首字母命名。

R-N 黑洞与史瓦西黑洞不同，它有两个视界面。当你穿过最外层的视界后，就会进入一个叫单向膜区的空间，这个空间的时间箭头指向黑洞的中心奇点，所以它是单向的，你不可能再出去了。

正常时空

在飞向奇点的过程中，你会撞到第二层视界面，也就是内视界面。进入内视界面以后，这里边是正常的时空，不是单向膜区，但是如果你想凑近奇点看看的话，你会发现，一股斥力推着你，死活不让你靠近，你想撞也撞不上去。过一会儿你发现事情不对劲了，时间似乎循环了。简而言之，你走了一个“闭合类时线”。这是物理学上的一个术语，表示四维时空沿着时间方向完成了一个闭环，形成了一个时间圈环，奇怪的事情将不可避免地发生，你将永远陷入时间循环中。但是，时间循环会产生讨厌的祖母悖论，会破坏很多科学家心目中神圣的因果律法则。所以，就有一些科学家坚持，一定还有尚未发现的物理法则阻止这种情况的发生，R-N 黑洞的内部并不是我前面描述的那样。那 R-N 黑洞的内部到底是怎样呢？不知道，这是未解之谜啊。

20 世纪 60 年代，物理学家克尔又计算出了一种与 R-N 黑洞刚好相反的黑洞类型，R-N 黑洞是带电不旋转，克尔黑洞则是旋转不带电。不久之后，在克尔黑洞的基础上，物理学家纽曼计算出了又带电又旋转的黑洞，这种黑洞就叫克尔－纽曼黑洞，这两种黑洞大同小异，因此我们放在一块儿来说。

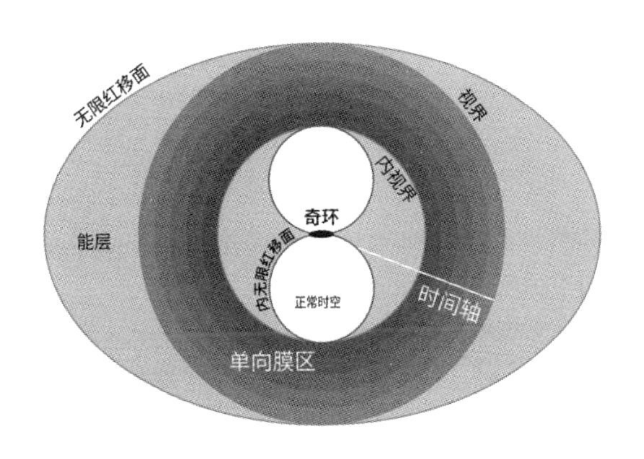

正常时空

第一，旋转的黑洞是个扁球，不是圆的。因为一旋转，赤道就鼓起来了，地球也是赤道比两极略鼓。第二是无限红移面跟外视界分离了。无限红移面在赤道鼓出去一块。第三是内部有个沙漏状的内无限红移面，里面是正常时空。内外两个视界面之间是单向膜区。这个沙漏的喉部有个奇环，而不是奇点。在无限红移面和外视界面之间，有个非常神奇的能层。注意，这个能层实际还是黑洞的外部，并没有越过黑洞的视界。

如果在能层中，飞船有一大块零件掉了下来，掉进了黑洞，这时候你会感到一股强大的动力把你从能层里面给踢出来了。外部观察者会看到飞船被弹出了能层，飞离了黑洞范围。电影《星际穿越》中飞船逃离黑洞就是利用了这个原理，男主不幸地充当了那个掉入黑洞的零件。

刚才这个过程，它的原理并不是牛顿第三定律，也就是作用和反作用力，扔出一块零件，如果按照牛顿第三定律，产生的推力是极小的。这个原理最先是英国物理学家彭罗斯算出来的，叫“彭罗斯过程”。我们平常扔出一个球，这个球拥有的能量总是正的。但是在克尔－纽曼黑洞的能层里面，这个球的动能居然是负的。但能量守恒定律不会变，所以一个物体，分裂成两半，一半带有负能量，另一半必定能量增加。飞船掉进克尔－纽曼黑洞的能层会被弹出来，道理就是如此。

如果你没有及时地扔出一个零件，那么你肯定会掉进克尔－纽曼黑洞的视界里面。接下去发生的一切，就纯属猜想了。

穿过视界面，就进入单向膜区。钻黑洞，我们不是第一回了。单向膜区之前已经解释过，不被拉成面条就是万幸，至于拉成兰州风格的还是意大利风格的，要看黑洞内部的稳定性。穿过单向膜区，通过内视界面、内无限红移面，就会来到奇环附近。这里面有一个正常的时空，人可以存活。科学家们猜想，奇环可以把你传送到另一个宇宙中。这个宇宙可能是以斥力为特征的非常奇怪的一个宇宙。总之，这一切都还是宇宙未解之谜。

但有一点几乎可以肯定，不管是哪种黑洞，进去了就永远不可能回到同一个宇宙了。黑洞的谜题还没完，咱们下节接着聊。

最后推荐大家观看来自国外知名的讲解宇宙谜题的视频关于黑洞的一集，和上一节推荐的视频是连着的，这一节你只需要在我的微信公众号“科学有故事”中回复“黑洞二”，就可以观看了。

黑洞蒸发和信息守恒

看一看

黑洞这个概念在被提出的很长一段时间中，科学家们都认为黑洞就像是这个宇宙中的吸尘器，只进不出，它会伴随着宇宙一直存在下去。然而，英国物理学家霍金却对这个观念发起了挑战。这是怎么一回事呢？

原来，那些专门研究微观世界的科学家们发现，我们过去认为的真空其实并不是空无一物的。在真空中，总是会有一对一对的虚粒子不断地涌现出来，它们一个带有正能量，一个带有负能量，在极短极短的时间内，正负粒子又相互碰撞湮灭。我们打个比方，你在太空观察地球的海洋，你会发现海洋就像是光滑的玻璃珠的表面，当你下降到飞机航班的高度，你会看到微小的波纹。当你下降到海平面上，你会看到滔天的巨浪。真空就像是海洋，测量越是精细，真空的变化就越是剧烈。所谓的真空，其实就是一锅沸腾的虚粒子海洋，不断翻滚着虚粒子的泡沫和浪花。

这个研究成果，给了霍金极大的启发，有一天，他突然想到，假如真空是虚粒子的海洋的话，那么黑洞就不可能一直稳定地存在了，黑洞有可能会像水滴一样蒸发掉。霍金是怎么想的呢？

我之前说过黑洞那个黑乎乎的外壳叫作视界面，任何东西越过了视界面就别想再跑出来了。霍金是这样想的，如果在黑洞的视界面上突然生成了一对粒子。本来它们会再次碰撞相互抵消。但是，事不凑巧，那个负能量粒子掉进了黑洞视界面，正能量粒子在外边。因此它们再也无法见面，再也无法相互抵消了。于是这两个虚粒子就变成了真实的粒子。黑洞吃掉一个负能量粒子，自己的质量也就减少了一分。正能量粒子看起来就好像是从视界面上被发射出来一样。整体上看，就像是黑洞在不断地放出辐射，在不断地变小。霍金管这个过程叫作“黑洞蒸发”，这种辐射也被科学界称为“霍金辐射”。

如果一个物体能放出辐射，那么就意味着它有温度。霍金计算出黑洞的温度和大小有关系。普通物体是温度越高放热越厉害，温度下降越快，最终和外界达到热平衡。比如，一杯热茶，放在那里你不去管它，最后温度总是会和周围的环境保持一致。但是，黑洞却很奇怪，它越是放出热量，温度反而会上升，因此黑洞是无论如何也不可能和外界达到热平衡的。越是小的黑洞温度反而越高，这也就意味着黑洞最终的命运都是蒸发殆尽。

霍金的这个想法结合了相对论和量子力学，具有开创性，所以，霍金也因为这个成就迈入了顶尖物理学家的行列。

不过，霍金辐射到底是不是真的，到目前为止依然是一个宇宙未解之谜，因为我们人类从来没有观测到这种辐射，原因在于这种辐射极其微弱，微弱到以人类目前的科技水平，根本不可能检测到一个遥远黑洞发出的辐射。而黑洞的蒸发速度又极为缓慢，以人类现有的观测技术，我们也不可能在有生之年检测出一个黑洞的质量在逐步缩小。这也是为什么霍金名气那么大，却没有获得诺贝尔物理学奖，原因还是在于我经常说的那句话，非同寻常的主张就需要非同寻常的证据。霍金的理论虽然从数学上来说，极为大胆创新，可是还没有证据。

霍金辐射还引出了另外一个有关黑洞的未解之谜，这被称为黑洞信息悖论。所谓悖论，就是两个观点互相矛盾的意思。为了把这个问题给你讲清楚，咱们要先来了解一下物理学家嘴里所说的信息是什么含义。

按照最简单的一种定义，信息就是能减少事物的不确定性的性质。我们来打个比方，对于一块蛋糕，你可以舔一舔尝尝是甜的还是咸的，你可以掂一下重量，你还可以看到它的颜色，这些都是信息。信息越是丰富，不确定性也就越少。假如你把蛋糕扔进黑洞，那么你就什么也无法知道了，不确定性几乎达到最高。我们人的感官有限，很多信息摆在我们面前我们也感知不到，一段文字被加密，尽管信息没有少，我们照样看不懂。但是，你从基本粒子的角度去看，你会发现信息变来变去，总数其实并没有少。因为，不论物质变成什么样的形态，都是基本粒子的排列组合。

基本粒子总是遵守一系列的守恒定律，比如能量守恒。能量不能被创造也不能被消灭，总是从一个状态变成另一个状态。因此，大多数物理学家就认为，信息也是守恒的，一个量子所包含的信息是不能被复制的，也不能被消灭。不过，这里经常会产生一个误解，物理学家们谈论的信息守恒，准确地说，我的理解是信息量守恒。如果把

《时间的形状》这本书给烧掉，那么，书上所表达出来的地球人能理解的那些内容信息都消失了，但是，内容是人的主观赋予的，并不是一种客观实在的物理性质，书上的内容虽然消失了，但是组成这本书的每一个基本粒子的所有物理性质却不会消失。因此，从基本粒子的角度来说，信息量是守恒的。

现在我们把一本书扔进黑洞，这本书的信息量还守恒吗？过去，科学家们认为，还是守恒的，虽然我们搞不清黑洞内部的情况，但信息还是应该以某种形式存在的。现在好了，霍金先生搞出了一个霍金辐射，说黑洞最终会蒸发殆尽的。那这么一来，岂不是这本书的信息就永远消失了吗？

于是，很多搞量子研究的科学家非常反对黑洞蒸发的理论，不光是因为信息守恒被破坏，更要命的是，如果信息守恒被破坏，还会破坏另外一个看上去更天经地义的法则，那就是概率的总和是 100 %，你抛硬币，正反面出现的概率加起来如果不是 100 %，这不是见鬼了吗？

面对这样的质疑，霍金的态度也很强硬，他说，信息守恒不是金科玉律，谁说信息一定要守恒啊。为此，霍金还跟人打赌，可是过了 7 年，也就是到了 2004 年，霍金公开认输，他说自己搞错了，信息是守恒的。但是他说黑洞蒸发理论没错，关键在于，以前我们认为黑洞蒸发，所有的信息也跟着蒸发消失了，其实不是。其他物理学家也发现，霍金辐射是可以把信息从黑洞里带出来的。这样一来，黑洞蒸发并不破坏信息守恒法则。

实际上，解决黑洞信息矛盾的办法还有一些，有的科学家认为，黑洞的表面就是一张全系膜，别看是二维的，掉进去的东西包含的信息其实都记录在了这张二维的膜上。信息没有进入黑洞，当然就是守恒的。

也有人说，物质掉进黑洞之前会撞上一道火墙，会把物质烧到渣都不剩。这样信息就留在了黑洞之外。也有人说，黑洞附近的时空太特殊了。你要是掉进黑洞的话，你会感觉穿透了视界面，但是远方的观察者会觉得你被烧毁了。因为观察位置不同，看到的结果也是大相径庭的。

霍金在晚年时，对很多理论都做了修正，他认为过去的很多计算只是考虑了极端情况。所以在网络上常常能见到诸如霍金被推翻、霍金认错之类的标题党，其实他只是做了一部分修正。

总之，到现在为止，黑洞蒸发到底会不会破坏信息守恒，依然还是一个未解之谜，因为没有办法做实验验证。

物理学史上各种反转的案例并不少见，例如引力波就经历过从提出到被否定又被证实的曲折过程。黑洞蒸发是否打破信息守恒的问题，现在还很难下结论。但这不奇怪，科学就是这样在不断的质疑和探索中一步一步向前迈进的。

好了，讲到这里，我们关于黑洞的话题，就全部结束了。关于黑洞蒸发原理的生动展示，大家可以到“科学有故事”的微信公号中回复“黑洞三”进行观看。

恒星光变之谜

塔比星光变

开普勒望远镜的工作原理

美国东部时间 2009 年 3 月 6 日晚上 10 点 49 分，一枚德尔塔 2 型运载火箭从佛罗里达州卡纳维拉尔角空军基地发射升空，这次发射在人类的天文学史上留下了重重的一笔。火箭搭载的是美国宇航局发射的首颗专门探测类地行星的太空望远镜——“开普勒望远镜”。它的科研任务是对银河系内 10 万多颗恒星进行探测，希望搜寻到能够支持生命体存在的类地行星。

开普勒望远镜的主要工作是死盯着银河中的一块固定区域，每隔 30 分钟采集一次数据。每个像素对应一颗恒星，开普勒望远镜并不需要拍照片，只要记录每个像素的亮度变化就足够了。假如有某个恒星的亮度突然发生了变化，那必定是有蹊跷的。

随着海量数据被发回地面，NASA 的科学家们根本就处理不过来了，他们让计算机来分析这些恒星的亮度是不是会变化。假如会突然变暗，过一阵子又恢复了，很可能是这颗恒星带有行星，行星恰好从恒星的表面经过，遮挡了恒星的光辉。假如是木星这么大的天体遮挡了太阳，那么太阳的亮度大约会减低 2 %，地球大小的天体是木星遮挡效果的 1/11，地球毕竟比木星小得多。所以，开普勒望远镜必须非常灵敏，哪怕恒星的光减弱了 1/1000，也会被记录下来。只有这样才能发现地球大小的行星。

变光曲线之谜

一颗恒星的亮度一般来讲是很稳定的，如果用横轴表示时间，纵轴表示恒星的亮度，我们可以画出一条变光曲线。假如一颗行星遮挡了恒星，我们会在变光曲线上看到一个明显的凹坑，假如过一阵子这颗恒星的变光曲线又出现了这样的凹坑，我们就有把握断定，这颗恒星带有一颗行星。凹坑的深度代表了行星的大小，凹坑的宽度就代表了行星运行的周期，坑越宽，行星运行的周期也就越长。

开普勒望远镜每天都在产生大量的数据，靠人工分析是根本赶不上进度的，因此必须用计算机程序去做自动分析。尽管计算机程序也很给力，但是科学家们仍然在担心，万一计算机漏掉什么稀奇古怪的东西呢？

计算机和人眼孰强孰弱恐怕是很难得出完美结论的。毕竟机器不会疲劳，不会打盹，速度又很快，人可没有不眠不休、不知疲倦的本事，但是人的模式识别能力是无与伦比的。

引起恒星光度变化的情况有很多，比如双星互相绕行也会引起光度的变化，但是这种变化与行星遮挡有区别。恒星也可能带着一大串的行星，太阳就带着 8 颗大行星。这种多行星系统的变光曲线会非常复杂，计算机恐怕会认不出来。恒星表面也会发生爆发，亮度突然增加，也可能会出现一大群黑子引起整体亮度的下降。这些情况都是很难瞒过人眼睛的，却有可能骗过计算机。

于是耶鲁大学、牛津大学的天文学家和芝加哥阿德勒天文馆合作推出“行星猎手”计划。把开普勒望远镜公布的观测资料通过互联网，以某种方式分发下去，请其他国家的科学家或者是爱好者用自己的眼睛挖掘新的行星。靠着网络上无数热心参与的志愿者，科学家们从 1200 万条观测资料中又挖出了大约 34 个被计算机忽略的行星候选者。

也正是靠着人的一双慧眼，志愿者从资料中挖出了一颗比地球重 50 多倍的行星在围绕着四重星之中的两颗公转。这颗行星被命名为 PH1，这是“行星猎手”计划抓到的第一颗行星。这个恒星系统非常复杂，它的变光曲线计算机认不出来，幸好被人眼挖出来了。

塔比星的由来

尽管很复杂，但是科学家们也还是可以作出清晰的解读。不过，一个奇怪的现象从 2011 年起被注意到，有一颗恒星特殊的变光曲线引起了大家的关注，这颗恒星的变光曲线太过奇葩，现有的理论实在是难以解释。

这颗恒星的编号是 KIC8462852，俗称“塔比星”。在 2009 年，它的光度曲线出现了下降的趋势，也就是光在减弱，但是看曲线根本不像是被一颗行星遮挡了。因为行星遮挡总是非常干净利落：光度曲线马上下降，然后平稳地维持一段时间，然后迅速地恢复，一般持续时间也就几个钟头。可是塔比星不同，它是缓缓下降，足足持续了一个礼拜。而且下降与恢复阶段从曲线上看是完全不对称的。这是怎么回事儿呢？大家只能猜测，或许这个行星并不是圆的，难道是个歪瓜劣枣，有这么大的歪瓜劣枣吗？

2011 年 3 月又出现了一个新的情况，塔比星的亮度在一个星期的时间内减弱了 15 % 之多，然后在两三天之内恢复了正常。15 % 对于恒星来讲是非常大幅度的光度变化，很难用行星遮挡来解释了。

到了 2013 年 2 月，塔比星又出现异常情况，在光度曲线上看出现了一连串的毛刺，也就是一连串的光度减弱。有时候保持一两天，有时候则持续一周。这一连串的光度减弱现象陆陆续续持续了 100 天左右，下降幅度超过了 20 %，假如真的是什么天体遮挡了塔比星的表面造成亮度的下降，那么这个遮挡物的大小一定是地球的 1000 倍。这下大家彻底糊涂了，这是怎么回事儿呢?

2015 年 4 月，塔比星又一次出现异常，出现了新一轮的光度下降。本来，这颗奇葩的恒星无人知晓，但是 2015 年的年底，这个家伙被志愿者从一大堆的数据之中给揪出来，呈现在了大家的面前。这么复杂的变光数据逃过了计算机的检查，即便是人工查找也很容易被忽略，但是这恒星实在是太奇葩了，所以塔比星在行星猎手志愿者之中引发了一连串的议论。这些数据反馈到天文学家那里，天文学家们的第一反应是数据出问题了。他们仔细核对了数据以后发现记录是可靠的，这个塔比星的光度曲线就是这么神秘莫测。天文学家们顿时觉得一个头两个大，他们也无法解释这一现象。

大家在开普勒的数据库里搜索了一大圈，发现了 1000 个类似的情况，经过人的手工筛查，这些结果都可以用其他方法解释，塔比星的这种特殊曲线可算是唯一的案例。这也就无形中增加了研究的难度。

现在，天文学家们用地面的一系列望远镜组成的网络来持续监视塔比星。2017 年 5 月，塔比星开始了新一轮的光度变化，每天的变化都有 2 % 之多，似乎塔比星的光度每隔 1500 天左右就会出现一连串的大幅度变动，断断续续会持续很长一段时间。

戴森球

就在行星猎手们热烈讨论塔比星的时候，另外一位天文学家贾森·莱特也在写一篇论文，论文主要谈的是开普勒望远镜的观测精确度问题。他认为，依照开普勒望远镜的观测水平，是有可能发现外星的巨型人工建筑的，可是现在什么也没能发现，可见开普勒盯着的方向上并没有什么外星智慧生物。

可是，别人把塔比星的数据拿给他看的时候，他惊得下巴都快掉下来了，他沮丧地说，看来论文要重写了。如何验证塔比星周围有没有智慧生物呢？最好的办法是去问问 SETI 项目组的人。

SETI 计划的全称是“地外文明搜索计划”，这个项目是用射电天文望远镜来监听整个宇宙有没有人工发射的有规律的无线电信号。假如真的收到这种非自然的信号，那么就可以断定存在外星智慧生命。但是他们已经连续监听了五十多年，什么有价值的信息也没有发现。对于他们来讲，塔比星是一个非常合适的目标。

就在准备申请 SETI 观测的这个档口上，消息被各大媒体知道了，于是，天文学家发现了“戴森球”的传闻就开始不胫而走。戴森球是一种假想的巨型建筑，假如外星人对能源的需求特别巨大，而且外星人的科技水平也特别高超的话，有可能会把整个恒星的能源全都搜刮干净，他们会向太空中发射无数个环日太阳能采集器，把整颗恒星包裹起来。物理学家戴森首先提出了这个概念，因此这种巨型建筑也被称为“戴森球”。

那么塔比星奇异的光度变化有可能是外星人在建造戴森球吗？

如何解释塔比星光变

上一节，我们了解到塔比星的变光曲线非常诡异，不由得让人想起了科幻题材最喜欢的“戴森球”，那么塔比星的光度变化会不会真的是外星智慧生命在建造戴森球呢？于是科学家们开始用各种形状的遮挡物来计算光度曲线的变化，假如遮挡物是个三角形，那么会造成光度曲线的何种变化呢？过去大家根本不敢往这个方向去想，因为大型天体一般都是流体的静平衡状态，也就是球形。现在恐怕也不能排除奇形怪状这种可能性了。目前没有发现哪种规则的几何图形会产生类似塔比星的变光曲线，因此这条路是很难走通的，必须结合其他的信息进行综合分析。

那么能不能利用 SETI 项目的射电天文望远镜来监听是不是有外星人信号呢？科学家们当然不会放过这种手段。科学家们调动射电望远镜在各个波段进行了监听，但是听来听去，也没发现什么有意义的信号。

只凭借开普勒望远镜的观测数据，以及地面望远镜最近收集的数据，恐怕还是远远不够的。因为塔比星的变光周期似乎比较长，假如积累了足够多的周期的数据，科学家们有可能会发现点儿新的信息。那就必须到废纸堆里去翻找过去的资料。

哈佛大学天文台从 1885 年开始累积了超过 50 万张玻璃底片。他们在 2001 年启动了 DASCH 项目，对这些跨度超过一个世纪的底片进行数字化扫描。美国天文学家研究了塔比星在哈佛照相底片中的存档，发现这颗星在过去一个世纪以来正在持续变暗，速率是每世纪 0.165 ± 0.013 等，或相当于每年 0.152 ± 0.012 %。但是德国天文学家独立分析数据后发现，这种变暗是底片在校正过程中的误差引起的，并不是恒星真实的变暗。

因为 20 世纪 50 年代，哈佛大学天文台的台长门泽尔削减了观测预算，在他任职的这些年，数据上存在一个大空档，这被称为“门泽尔空档”，两个阶段的仪器状态不一样，有可能引入观测误差。所以仅有哈佛天文台的数据还是不够，德国人还检查了德国松纳贝格天文台的照相底片。这个天文台从 20 世纪 30 年开始就有计划地扫描整个天空，对整个天空拍照记录，塔比星所在的天区曾经在 1934 年被拍摄过，后来又被拍摄过很多次，最晚的记录是 1995 年，总共有 1200 多张。他们发现这六十多年里塔比星的亮度基本是恒定的，误差正负不超过 3 %。

假如外星人真的是在建造戴森球，那么随着工程的逐渐推进，塔比星被遮挡的部分应该是逐渐变多的，那么光度应该呈现渐渐变暗的趋势。但是科学家翻找了 100 年的历史记录，并没有发现这样的情况。最起码是在人类拥有记录的这 100 年里，外星人停工歇业了，工程没有进展。

我们不妨开启脑洞来补完整个过程，外星人建立一个戴森球工程，建立了一片能够覆盖塔比星截面 20 % 的太阳能采集器。采集器当然不是一个单独的整体，而是无数小的采集器构成的，就像是一片云彩，整体的形状是不规则的，这也就造成了塔比星的亮度下降不规则。但是外星人的这个超级工程已经成了一个烂尾工程，最起码在我们人类有记录的这 100 年中，他们没有继续开工建造。

这个说法似乎可以解释塔比星诡异的变化数据，也很受科幻迷的欢迎，但天文学家们不太认可这么大的脑洞。

又有科学家分析了开普勒望远镜的数据，他们发现最近一段时间塔比星亮度持续缓慢下降是不争的事实。似乎外星人在最近几年恢复工作，又开始继续建造戴森球。

大家又去分析 ASAS 项目的数据，ASAS 项目是两组地面小望远镜的观测数据，一组在夏威夷，一组在智利。从 1997 年开始，两组望远镜就开始运行了。综合一系列小望远镜观测到的数据，塔比星的光度变化更加复杂了，不但有变暗，还有变亮的情况。看来这就不能用外星人建造戴森球来解释了。

如何解释？

那么塔比星的诡异变光曲线有没有更加自然的解释呢？当然是有的，而且还很多：

1. 仪器误差造成的：但这个解释最苍白，那么多仪器难道都测错了？
2. 太阳系中某个天体的遮挡：假如在太阳系内 1 万天文单位距离的奥尔特云区域有一个大小为 1 天文单位的东西，就有可能造成这样的遮挡。我们对于奥尔特云的了解还很少，不能排除有这种可能性。
3. 星际物质遮挡：这种可能性是存在的，但是为什么只遮挡塔比星不遮挡别的天体呢？这恐怕也不好解释。
4. 超大光环：大家仔细观察土星的光环，一圈圈的纹路非常复杂，塔比星万一有一颗行星也携带超大光环，的确是可以造成复杂的遮挡效果。不过这个光环实在是太大了，恐怕行星是弄不出这么大的光环的，中子星或者白矮星倒是有可能。现在我们并没有发现塔比星存在伴星，这个解释也说不通。
5. 恒星级黑洞吸积盘：假如塔比星旁边有个黑洞绕着塔比星旋转，黑洞带着一个吸积盘，吸积盘的确也可以造成复杂的遮挡效果。御夫座的柱一周围就存在着一个巨大的盘状天体，每 27 年把主星遮挡一次，每次持续 1.5 年。但是这个解释也说不通，遮挡的时间这么长，轨道半径必定非常大，起码几十光年。可是塔比星太小了，引力范围太小，不可能有黑洞在这么远的距离上绕着塔比星转圈圈。
6. 大群彗星：彗星的形状并不对称，慧头和长长的慧尾遮挡效果

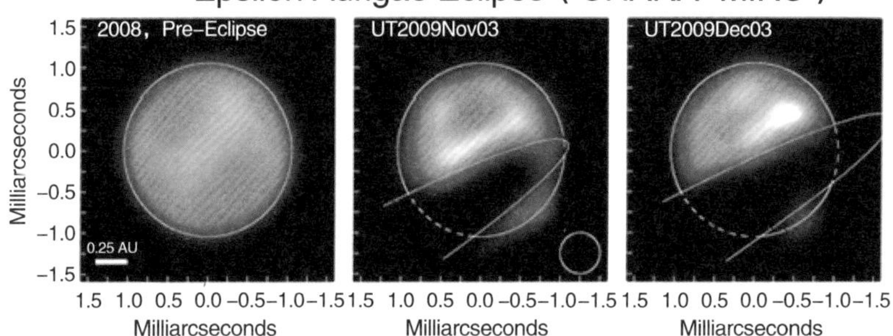

并不一样。这就很容易解释为什么光线的减弱和恢复是不对称的。要挡住主星 20 % 的光，需要 30 颗半径 100 千米或者 300 颗半径 10 千米的彗星，哪来的这么多的彗星啊?

7. 大批黑子遮挡：但大多数科学家认为，塔比星这种类型的恒星是不可能长出那么多、那么大面积的黑子的，可能性也很小。
8. 恒星内部原因：现在还没有任何一种恒星内部的理论能解释这种不规则的脉动。
9. 大行星或者褐矮星砸进了塔比星：大天体撞进恒星的话，或造成恒星亮度突然暴涨，然后慢慢地恢复原本的亮度，开普勒望远镜正巧看到了变暗的阶段。这个假说比较壮观，需要更多的证据才行。

如何分辨?

我们要明确一个概念，那就是能量是守恒的。假如塔比星周围存在大量的尘埃，那么尘埃是会遮挡星光的，但是尘埃也会被晒热，有温度的物体都会辐射出红外线。也就是塔比星辐射出的可见光被尘埃转化成了红外线，转化过程的总能量是守恒的。分析一下塔比星的星光，并没有大量的红外线成分，和普通的恒星没什么两样，这是目前非常大的一个疑点。凡是用尘埃、气体云的遮挡来解释变光曲线的都绕不开这个规律。

行星碰撞必定会引起大量的尘埃，这些尘埃会造成红外线成分大量增加，现在也没有看到这样的情况。戴森球也会造成红外线成分偏多，但是戴森球是可控的，也许会采用集中排放热量的方式，也就是红外线的排放是朝着某个方向的，不对着地球的话，我们就观察不到多余的红外线。所以即便观察不到多余的红外线也不能完全排除戴森球的可能性。

我们到底该如何判断是不是戴森球呢？其实是有个办法的，那就是测量塔比星的距离。我们可以利用塔比星的亮度来计算距离，我们也可以利用三角测量法来测量塔比星的距离。假如这两个距离相差太大。亮度距离远大于三角测距，那么就说明塔比星的亮度比理论值低了好多，为什么亮度会那么低呢？这时候最合理的解释恐怕就是戴森球包裹导致的。

目前看来，一切都还是猜测，各种解释也都有很多的缺陷，从光谱和变光曲线来看，塔比星实在是超越了我们以往的一切经验，目前这还是一个新鲜出炉的宇宙未解之谜。这一切只有留给未来的研究者了。

外星生命之谜

火星生命之谜

看一看

我们今天开始讲外星生命。科学精神中有一个很重要的概念希望大家记住，那就是在讨论一个重要的概念之前，要先把这个概念给定义清晰。只有概念清晰了，才能进行有效的讨论。否则就很容易陷入你说你的、我说我的那种尴尬境地。

所以，我要先把外星生命的定义给说清楚。所谓外星生命就是地球以外的符合人类现有认知水平的生命。比如，我们所知的任何生命都离不开液态水，并且都是基于化学元素碳（C）的有机分子组合成的复杂有机体。有些同学可能就要发问了：凭什么外星生命非要和我们地球上的生命形式一样呢？地球上的生命都是以碳元素为基础的，那说不定外星生命是以硅元素为基础的呢？凭什么外星生命也一定需要水呢？

这就是科学思维和普通思维最大的区别之一，真正的原因不是科学家一定要把水设定为生命之源，而是科学诞生的几百年以来，经过科学家的最大努力，也依然无法找到任何离开液态水可以保持活动状态的生命的证据。科学思维的第一条就是质疑，当然包括对液态水是否是生命必要条件的质疑，历史上有无数的科学家都质疑过这一条。但如果仅仅只是质疑，那还不能叫作科学家，也不能称为科学思维。比质疑更重要的第二条就是需要探索和实证，经过了一百多年的努力探索，这种努力到现在其实也没有停止过。但是很遗憾的是，我们没有发现任何可以脱离液态水而保持活动状态的生命，既没有找到直接的证据，也没有找到间接的证据。

所以，在现有的情况下，我们在寻找外星生命的时候，只能把液态水作为生命存在的必要条件。还有一个用同样逻辑推导出来的必要条件，就是任何生命都需要能量来维持活动。要存在提供能量的物质也是必要条件之一。

实际上，从未有科学家否认过宇宙中存在着人类未知的生命形式，相反，大多数科学家以及包括我在内的大多数普通人，也都相信未知生命形式是存在的。但问题是，既然它是未知的，那么我们怎么谈论它呢，又何谈去寻找呢？未知就意味着一切可能，而一切可能其实是对具体的科学活动没有指导的。“一切皆有可能”不过是“什么也不知道”的一种好听的、等价的说法而已。一场理性的谈话或者理性的探索活动，只能建立在已知的条件下，慢慢往前探索，对于未知的生命形式，只能排除在科研活动之外。

在后面的讨论中，当我说“外星人”时，指的就是具有智慧和文明的外星生命。有关外星生命的谜团恐怕与著名的哲学三问同样基本。哲学家经常问的三个问题是：我们是谁？我们从哪里来？我们要到哪里去？而科学家往往会追加第四个问题：我们在宇宙中是孤独的吗？在这个问题中，又包含了两个重要的宇宙未解之谜：太阳系中有外星生命吗？宇宙中有外星人吗？

我们先从太阳系开始说起。

在 1965 年之前的 100 多年中，人类是坚信太阳系中还有外星生命的，并且天文学家们还相信在火星上住着火星人，它们的文明程度不亚于地球人。这是因为，以意大利的亚帕雷利、法国的弗拉马利翁和美国的洛威尔为代表的天文学家们，都声称通过望远镜看到了火星运河，甚至是火星上随着季节变化的“庄稼”。

然而，1965 年，美国人发射的水手四号火星探测器成功地近距离掠过了火星，种种关于火星运河和火星人的幻想都破灭了，火星是一颗毫无生机的荒凉星球。

随着一颗又一颗的宇宙探测器被发往太阳系的各颗行星，人类已经把所有可能存在生命的太阳系大行星或者大行星的卫星都探访了一遍，现在我们可以肯定地说，太阳系中不存在外星智慧文明。

但这并不意味着太阳系外星生命之谜也得到了破解，恰恰相反，最近这几年的太空探索活动让科学家们对这个谜团更加着迷了。现在，人类的目光聚焦到了三颗最有可能存在外星生命的星球上，他们是：火星、土卫二（也叫恩克拉多斯）和木卫二（也叫欧罗巴）。

我们先讲火星。

这是人类最为之着迷的外星球，没有之一。从 1960 年苏联发射第一颗火星探测器开始至今，人类就几乎没有中断过朝火星发射探测器。苏联、美国、俄罗斯、欧洲太空局、日本、中国、印度都曾经发射过火星探测器，截止到 2017 年，一共有 55 次发射，成功率大约是 45 %。日本在 1998 年发射的希望号和中国在 2011 年发射的萤火一号都失败了。在 25 颗发射成功的火星探测器中，有 6 颗成功地登陆了火星，全部是美国人发射的[①]。第一个成功踏上火星地表的探测车是 1997 年 7 月 4 日成功登陆火星的火星探路者号，人类终于首次清晰地看到了火星的地表，那是一个看上去一片红色的戈壁，到处布满了大块大块的岩石。

要在火星上找到生命的第一步就是找到液态水，这是人类已知生命形式中绝对不能缺少的材料。那么，我们有没有在火星上找到水呢？

2015 年 9 月 25 日，星期五，美国宇航局突然发布了一篇新闻稿[②]，只有寥寥数语，但是内容绝对轰动，上面说：“NASA 宣布已经解决了火星的未解之谜，一项重大的科学发现下周将在NASA总部揭晓，我们周一见。”[3]好一个周一见，吊足了人们的胃口，在我的印象中，美国宇航局还是第一次这么干。于是，全世界的科学迷都在热烈地讨论着周一到底要宣布什么重大发现。难道说，NASA在火星表面发现了地外生命？没有什么发现能比这个更重大的了。但是，我当时就觉得不可能，因为如果真是发现了地外生命，那么召开发布会的应该是白宫而不是NASA。细心的人注意到了一个细节，在参加新闻发布会的专家名单中，欧嘉（Lujendra Ojha）的名字赫然在列。这位欧嘉先生当时只有25岁，他21岁时就登上了全球的头条新闻。因为他发现了一组火星陨石坑的照片，显示在比较暖和的月份里，火星上有液态盐水流动。他和另一位专家麦克埃文一起写了一篇论文，发表在了顶尖期刊《科学》上。21岁就能在《科学》上发表论文，这非常了不起。那么，NASA的这次发现会不会跟水有关呢？

其实这之前关于火星上有水已经有了不少突破性的发现了。大约40年前，科学家们根据照片推测火星有着大约3200米厚的极地冰盖，很可能保留着没有被蒸发掉的剩余的水分。2010年在对火星气候变化的研究中，则发现了地下水的间接证据。而好奇号探测器2013年发现每立方英尺的火星土壤中有2%的水分子。但是，这一切都不是火星上有水的直接证据。科学中，最重要的就是证据。一切科学新发现都要用证据来说话。

令人无比煎熬的三天终于过去了，周一到了。发布会来了[4]。答案也揭晓了，首席科学家迈耶郑重宣布：在某些条件下，我们在火星上找到了液态水。

这里我补充说明一下，这次发现的仍然是高浓度的盐水。美国《国家地理》杂志在报道时用了“最具权威的、最可靠”一词[5]。这个证据是什么呢？原来，通过火星探测轨道器上的成像光谱仪，研究人员在火星山坡表面找到了水化矿物的痕迹，从这些斜坡表面能看到一些神秘的条状纹路。在温度比较高的时候，这些条状纹路的颜色会变深，似乎随着陡峭的山坡往下流；而在温度较低的时候，这些条状纹路颜色会变浅⑥。当温度超过零下23摄氏度时，它们会出现在火星上的几个位置，而温度更冷时，它们就消失了。含水的盐会降低盐水的冰点，就像在地球上，我们往道路上撒盐，冰雪会融化得更快。科学家们表示，这可能是浅层的地下水流动，有足够的水慢慢流向表面，才能解释得通条纹的变深。

既然火星上有水，那么火星上有生命吗？早在2013年时，NASA通过对比火星表面的岩石样本后发现，火星在远古时期存在支持微生物存活的环境⑦。现在有了水，微生物存活的可能性就更大了。另外，卫星曾经拍到过一组照片，从照片上可以看到火星地下洞穴的入口⑧，这些洞穴中，就有可能存在水坑，里面是否会存在生命呢？我们现在不知道。

火星生命之谜是目前行星科学中最有分量的未解之谜之一，我们期待着更多好消息的出现。下一节我继续给你讲太阳系中另外两颗迷人的星球，木卫二和土卫二，也就是欧罗巴和恩克拉多斯。

木卫二、土卫二和奥兹玛

伽利略在400多年前发现了木星最大的四颗卫星，其中被伽利略命名为2号的卫星就是后来令无数科学家万分着迷的木卫二——欧罗巴星。在美国科幻大师阿瑟·克拉克的名作《2010 太空漫游》中，惊险的外星怪兽的故事就发生在欧罗巴星球上。为什么这颗星球会如此令人着迷呢？1979 年 3 月 5 日，旅行者 1 号太空探测器抵达木星轨道，成功地近距离拍摄了欧罗巴的照片，人类第一次看清了这颗奇特星球的外观。欧罗巴是一个巨大的冰球，是真正的水冰，表面上分布着各种弯曲的褐色条纹，就像是冰与奶油巧克力的混合物。留给科学家们的两个谜团是：第一，那些褐色的物体到底是什么？第二，冰层下面会不会有液态海洋呢？正是这次旅行者号的探测，给了无数科幻作家绝佳的创作题材。

看一看

为了解开欧罗巴的谜团，美国宇航局又制造了伽利略号宇宙探测器，在 1995 年再次拜访了木星，伽利略号安装了更加先进的探测设备。经过长达 8 年的探测，各种证据表明，欧罗巴的冰层下面很可能就是液态海洋，而那些褐色的物质是冰下渗出的海水挥发后沉积下来的盐。

2016 年 9 月，美国宇航局又搞出了一个大新闻，哈勃太空天文望远镜拍摄到了疑似欧罗巴表面水汽羽流的喷发物，也就是说，欧罗巴上面很可能有巨大的喷泉。这就更加坐实了冰层下面有海洋的推测。

这个意义非常重大，因为有了海洋，就有可能存在生命，哪怕是在伸手不见五指的深深的大洋底下。

20 世纪 70 年代，阿尔文号在地球上的大洋深处发现了极端环境下悠然自得的各种生命，而这种环境不会比欧罗巴的海底好多少。在很长一段时期内，我们一度认为太阳系中最有可能存在外星生命的就是欧罗巴。然而，北京时间 2017 年 4 月 14 日凌晨的一条大新闻，却将全世界科学爱好者的目光投向了另外一颗星球。这颗星球就是土卫二——恩克拉多斯。

土卫二是200多年前由威廉·赫歇尔发现的，但是从地球上很难观测到土卫二。旅行者1号和2号宇宙探测器为我们带回了关于土卫二的各种信息，它与欧罗巴很像，也是一个大的冰球。月球的体积差不多是土卫二的340倍，但是质量却是它的约100倍，所以，土卫二的密度比月球要高很多。那么，在土卫二的冰层下面，是否有液态海洋呢?

1997年，美国宇航局发射了卡西尼号太空探测器，目标是土星。在太空中孤独地飞行了7年多后，2004年成功泊入土星轨道。卡西尼号对土星进行了长达10多年的探测，不断地给人类带来惊喜。

2017年4月，美国宇航局向全世界宣布，根据卡西尼号的探测数据，土卫二很可能存在生命，因为它具备了孕育生命的一切条件。一时间，这条新闻被科学爱好者们争相转发，立即在网络上掀起了一股讨论土卫二的热潮。笔者还特地为此创作了一篇科幻小说——《冷酷的方程式》，并制作成了广播剧，欢迎大家到我的喜马拉雅电台《科学有故事》中收听。

那么，卡西尼号到底发现了什么，让NASA的科学家这么有底气呢？原来，卡西尼号回传的数据表明，土卫二冰层下喷射出的大量液态物质中含有氢气。这意味着土卫二上很可能存在沼气和甲烷等物质。

所有这些，有水，有海洋，有氢气，可能有沼气和甲烷，还有喷射现象，意味着什么呢？答案只有一个，那就是——生命。因为这些就是生物进行代谢的能量来源，生命需要的化学资源已经齐备了。尤其是氢气，它是最简单的分子，许多细菌以它为食从而生存下来。用一位NASA科学家自己的话说，“土卫二有着我们所知的生命所需的一切元素”[9]。在土卫二冰冻的地表之下，有着一个咸水海洋，还有热水和岩石发生作用从而形成的氢气。这些都说明土卫二有着活跃的能量来源，可能类似于地球上洋底的热液喷口，那里就有很多生物。

如果土卫二真的存在热液喷口，那它极有可能存在着各种不断发生着化学反应的物质。如果氧化还原作用活跃，微生物就能获得源源不断的能量。虾、蟹、贝壳、深海鱼和管状蠕虫都有可能存在[10]。有种观点认为，地球上最早的生命形式就是起源于热液系统的自养型生物。所以，有科学家指出，热液喷口是最有可能发现地外生命的地方。

到了 2018 年，奥地利维也纳大学的瑞德曼团队把一些微生物暴露在了一个尽可能模仿土卫二的环境下[11]。结果如何呢？研究团队发现，即使是在这样极端的条件下，微生物也能够茁壮成长。

现在，土卫二已经成为在太阳系中寻找外星生命的最佳目标，美国人已经在计划发射下一代探测器，在我们的有生之年，很可能可以等到土卫二生命之谜被揭开的那一天。

人类在太阳系中努力寻找的是最基本的生命形式，而要发现外星智慧生命，也就是外星人，只能把眼光投向太阳系之外的茫茫宇宙了。以人类现有的能力，到太阳系之外寻找外星生命，就等同于到太阳系外寻找外星人。那么，科学家到底是如何在宇宙中寻找外星人的呢？

最好的方法就是监听来自宇宙中的无线电波。如果外星文明也发展到了像人类一样的文明程度，那么，他们也一定能发现电磁波的秘密，也会具备像人类一样，朝宇宙深处发送电报的能力。

用这种方法寻找外星人，在科学界被称为 SETI。有一位叫作德雷克的美国天文学家恐怕是全世界最痴迷于 SETI 的科学家了。他先后实施过两次大规模的监听计划，德雷克把这个计划叫作奥兹玛计划。

1960 年，德雷克使用美国国家无线电天文台的射电望远镜开始了第一次奥兹玛计划，这是人类历史上第一个由严肃科学家代表官方实施的外星人搜寻计划，具有开创性意义。他先后对鲸鱼座 τ 星和波江座 ε 星监听了几百个小时，其间收到过一个神秘的信号，可惜最后被证实这个信号来自一架飞机。

1972 年，德雷克率领着一队来自很多个国家的科学家开启了第二期奥兹玛计划。这次德雷克是有备而来的，他们使用了当时全世界最大的射电望远镜，整整做了 4 年的观测，在这 4 年中，总共对 650 多颗距离地球 80 光年内的恒星进行了监听。不过，这次好运气依然没有降临到德雷克头上，他们仍然没有找到外星人信号。

1977 年 8 月 16 日，在美国俄亥俄州立大学的大耳朵射电天文望远镜观测站，数据分析员恩曼博士（Dr. Jerry R. Ehman）像往常一样阅读望远镜输出的数据记录纸带。突然，他揉了揉自己的眼睛，几乎不敢相信看到的东西。数据记录带显示了一个强烈的持续 72 秒的脉冲信号，恩曼激动地在记录带上画了一个红圈，然后在边上写下“Wow!”，让我们来看一下那个著名的红色 Wow!

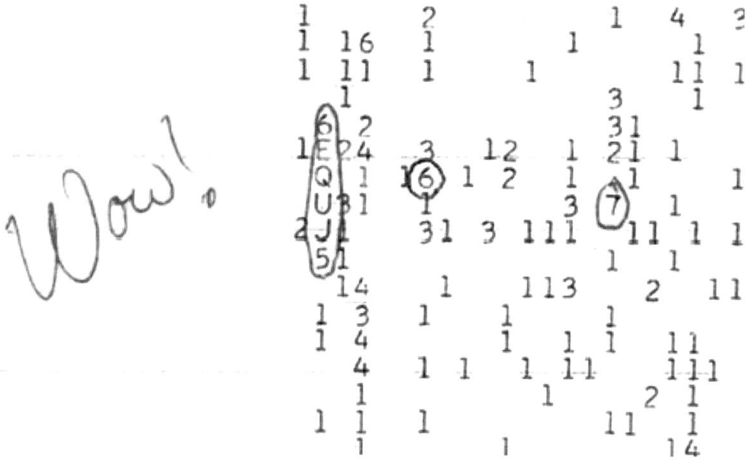

于是这个信号就被称为“Wow 信号”，为什么只记录了 72 秒钟呢？因为大耳朵射电望远镜本身随着地球的自转一起转动，因此对于任何一个来自地球以外的信号最多只能记录 72 秒钟，超过这个时间望远镜就转到别的方向上去了。经过定位分析，发现这个信号来自人马座附近。该消息一经公布，全世界的天文学家都欣喜万分，他们纷纷把望远镜对向了人马座区域，使用 Wow 信号的频率开始了监听，但是直到今天，我们也没有发现特殊的信号。

Wow 信号是到目前为止的所有 SETI 计划中最著名的一次事件，但遗憾的是只记录了信号的强度，而没有记录信号更多的信息，因此无法破译也无法证明确实是外星文明的信号。但无论如何，人们也没法证明它是一个误会，它带给了我们无限希望和无限遐想。

从第一次正式实施 SETI 计划至今，已经快 60 年了，我们依然没有收到带有智慧文明信息的宇宙电波。可是，人类的热情并未因此消退，相反，我国在 2016 年建成了全世界最大的单口径射电望远镜，主要任务之一就是继续监听外星人的电波。而且包括我国在内的全世界十多个国家还在联合建设全球最大的射电望远镜阵列，主要任务之一也是搜寻外星人。到底是什么原因支撑着我们的信念呢？咱们下节揭晓答案。

发现超级地球

看一看

看了上面两节，你可能已经感觉到了，宇宙中到底有没有外星人这个问题的关键在于：宇宙中还有没有跟地球环境差不多的星球。

正是这样。如果宇宙中存在大量的跟地球环境相似的星球，那它们也就有可能像地球一样演化出生命。所以寻找外星人的路径除了直接在太空中搜寻和探测之外，还有就是先寻找与地球环境相似的外星球。

早在 1998 年，就有一颗名叫格利泽 876 的红矮星引起了人们的极大兴趣，因为在这个恒星系中发现了行星。要知道，在二十年前，发现一颗太阳系以外的行星那可是天文界了不得的大事。不过，这些行星都是像木星一样的气态行星，不太可能孕育智慧生命。

但天文学家没有放弃对格利泽 876 恒星系的搜索。终于，在 2005 年 6 月 13 日，人类在这里发现了第一颗超级地球！

什么是超级地球？天文学界一般把质量不超过地球的 10 倍，直径是地球 1.25 — 2 倍的岩石星球称为“超级地球”。这颗超级地球被命名为格利泽 876d，距离我们地球仅为 15 光年，15 光年在宇宙的尺度上是个很近的距离了。

那为什么要叫“格利泽”呢？因为它是一个星表的名称，以德国天文学家格利泽命名。这份 1957 年发布的星表，到现在一共收录了距离地球 72 光年之内的 1529 颗恒星。

但是，找到太阳系外的“超级地球”还仅仅只是第一步，因为对于生命来说，光有固体的表面是远远不够的。更关键的，是要找到“液态水”，只有找到了允许液态水存在的行星，我们才能指望这颗行星上面存在生物。而一颗行星要允许液态水的存在，它的条件是极为苛刻的。首先，它围绕恒星旋转的区域同恒星之间的距离必须要合适，不能太远也不能太近，使得行星表面的温度不高不低，刚好可以允许液态水的存在，这个区域也被称为“宜居带”。行星要位于宜居带的概率可不高，如果把太阳系想象成一个足球场那么大，你用美工刀在太阳周围画个圈，那么美工刀刻出来的划痕差不多就是宜居带的宽度了，你想想这是多么窄。然后，恒星的质量也必须和地球差不多。如果太大，会导致引力很大，大气过于稠密；太小，则引力又无法吸附住大气，如果没有大气，行星表面就无法存在液态水。

听上去非常稀有，但是宇宙如此广大，再小的概率，在宇宙中发生的情况也会比我们想象的多得多。

比如，在距离地球 20.4 光年之外有一颗编号为格利泽 581 的红矮星，它的质量是太阳的三分之一。在这个红矮星的星系中就藏着一颗我们期待中的行星。2007 年 4 月，天文学家在这里同时发现了两颗超级地球，其中有一颗就恰巧位于宜居带内。这颗星球获得的热量虽然只有地球的 30 %，比火星还要少，但是由于它的质量和体积较大，有可能拥有大气且存在温室效应，因此表面可能存在较大面积的海洋。但当时这个发现并没有引起太多的关注。真正让超级地球火爆起来的是 2010 年。

2010 年 9 月 30 日，一则激动人心的消息传来。又一颗位于宜居带的超级地球被发现了，这就是格利泽 581g！它大概有 2 个地球那么大，而且所处的位置给了江河湖泊以存在的条件，所有一切条件都梦幻般的合适。它一下子让人类意识到像“地球”这样的行星存在的概率原来比想象中还要高出很多。

看来地球并不孤单！是的，这还要感谢开普勒空间望远镜，是它帮助人类发现了格利泽 581g。开普勒空间望远镜是 2009 年 3 月 6 日由美国航空航天局（NASA）发射升空的，这可是那年天文学界的一件大事。这架望远镜的目的很直接，是专门为了寻找系外行星而设计

格利泽581g的假想图

的，它携带着人类智慧的精华，装备精良。开普勒望远镜没有让天文学家们失望，在接下去的将近10年中，它都是系外行星搜寻的头号主角。

开普勒上天以后，激动人心的消息以月为单位不断传来，令人们应接不暇。

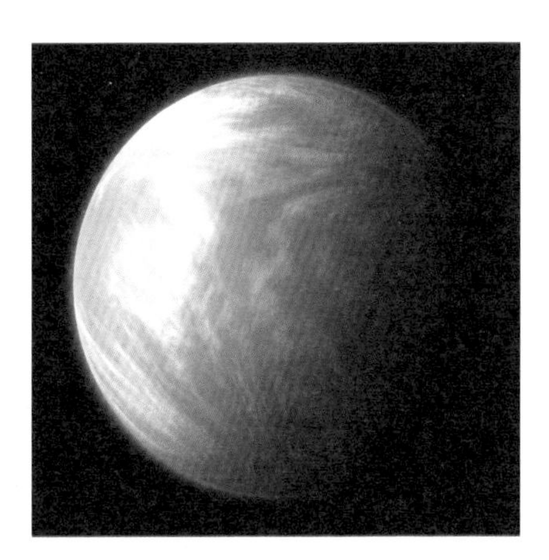

艺术示意图：开普勒-22b

2011年12月5日，NASA首次证实找到了一颗迄今为止环境最接近地球的行星，这颗最新确认的系外行星名为开普勒-22b（Kepler-22b），个头差不多是2个地球那么大。

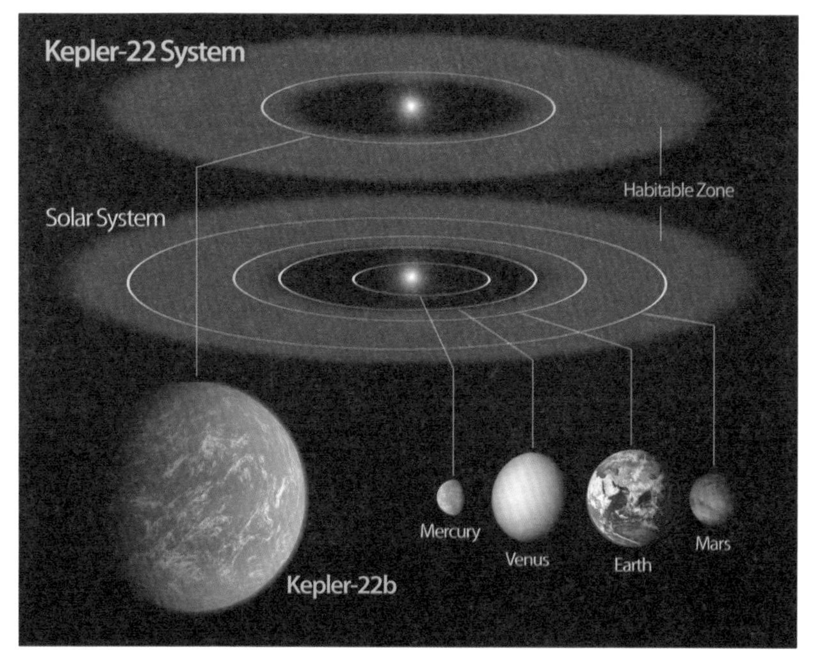

开普勒-22b行星系统和太阳系行星系统对比图

这颗行星距离地球约 600 光年，它的一年相当于地球的 290 天。并且它围绕运行的中央恒星和我们的太阳非常相似，只是质量稍小，温度也相应低一些。它的表面温度是非常适合生命发展的 21 摄氏度。虽然科学家目前仍不清楚该行星的组成，大部分是岩石呢，还是气体或液体？但 NASA 的科学家表示，这颗行星是目前为止发现的地球之外最有可能出现生命的星球。

你先别激动，可以考察的星球还有好多呢！开普勒望远镜可猛了，截止到 2017 年 8 月，综合英文维基百科和 NASA 官网提供的数据，天文学家已经发现了将近 5000 颗系外行星候选者，超过 3200 颗已被确认，其中的 80 % 以上都是由开普勒空间望远镜发现的，这其中被确认位于宜居带的行星有 53 颗。发现的速度越来越快，数量越来越多，以至于现在再宣布发现系外行星都不是什么新闻了。最近的一次天文大消息是 2017 年 8 月，天文学家在距离地球仅仅 4.23 光年的比邻星附近也发现了一颗超级地球，而且也处在宜居带内。不过这次的发现是欧洲南方天文台做出的。

天文学家们已经用明确的证据向我们证明了，宇宙中不但有类地行星，而且数量很多。

那么，接下来科学家们又该如何在这些类地行星上寻找生命存在的证据呢？如果你觉得只需要用天文望远镜对准这些行星，更加仔细地观察就可以了，那你就大大高估了人类望远镜的实力了。其实，出现在媒体上的那些外星球的样子都是我们根据了解到的情况画的假想图，并不是真正拍到的照片。真实情况是，开普勒望远镜并不能直接看到那些系外行星，而是利用一种叫行星凌日的现象来间接观测系外行星的。

行星凌日就是从我们这里看过去，我们所观测的这颗行星，从它围绕旋转的那颗恒星表面飞掠过去。这时候，那颗恒星——也叫宿主星的亮度就会稍稍减小一点儿，就是靠着这一点点亮度的变化，科学家们就可以推测出那颗行星的物理状况。但是，要找到生命的迹象，开普勒望远镜就无能为力了。

好在科学家们又想出了别的办法，要寻找外星人，科学家们的计划分成三个阶段：

第一阶段，通过更高分辨率的望远镜分析系外行星大气折射出来的光芒，例如即将上天的詹姆斯 · 韦伯太空望远镜就有这个能力，它是美国宇航局取代哈勃太空望远镜的下一代神器。当恒星的光芒透过行星的大气，再被詹姆斯 · 韦伯望远镜看到，我们就能分析出行星大气的成分。

第二阶段，在大气中寻找生命指征气体。什么是生命指征气体呢？就是那些很有可能是生命活动产生的气体，例如，氧气就是最强烈的生命信号。因为氧气很活泼，几乎可以和各种常见元素发生化合反应，所以很难长期稳定地独立存在。如果行星的大气中有氧气，说明该星球上一定有产生氧气的机制，而光合作用就是最有可能的氧气来源，大家知道，光合作用正是我们已知生命的重要特征之一。

第三阶段，一旦我们锁定了一颗含有生命指征气体的星球，那么，生命存在的可能性就极大，也就同时有了存在智慧生命的可能性。下一步该怎么做呢？有两个方案，一是朝这个恒星系发射无人探测器；二是给这颗行星发电报，期望收到外星人的回电。当然，第三阶段是否实施，目前科学界还存在较大的争议。因为有很多人认为，外星人可不一定是友善的，地球在宇宙中的位置一旦暴露，有可能招致外星人的侵略。当然，也有很多人认为这种担心是杞人忧天，完全没有必要。

我想，一旦人类完成了前两个阶段，这第三个阶段怎么做，一定又会引发一场全球大辩论。说实话，这事我也觉得很纠结，不过，美国著名的科普人卡尔·萨根和阿西莫夫都是支持要主动与外星人联络的。

最后我想说，人类是孤独的吗？科学家追寻这个问题的答案已经超过了半个世纪，目前依然是一个宇宙未解之谜。但科学不会停止探求真相的脚步，人类会一直追寻这个谜题直到找到答案！

参考资料

① https://en.wikipedia.org/wiki/Exploration_of_Mars#Timeline_of_Mars_exploration

② https://www.nasa.gov/press-release/nasa-to-announce-mars-mystery-solved

③ https://heavy.com/news/2015/09/is-nasa-going-to-announce-mars-has-flowing-liquid-water-life-ocean-mystery-solved-press-conference-how-to-watch-livestream/

④ https://v.qq.com/x/cover/el7mouselxpimp4/l0169yj54b4.html?

⑤ https://news.nationalgeographic.com/2015/09/150928-mars-liquid-water-confirmed-surface-streaks-space-astronomy/

⑥ https://www.nasa.gov/press-release/nasa-confirms-evidence-that-liquid-water-flows-on-today-s-mars

⑦ https://mars.nasa.gov/resources/5123/

⑧ https://www.space.com/3632-mars-caves-targets-search-life.html

⑨ https://www.theguardian.com/science/2017/apr/13/alien-life-saturn-moon-enceladus-nasa

⑩ http://gd.ifeng.com/a/20170708/5805016_0.shtml

⑪ https://www.forbes.com/sites/meriameberboucha/2018/02/28/is-there-life-on-enceladus/#3b310b3959fa

UFO 是外星人的飞船吗?

罗斯威尔事件

看一看

如果我没有猜错，你们或多或少都听到过 UFO 这个词，在同学之间也会流传一些讲神秘的飞碟的书或者杂志吧？你或许会听说，UFO 很可能就是外星人的飞船，它们神秘地出现又神秘地消失。关于 UFO 的故事非常多，我会选取几个最出名的事件来分析。

你可能不知道 UFO 这个词的来历，它其实是一串英文的缩写，也就是 Unidentified Flying Object，直译过来就是“不明飞行物”的意思。国内的很多文章还喜欢把这个词翻译成“飞碟”，台湾人把 UFO 叫“幽浮”，幽灵飘浮着的意思。所以，请记住，我后面说到的 UFO 就是说不明飞行物、飞碟、幽浮。

在我的印象中，已经有很多年没有关于 UFO 的大新闻了，本以为 UFO 是外星人飞船这样的传闻已经慢慢淡出了公众的视线。没想到，2017 年 12 月 16 日，正当大多数人准备迎接新年的时候，在 UFO 爱好者的圈子里炸开了一条重磅新闻。和以往模糊的报道中的飞行器不同，这条新闻是有关美国国防部的。先是大名鼎鼎的《纽约时报》率先报道了①，后来美国国家公共电台 NPR 也转载了②，NPR 也是口碑非常好的媒体，根据报道，在每年 6 亿美元的国防部预算中，有 2200 万是保密的，现在秘密揭晓了，它用于了一个被称为“航空航天威胁先进识别计划”的项目。这个项目正是从 2007 年开始的，它负责调查各种 UFO 的报告。这句话很重要，每年有 2200 万美元，这可是相当于 1.4 亿人民币，被用来研究 UFO。这在对每一分纳税人的钱都要谨慎负责的美国，可以说是一石激起千层浪。为了说明消息的可靠性,《纽约时报》在报道时，还特意说了他们的消息来自三个渠道，包括国防部官员、项目参与者和纽约时报自己的线人（线人就是暗中给报社提供消息的内部人士）。现在关于这个项目的确切消息是，它是由一位叫作路易斯·艾利佐多（Luis Elizondo）的军事情报官员领导的，工作地点是在五角大楼的C环。美国的五角大楼就是国防部的办公室，不知道你们见过没，形状挺奇特的，从天上看就像是一只五角飞碟，里面的结构也是错综复杂的，像迷宫一样。

那么10年2亿多美金砸下去，这个项目到底有没有获得一些世人瞩目的成果呢？唉，我可要先卖一个关子了。在继续给你揭秘之前，我要带你回顾一下UFO的历史，它们到底是不是外星人的飞船呢？

说起UFO和对它的探秘，一切的开头还得从1947年的夏天说起。那年，二战刚结束两年，信息科技还远没有起步。在美国，有一个小镇，叫罗斯威尔，它和一个被称为“51区”的秘密军事基地相隔不远，直到现在罗斯威尔还被UFO研究者推崇为研究“圣地”之一。关于这次著名的UFO事件有各种各样的传说。那这一天到底发生了什么呢？

60多年前的事情，我当然不可能亲见，为了尽可能真实地还原事件的经过，我查阅了维基百科“罗斯威尔飞碟坠毁事件”的词条和美国非常专业的《无神论者期刊》(有些地方也叫《怀疑论者期刊》),这个期刊1997年7、8月刊的封面故事就是《在罗斯威尔究竟发生了什么》。对于历史事件的描述，我们现在只能通过材料来还原，那选择什么样的材料就很有讲究了。资料来源的可信度是很重要的。

那么，到底哪些资料来源的可信度是比较高的呢？书店里买来的书，难道不一定是真的吗？电视新闻、报纸或者杂志上说的也不能相信吗？

是的，同样都是书店里买来的书，它们的可信度其实很不一样。至于电视新闻、报纸、杂志，那就更不能全信了，有时候你甚至分不清到底是广告还是新闻。那怎么区分呢？这个不是一句话能说清楚的。不过你只要坚持看完这本书，很快就会对这些来源单位的名称熟悉起来了。

你可能会听到最常被我提及的维基百科。这是全球最大的百科网站。当然，维基百科上的内容也不一定都是可信的，但是它最大的一个特点就是所有的资料都可以追根溯源查到最初的来源和出处。只要我们有足够的耐心，就可以做进一步的真假判断。

我们继续来讲 1947 年的罗斯威尔到底发生了什么。那年的 7 月 4 日，罗斯威尔下了一场罕见的大雷雨③，当晚发生了不明物体的坠毁事件。第二天，一名叫作威廉・布莱索（William Mac Brazil）的农场主发现许多特殊的金属碎片散布在农场约四百米的范围之内。7 月 6 日，他带着金属碎片找到了当地的治安官，治安官立即向军方报告了这件事情，并把金属碎片转交给了空军基地。这样一来，美国军方正式介入了。第二天，包括杰西・马希尔（Jesse Marcel）在内的军方人员到现场调查，并带了一大堆东西回去，做进一步的检验。大家记住这个叫马希尔的军人，后面还有很多关于他的故事。又过了一天，军方在当地的公共信息办公室发布了一条官方新闻，称他们找到了“飞碟”的残骸，但这个飞碟不是军方的，属于 UFO。短短一天，军方就给出了这么爆炸性的新闻。

来自军方的关于 UFO 的确切消息出炉后，整件事情就开始发酵了，于是，传言四起。许多耸人听闻的消息也冒了出来，比如，有人说美国军方活捉了外星飞行员，然后秘密护送到了神秘的 51 区，等等。总之，小道消息满天飞，越传越神奇。有一位住在离事发地点很近的土木工程师说，他在周围发现的是一架金属碟形物的残骸，直径约九米，碟形物裂开，有好几具尸体分散在碟形物里面和外面的地上；这些尸体体型非常瘦小，身长只有 100—130 厘米，体重只有 18 公斤，没有毛发，头大眼大嘴巴小，穿整件的紧身灰色制服。说到这儿，你脑海里可能浮想出了电影中外星人 ET 的画面。这位工程师 1969 年就去世了，在资讯还不发达的那个年代，留下的有关他个人的资料并不多。后来经过调查，发现他说的这些话并不是别人听他亲口说的，而是他告诉朋友后，朋友再传出来的。他死之前，也没有接受相关调查，或者接受书籍作者的采访[④]。所以，这类目击证词的可信度就很低，也只能当作小道消息来看待。

说回到 1947 年。7 月 9 日，美国空军准将罗杰·雷米（Roger Ramey）举行了新闻发布会[⑤]，他表示当时去现场调查的少校马希尔犯了一个错误，坠毁的物体只不过是带着雷达反应器的气象气球而已。马希尔本人也参加了这个发布会。雷米还表示，他之前已经下令把残骸送回卡斯维尔空军基地做了进一步的检测，气象气球的结论是靠谱的。虽说辟谣得已经很及时了，但四散而开的传言却没有停下脚步。尤其是像那位工程师的离奇描述，更是引人入胜。越来越多的人开始相信罗斯威尔事件就是外星人的飞船坠毁在了地球上！

在一本 1980 年出版的名为《罗斯威尔事件》的书作中，作者比尔·摩尔采访了超过 70 名目击者，他们据称都是这起事件的亲历者。

比尔·摩尔采访的人物中，最有分量的应该就是最先对这起事件进行调查的军方人士少校马希尔。他是这样说的：碎片确实来源于 UFO，而上级雷米的“气象气球”的解释纯粹是在遮掩真相。他还表示，他之所以能作出这一判断，是因为他拥有物理学本科学历。

那么，马希尔少校说的到底是不是真的？罗斯威尔事件的真相到底是什么呢？那些离奇的传说到底是真是假呢？

坎顿报告

看一看

我们继续从罗斯威尔事件开始讲起，上一节我们谈到了一个重要的证人，就是那位第一时间到达现场的少校马希尔。在罗斯威尔事件发生后不久，当地的指挥官在撰写军事档案评价马希尔的表现时，指出了他遇事喜欢夸张的性格特点。注意，这是军事档案，是非常严肃的。马希尔本人的各种采访，也都印证了上级对他的这一评价。他曾经吹牛说他驾驶着飞机把残骸运回了空军基地。可他从来不是飞行员，之前并不会驾驶飞机。更夸张的是，他还不止一次提及，在这次驾驶途中，他设法击落了五架敌军飞机。也不知道在美国的领空，哪来的这么多敌机，而且别人都没发现，就他发现了。如果这次驾驶真的存在，肯定会出现在他的军事档案中。结果呢？档案中只有对他行为处事爱夸张的负面评价。开新闻发布会的那位雷米准将还在他的军事档案里特别留了一笔，正是因为马希尔不会驾驶飞机，所以他在空军的发展前景很有限。不知道是不是因为怀恨在心，马希尔指控雷米是在替政府擦屁股，掩盖真相，糊弄群众。至于马希尔说自己拥有的物理学本科学历，也被打假了。马希尔在不同采访中提及的大学还都不同，但无论哪所大学，都没有他入学的记录，也没有他获得学位的记录。虽然对 UFO 粉丝的胡话是张口就来，但他对军方却不敢。在自己签名确认的军事档案中，当被问到是否有大学文凭时，他回答“没有”，这个回答是诚实的。

罗斯威尔事件后，美国掀起了飞碟热，报告自己看见了 UFO 的人越来越多。军方也倍感压力，因为民众希望他们有个官方的态度，做出明确的交代。所以，1952 年，爱德华·鲁佩尔特（Edward Ruppelt）上尉负责率领一众人等对 UFO 展开了官方调查。

上任伊始，他就正式确认，以后请不要再使用“飞碟”这个词，因为他觉得这个词暗指了和外星人有关，让人望文生义是外星人驾驶着飞碟来到了地球。他提出以后都统一叫“UFO”。

但光有军方的参与还是不够的，还需要由学者组成的调查小组。于是 1953 年 1 月，由查德维尔（Chadwell）和罗伯森（Robertson）成立了一个罗伯森调查小组。小组调查之后的结论是这样的：一、没有证据表明 UFO 与地外文明有关；二、没有证据表明 UFO 会威胁国家安全；但是，民众对于 UFO 的非理性态度和行为，会妨碍政府运作，甚至美国的潜在敌人也会用 UFO 来阻碍美国的空中防御。

这个小组给政府的建议是这样的：政府应当教育大众，对 UFO 保持理性的态度，宣传的手段应该多种多样，包括大众媒体、广告、工商联谊会、学校，甚至是迪士尼企业。这就是罗伯森小组和他们给出的罗伯森报告。美国军方并没有采纳这份报告中的建议，他们只是淡化处理了“蓝皮书计划”，减少了人员和投入。

这期间，美国最著名的 UFO 事件发生在 1966 年 3 月的密歇根迪克斯特附近[6]。3 月 14 日凌晨 3：50，有超过 100 名目击者宣称看见有飞碟状的物体高速掠过，并急转弯，时而低空盘旋，时而跃入高空。这起事件还没有理出头绪，到了 3 月 20 日，连着两天，当地大学城的学生又报告看见了飞碟，带着红色、绿色和白色的光，脉动着在空中飞行。正当 UFO 爱好者又以为有了铁证时，蓝皮书报告的专家作出了判断，称这是沼泽气体自燃所引起的，但很多非理性的 UFO

爱好者并不相信这个说法，觉得又是一起掩盖真相的实例。

不久，美国召开了国会听证会。这是美国的一项政治制度，听证会就像法庭审案一样，是非常严肃的，如果谁在听证会上撒谎，那就是一种犯罪行为，因此，没有人敢轻易在听证会上撒谎。更重要的是，听证会一般都是公开进行的，所以我们今天还是可以查到这次听证会的材料。空军部长哈罗德·布朗（Harold Brown）在这次国会听证会上作证说，自从 1947 年以来，空军对超过 12000 起 UFO 报告做了调查。最后得出的结论是，可以确定，大部分的事件，人们看见的其实是恒星、云层，或反射太阳光或月亮光的常规间谍飞机。最后还有 701 件 UFO 事件因为提供的信息不足，无法作出充分的判断。他的结论与罗伯森报告的结论如出一辙，那就是 UFO 并不是神秘现象，也和外星人压根无关。但这场发布会随即遭到了猛烈的抨击，被指责有失公允，因为所有的调查人员都和军方有雇佣关系，代表着政府的利益。有人提出，需要有独立客观的第三方机构来调查 UFO 现象。美国空军采纳了这条建议，向全国的研究机构发出了邀请。

最后，科罗拉多大学宣布接受这个项目，项目领头人是物理学家爱德华·坎顿。1969 年，科罗拉多大学出版了《关于 UFO 科学研究的详尽报告》，这个报告也被称为“坎顿报告”。坎顿报告由数十名多个领域的专家参与写作，长达 1465 页，从视觉生理学、光学、天文学、气象学、心理学、工程学等多个角度对 UFO 目击证词中的描述，以及相关照片和雷达记录做了充分的分析，并实地调查、采访了目击者。这份坎顿报告是一份来自科学共同体的权威报告，也是到目前为止对待 UFO 现象最值得信任的报告。

首先，它告诉我们，UFO 并不神秘，除了捏造的报告外，在有充足的信息时，UFO 都有合理的自然解释，比如：属于天文现象，如大行星、流星、彗星等；属于气象现象，如碟状的云彩、球状闪电、云层折射产生的光学假象等；属于人类飞行器，如气象气球、飞机、人造卫星等；还有其他自然现象，如鸟群、灯光等。它的结论是：“对我们所获得资料进行仔细分析之后，我们的结论是，对 UFO 做更广泛的进一步研究，很可能不会满足‘科学会因此获得进步’的期望。UFO 现象不会是一个探索重大科学发现的有成果的领域。”

坎顿报告还明确批评了一种挺常见的行为，那就是通过探索 UFO 来培养青少年的科学兴趣。这种做法不仅在当时的美国有，在现在的中国也很普遍。在坎顿报告的原文中，是这么说的：“有一个问题需要我们公众注意，我们的学校里有这样的情况发生，许多孩子被允许，甚至是被鼓励把他们用来学习科学知识的时间用在了阅读 UFO 的书籍和杂志上。我们感到孩子们被误导了，他们会把不切实的错误的信息当成有确切科学依据的内容，这对他们的教育是有害的。学习 UFO 有害处，不仅是因为很多材料错误百出，还因为它阻碍了孩子们科学精神的养成，而科学精神的培养是每个美国人的必需品。所以我们强烈建议教师们不再鼓励学生阅读现有的 UFO 书刊来完成学校的作业。如果遇上了对探索 UFO 痴迷的学生，老师也应该引导他研究严肃的天文学和气象学，并培养他批判性地分析那些错误推理或虚假数据堆砌出的天马行空的主张。”⑦

这就是坎顿报告的主张。美国科学院经过审查后，表明了自己的立场：支持坎顿报告。坎顿报告获得了科学界的普遍赞扬，并被认为是对 UFO 现象所做的最充分的科学研究。其实，坎顿报告并没有否认地外文明的存在，科学家一般喜欢把外星人叫作地外文明，因为外星智慧生物不一定长的像人一样。坎顿报告认为，地外文明是存在的，但如果太阳系不存在其他文明，那么地外文明访问地球的可能性极低。用我经常回答别人的一句话就是：宇宙中有外星人，但从未来过地球。

1969 年 12 月 17 日，美国空军根据坎顿报告、美国科学院的审查以及以前的研究，宣布终止蓝皮书计划。军方给出的理由是：“不论出于国家安全还是科学兴趣的考虑，都没有理由继续进行蓝皮书计划。”

但是，我们最近才知道，其实美国军方一直没有真正终止对 UFO 的调查，公开的蓝皮书计划终止了，秘密的蓝皮书计划依然在进行。关于 UFO 的官方调查机构还不止美国有，智利也有一个官方的 UFO 调查机构，全称是“异常航空现象调查委员会”，简称 CEFAA。关于 UFO 的故事还没有结束，我们下节接着讲。

智利 UFO 事件

上一节我们留了两个问题：第一，罗斯威尔事件如果跟外星人无关，那么它到底是怎么回事呢？第二，美国军方的秘密调查有没有调查出什么结果呢？

看一看

我们先来说罗斯威尔事件的真相。1994 年 9 月 8 日，美国空军负责内政安全和特别项目的监理部长理查·韦伯发表了题为《空军有关罗斯威尔事件的调查报告》。在这份报告中，首次透露了一个秘密：罗斯威尔事件与当时一项被视为高度机密的“莫古尔”侦察计划有关。

这个“莫古尔”计划是美国在 1947 年 6、7 月间进行的一项绝密的军事试验，它的目的是放飞一些带着雷达反射板和声音感应器的气球，利用这些气球去探测苏联核试验所产生的冲击波，以监视当时苏联的核爆试验，这些气球也被称为“间谍飞机”。虽然气球并不是军方最初宣称的“气象气球”，但也是美国人自己造的用于军事目的的飞行物，跟外星人扯不上半点关系。另外，根据在2007年向公众开放的美国军事档案，也证实了罗斯威尔事件就是军方绝密的“莫古尔”计划的意外事故，当地人看到的“外星人尸体”，其实是一种特制的，用于实验的橡皮假人。

我们再说说国防部的秘密调查计划。这个计划最早是由当时的一位参议员哈里·瑞德提出的，他本人是一位宇宙探秘爱好者。据《纽约时报》爆料，预算的大部分钱进入了这位参议员的老朋友经营的一家航空航天研究公司。但是整整十年，花了2亿美金，什么靠谱的研究成果都没有做出来。我猜，这个事情很有可能会被美国国会发起调查，我们不妨继续关注后续的报道。

看到这里，你可能会感到有些失望。我能理解你的感受，要知道，人们对神秘事件感到好奇，并从内心深处希望神秘力量的存在，是一种本能的反应。我再给你说一个恐怕是最近十年中最有名的UFO探秘故事。这件事情也是刊登在美国《无神论者期刊》上的，时间、地点、人物也都有据可查，任何人都可以去核实。从这个故事中我们能够学到科学方法，事情是这样的。

那是2014年的光棍节11月11日的下午1点52分，一架智利海军直升机正沿着圣地亚哥机场的海岸飞行。他们此行的目的是测试自己新的红外相机。那时的南美洲正值晚春，天气晴朗，清澈的蓝天和低矮的云层覆盖着附近的山脉。直升机的机组人员突然发现有一个白色的物体正在远处向北面飞行。他们无法识别该物体，所以他们用一种最新的相机来观察它，并试着拍摄视频跟踪它。在红外影像中，该物体看起来像两个连接着的球体。但在普通镜头中，它是模糊的白色形状。在某一时刻，该物体似乎释放出了一些奇怪的物质，看起来像是和物体本身一样热。他们继续追踪它，但它移动得太快了，最终他们跟丢了，只能返回基地。

由于无法鉴别这个飞行物体，这段视频最后被交给了智利异常航空现象研究委员会（CEFAA）。这个机构是智利官方的UFO调查组织。为了研究清楚这团白色物体，委员会请来了各行各业的专家，包括天文学家、地理学家、核化学家、物理学家、心理学家、航天医学家、空中交通管制学家、气象学家、军事将领、航天研究员、飞行检查员、航空工程师和图像分析师。你是不是感到这个阵容很强大？是的，我看到这一长串的名单也是印象深刻。气象学家说，这可能是一枚探空气球，但这个说法后来被其他专家推翻。天体物理学家排除了太空垃圾坠落的可能。一名海军上将表示该地区当时没有海军演练或秘密的飞行。委员会的官员则确认这不是一架无人机。照片分析则表明该物体也不会是鸟儿。数不清的专家排除了无数的可能。最后，委员会投降了。两年后他们发表了一则声明，然后公开了视频资料，并宣布这是一个真正的无法解释的现象。随后，关于这件事情的报道和视频一下子就引爆了网络，像病毒一样传播，在Youtube上的视频点击率很快就达到了二百多万[8]。它引发了一阵狂热，终于有了一个“真正的”UFO视频了，军方判定它是未知的，无数的专家和数年的研究都证明，它是神秘的不可知的，这就是真正的不明飞行物啊，否则这一串专家怎么会鉴定不出呢？甚至都没能给出一个可能的合理解释。如果你们想看这个视频，可以到“科学有故事”的微信公号中回复关键词“智利UFO”观看。

飞碟爱好者们的狂喜只维持了五天，这个案件就告破了。1月6日，一位叫作斯考特·布兰多的UFO爱好者在推特上发了一个链接给科学作家米克·维斯特，求证一种可能性：这会不会是一架飞机和它的航迹云？米克看了一下视频，立刻想起了他经常可以在家看到的一种航迹云跟这个很像。米克住的地方在旧金山以东，周围起飞的飞机在越过塞拉山脉时经常能飞到 7500 米的高度。在那个高度，一阵阵航空动力引起的航迹云随处可见。于是，米克在自己创办的网站论坛上写了第一篇关于此话题的文章，他是这么说的："我开门见山，它是一架飞机，正飞离摄像机，比直升飞机要高得多，在 4500—7500 米之间，形成了短暂的航迹云。那两个发光点来自飞机发动机的热度。"第二天，另一位热心网友"开拓者"发文说，他找到了那天那个地区的飞行数据，请求大家一起来分析哪架飞机最有可能。

很快热心的网友就发现只有两架可能的飞机。一架是局域网航空公司的双引擎飞机 LA330，另一架是西班牙国家航空公司的四引擎飞机 IB6830。讨论持续了几天，各类人都有加入。一名有从圣地亚哥起飞经验的飞行员解释了为什么当时的飞机看着像是要着陆，但突然又不是了，因为飞机仍然在空中交通管制的频率而不是普通交通的频率上。一位摄像机专家解释了不同的视野以及航向指示器为何没有被校准。有很多网友还提出了各种各样的问题，米克和其他各类有专长的网友也都给出了解答。到了 1 月 11 日，米克充满信心地下了结论：该物体就是航班 IB6830，从圣地亚哥机场起飞，爬升时留下了两段航空动力引起的航迹云。就这样，这个事件解决了。

什么？那么多专家两年没搞清的问题，被一群热心网友五天就搞定了？对呀，其实这不奇怪，专家小组不可能请到所有未知领域的专家。有一些普通人恰好有一些非常小众的知识和经验来解决这起特定类型的事件。问题在于委员会不可能把所有有需要的人都请入专家小组，他们也很难事先判断到底需要什么样的专家。所以，任何专家小组都会受限于特定的知识领域，这样的结果就是某些不明飞行物事件的真相就从所有专家领域之间的缝隙里溜走了，结果变成了一起未知事件。

你想想，假如没有斯考特发给米克的那条推测消息，你觉得会发生什么？我想这件事可能又成了一个宇宙未解之谜。其实，像这类专家一拥而上、随后认定事件“无从解决”的事儿并不少见。我们在遇到类似的事件时，首先应该想到的就是：这种未知的不明事件一般都是可以得到科学解释的。科学精神中很重要的一条就是坚持“非同寻常的主张需要非同寻常的证据”。即使你听到铺天盖地的关于 UFO 的传说，我想告诉你的是，到目前为止，我没有发现任何能证明 UFO 与外星人有关的有力证据，它的存在本身或许只是时间催化了的谣言传播机。这个原则也叫休谟公理，有了它的帮助，我们在生活中看到那些带有“震惊”两个字的标题文章，就不会轻信了。到目前为止，外星人来到地球这件事情没有任何证据，我们不能轻信。不过，宇宙中有没有外星人呢？我们确实有不少未解之迷呢。

参考资料

① https://www.nytimes.com/2017/12/16/us/politics/pentagon-program-ufo-harry-reid.html

② https://www.npr.org/sections/13.7/2018/01/03/575276342/ufo-investigations-the-science-and-the-will-to-believe

③ https://zh.wikipedia.org/wiki/ 罗斯威尔飞碟坠毁事件

④ http://ufoevidence.org/documents/doc386.htm

⑤ https://www.csicop.org/si/show/what_really_happened_at_roswell

⑥ http://www.thinkaboutitdocs.com/1966-michigan-sightings-swamp-gas-case/

⑦ http://www.avia-it.com/act/biblioteca/libri/PDF_Libri_By_Archive.org/AVIATION/Final %20report %20of %20the %20Scientific %20study %20of %20Unidentified %20Flying %20Objects %20- %20Condon %20E..pdf

⑧ https://www.youtube.com/watch?v=NkUTGpegZN0

纳粹制造出了碟形飞行器吗？

2012 年有一部德国和芬兰合拍的科幻电影《钢铁苍穹》上映，这部电影的剧情很有意思，说的是纳粹在战败前就已经发展出了登月的技术，他们在月球背面建造了名为“黑色太阳”的军事基地。战败后，纳粹的大批精英逃亡到了月球，在那里研发并组建以碟形飞行器为主战部队的太空军，伺机反攻地球。

估计大多数人听到这个剧情，都会觉得挺扯的。这部电影本身拍的也是那种荒诞喜剧的风格。但是，很多人不知道，这部电影的剧情并非导演和编剧无中生有的幻想，而是有背景和原型的。

实际上，在民间一直就流传着有关纳粹登月的传说，当然，传闻的版本很多，大体一致的描述是这样：二战时的纳粹德国，为了以备万一战争失败，要把纳粹流亡政府迁往月球，据说，在 20 世纪 30 年代，曾有不明飞行物坠落在德国境内，并吸收了很多的外星先进科技，而纳粹德国很可能同外星人达成了某项协定，获得了一些先进技术。从 1939 年 9 月二战爆发起，纳粹科研人员就在森林密集的塞尔兰地区，建起了登月基地培训宇航员。1942 年，纳粹德国利用“米斯”和“施里弗”系列的外大气层碟形飞行器开始了登月行动。“米斯”碟形飞行器直径 15—50 米，“施里弗－沃尔特”涡轮动力飞行器则大了许多，其直径达 60 米……

在这个传说中，有一个听上去最有鼻子有眼的说法。据说有一位旅居美国的保加利亚籍科学家，叫佛拉基米尔·特里茨斯基，他和他的研究团队经过几十年的调查，公布了一项研究成果，他们断言纳粹德国在 1942 年就登上了月球，随后在月球上建立了秘密的纳粹基地。并且还说月球背面有一个具有大气层、水和植物的特殊世界，被一层透明的穹顶物质扣盖着。这个听着有点像是美剧《穹顶之下》的设定。大家如果用“佛拉基米尔·特里茨斯基”这个名字作为关键字去网上搜索的话，会出来一大堆的结果，都是有关这个所谓的研究成果。但有趣的是，你会看到不管是2010年发的文章还是2018年发的文章，文章的第一句话总是“最近，旅居美国的保加利亚裔科学家……”，时间在这些传闻中被定格了。这是假新闻的常见特点，总是模糊具体的时间、地点、人物。因为一给具体了，就很容易遭到证伪嘛。

实际上，这个新闻最早是出自2010年第3期《飞碟探索》杂志，文章标题是《纳粹德国的秘密登月和登陆火星行动》。这本杂志名声很差，一直被广大科普媒体定性为伪科学杂志，我就不多说了，这上面的文章是没有任何公信力可言的。而传说中的主角“佛拉基米尔·特里茨斯基”也在英文搜索引擎中查无此人，这应该是我们中国人的原创故事，说实话，从虚构故事的角度来说，编得还挺好的，否则也不会流传至今而不衰了。

不过，可能会令你感到意外的是，在这个传说中，有一项并不是完全的胡编乱造，有可能是事实，请注意，我只是说“有可能”。那就是，德国在二战期间，真的在研制碟形飞行器，准确地说是圆盘形的飞行器。

美国著名的探索频道Discovery在2008年上映过一部纪录片，叫作《纳粹飞碟阴谋》，制作公司是Flashback Television[①]。2012年，中央10套科教频道的《探索·发现》栏目也播出了一部纪录片，叫《纳粹的飞碟》[②]。这两部纪录片都罗列了很多传闻和间接证据，对纳粹研制碟形飞行器这件事情都是持既不否定也不肯定的态度。此外，如果大家在Youtube上搜索的话，还能找到不少各个国家拍摄的类似题材的纪录片。这可以说明，纳粹研制碟形飞行器这件事情，并不是出自某一个人的胡编乱造，而是有着广泛的群众基础。但是，我想告诉大家的是，这些纪录片都不能作为证据，或者说它们的证明效力都非常弱，并且在纪录片中也没有提出任何有力的直接证据。那些看上去以假乱真的飞行器的录像资料实际上都是现代人拍的，并不是原始档案。

不过这些碟形飞行器的影像资料倒是非常好地证实了一点，圆盘形的飞行器并不适合在大气中飞行。这是因为根据空气动力学，在大气中飞行的最佳结构是有翼结构，也就是带翅膀的结构。每次我说到这个观点时候，总是会有一些不太关心具体科学知识，只喜欢哲学思辨的人反驳说，你怎么知道空气动力学就一定是对的，难道未来就不会有更好的理论来设计一个超过现有飞机机动性的碟形飞行器吗？实际上，这个问题等价于，设计一台与地面接触的车辆，轮子是不是最有效率的结构一样，我们现在依据的是牛顿力学，轮子的优势部分永远不可能被其他结构超越，注意我说的是轮子的“优势”部分。当你对物理学了解的越多，你就越会明白这其中的道理。但是，如果你只醉心于哲学思辨，不愿意学习具体的物理学知识，那么，无论我怎么给你解释也都是没用的，除了劝你多学习之外，我也别无他法。

在维基百科上也有“纳粹飞碟”这么一个词条，总体观点是这样的：然而目前所有传说内容全无可信证据证明曾经存在过，也没有任何国家官方证实，科学界较为可能的推测是曾有盟军人员看到纳粹研发机构中有一些圆形零件而又被告知与飞行实验有关，其实可能是类似直升机研发计划的产物，经过大量穿凿附会就成为飞碟传说[③]。我个人对这个观点比较认同。

这个话题的关键词有两个，一个是“月球背面”，一个是“飞碟”，这两个词都是谣传的重灾区。关于飞碟的传说自不必多说，而月球背面也是几百年来让人们充满遐想的地方。由于地球的潮汐锁定效应，使得月球的自转周期和公转周期相同，这样一来，在地球上就永远只能看到月球的正面，准确地说是对着地球的这一面。于是，那些你知道存在但又永远无法看见的地方，自然就是放飞想象力的最佳场所，在网上可以搜索到一本书叫《月球的背面是外星人基地》，也是传说月球的背面隐藏着外星人的基地。

还有一个流传很广的说法，说霍金曾经通过 BBC 发出警告：“人类千万不要登陆月球的阴暗面，因为那里有外星人的基地！”实际上，不但霍金没有说过，更不是 BBC 发出的新闻，那么这条消息是怎么与 BBC 扯上关系的呢？其实很简单，就像一切劣质造谣信息的背后，一定会有一个不良自媒体人一样，发出这条消息的自媒体号就叫:BBC 全球探秘资讯。霍金曾经坐着轮椅轧过英国王子的脚，想必这位伟大的宇宙物理学家也很想去轧轧那些借他口而造谣的人吧。

月球的背面是不是真的可能隐藏什么基地呢？这个问题如果放到五十年前，或许还可以是一个无法证伪的命题。但是，从 1959 年苏联发射月球三号开始，月球的背面就已经不再是秘密。迄今为止，全世界各个国家发射过的且造访过月球背面的月球探测器都已经超过 100 颗[④]，我们已经对月球表面进行了彻底的扫描。大家有兴趣的话，还可以在谷歌地球中切换到月球，观看月球表面的每一寸土地。或许你经常会在网上看到一些有关月球背面又有什么惊人发现的新闻，但是希望你用我曾经教给你的方法来鉴定一下这条新闻的可信度。假如你是一个阴谋论爱好者，坚信全世界的所有航天部门都共同保守了月球背面的某个秘密，那么，任何反证对你而言都是多余的，你都可以用阴谋论来化解。

我所倡导的态度是只相信那些有明确证据支持的事情，没有证据之前，暂时不相信，等到有了证据再改变也不迟。这种态度不能保证我们一直正确，但却是风险最小的做法。防火墙有两种策略：一种是默认开启所有的通道，发现一种威胁关闭一个通道；另一种策略则是默认关闭所有通道，确认安全一个开启一个通道。具备理性思考的人，往往采取的是后一种最高安全策略，只放那些有明确证据支持的事情进到脑子里，其他的暂时先在外边凉快一下。

参考资料

① https://www.imdb.com/title/tt1537863/

② http://tv.cntv.cn/video/C10389/d69f6526130d490a9fe0cdd7682d9894

③ https://zh.wikipedia.org/wiki/ %E7 %B4 %8D %E7 %B2 %B9 %E9 %A3 %9B %E7 %A2 %9F

④ https://en.wikipedia.org/wiki/List_of_lunar_probes

纳斯卡线条是外星人的杰作吗？

谣言从何而起

今天，我们要来谈论的话题是纳斯卡线条。

纳斯卡沙漠在秘鲁南部的纳斯卡镇和帕尔帕市之间，高度干燥，延伸的距离超过 80 千米，面积约为 450 平方千米，如果你沿着这个区域步行一圈的话，需要一天一夜的时间。

1939 年，美国考古学家保罗·柯索乘飞机沿着纳斯卡沙漠飞行时，偶然发现了地面上分布着很多巨大的图形，只有在高空俯瞰时，才能看到，于是这些图形就被称为纳斯卡线条。经过勘查，人们发现了数以百计的图形，它们的特点是都是由非常简单的线条组成，但这些线条经过复杂的排列构成了鱼类、藻类、兀鹫、蜘蛛、花朵、鹭鸟、手、树木、蜂鸟、猴子、蜥蜴等生物形状，有些图像描绘的是大自然里的事物，有些则是人们想象出来的物体，也有单纯的螺旋形状。下面这张图片是一幅非常有名的纳斯卡线条图。可以看得出这应该是一只蜂鸟的形象。

关于纳斯卡线条的传言有很多。比如德国学者玛利亚·莱茵认为，这些直线与螺旋线条代表着星球的运动，而绘制出的动物则代表着星座。她还指出，古纳斯卡人画下这些线条是为了让天上的神看到，祈求神明指引人们的耕种。考古学家乔斯依·兰琪奥则觉得纳斯卡线条是地图，标出的是一些进入重要场所的通道。他认为古人没有纸张来记录信息，只好通过地面来做记录。这些说法大多都只是推测，也不能算是离经叛道。但有一位仁兄的观点就显得非常地大胆和惊世骇俗。他的名字是冯·丹尼肯。

冯·丹尼肯在20世纪70年代出版了一本叫作《众神之车》的书，提出了各种各样所谓的证据来证明外星人来过地球，上帝就是外星人。其中的一大证据，就是古埃及人根本没有能力建造大金字塔，而另一大证据就是纳斯卡线条了。

冯·丹尼肯是这么说的，纳斯卡线条之所以能够被描绘出来，是因为外星人直接从太空飞船里下达了命令，教授了方法。他还表示，考古学者们也承认在12—13世纪印加文明崛起之前存在的民族并不会拥有完美的测绘工艺，所以这些工艺是外星人教的，他还讽刺考古学家们是榆木脑袋，缺乏想象力。

冯·丹尼肯在他的书中，是这样描述的：人们的头顶盘旋着飞碟，上面的外星人指挥，下面的土著人干活，更夸张的是，外星人传达指令用的是纳斯卡人的土著语。冯·丹尼肯认为巨大的图形是外星人对人类发出的信号，而比较长比较宽的线条则是外星人的飞船登陆过的证据，他称为“着陆带”。

《无神论者期刊》的高级调查员兼“调查档案”的专栏作家尼克尔博士，早在1983年的期刊上，就对冯·丹尼肯的一系列说法进行了严厉的批驳[①]。

尼克尔博士认为，从冯·丹尼肯的《众神之车》中，我们可以看出，这位老兄总是大大低估古代劳动人民的智慧，将他们出色的作品和成果统统归结为“外星人的杰作”。

但是，为什么外星人要描绘人类的图案呢，比如猴子和蜘蛛，难道他们的文明里也有猴子和蜘蛛吗？对于冯·丹尼肯提出的“着陆带”的想法，一位有幽默感的数学家出来回应了。德国出生的数学家玛利亚·瑞切多年来一直致力于保护纳斯卡线条的遗迹，她半开玩笑地说，飞碟登陆要跑道吗，跑道上可以有石头吗，地面是需要硬的还是软的，恐怕外星人会被困住吧。或许在冯·丹尼肯的想象里，飞碟就是垂直起落的，至于飞碟有多大要怎么飞行，这些具体问题他都没有描述过。

冯·丹尼肯的各种描述如果是科幻小说还可以接受，但作为认真的考古发现和理论显然是站不住脚的。事实上，科学界也并没有人把他的话当真。不过他所谓的“外星人到访地球教会了人们制作纳斯卡线条”的猜想，其实并不是他自己最早提出的，最早把纳斯卡线条和外星人联系起来的正是发现它们的保罗·柯索，我们之前提到过他了。不过他的原话是开玩笑时说的。柯索是这么说的，第一次从空中看到纳斯卡线条，我觉得它们很像是外星人史前在地球登陆的场所，它们的细线就像当年发现的火星运河那样。

既然这些夸张的说法都不可信，那么纳斯卡线条到底是谁画的呢，这些人是多久之前的古人呢？有些线条错综复杂，是不是制作工艺特别难呢，不会飞行的古人是怎么把它们画出来的呢？为《科学美国人》撰稿的科学作者欧文·杰鲁斯经过考据后认为[②]，绝大多数的纳斯卡线条是在公元前200年到公元后600年期间制作出来的，当时这片区域里居住的正是纳斯卡人。最早的线条是用堆石头的方式建造的，甚至可以追溯到公元前 500 年。

根据未完成的遗址，有考古学家推测出比较成熟的技艺是这样的，首先，用大石头来标示图形，并移除掉深色石块的表层来界定边界；接着，移除掉图形内部的石头；最后，刮去地表的褐色岩层，露出下面的浅色土壤，纳斯卡线条的地质印痕就是这样产生的。

至于螺旋形的图案，大致是这样的，首先，在圆心的木杆上，缠绕一根绳子，绳子另一端绑上一根棍子，用这个方式来设计圆形的图案；接着，绳子逐渐向外伸展，设计出越来越大的螺旋形图案；最后，清除每一圈螺旋边缘的石块，露出颜色较浅的地面，使螺旋图案更加明显。下面有一张纳斯卡线条猴子的图像，你可以看一下。不过这只是最常见的一种说法。具体的制作工艺，我们在后面还会详细讨论。

除了外星人的猜想，还有其他一些很具有想象力的猜想，让我们

看看来自国际探索者协会的吉姆·伍德曼1977年提出的另一种说法。他和他的同事认为，古代的纳斯卡人建造了用来进行仪式化飞行的热气球，登上热气球他们就可以欣赏纳斯卡平原上非凡的地面上的图像。

他采用了纳斯卡人当时掌握的制作工艺，用布料、绳子和芦苇，在英国气球专家诺特的指导下，真的造出了一个热气球。这没什么了不起的。夸张的是，接着他和诺特就冒着生命危险，登上了这个热气球，在将近100米的空中飞行穿越过纳斯卡平原。可别小看100米啊，这差不多是30层楼的高度。如果摔下来，必死无疑的。果然，他们的气球迅速下降，他们并没有放弃，而是抛出了气球里的很多东西，希望减少重量，气球能继续飞，最后在30米的地方他们离开了气球，因为有工作人员协助，没有出人命。这两个人一离开，气球蹭蹭蹭就飞到了空中，肉眼都看不到了，不过最后还是落到了地面上。这俩人的胆子可真够大的。

今天这一节，我们介绍了纳斯卡线条的大致情况和围绕它的有关外星人的传说。说实话，制作这些线条并不是非常复杂的技艺，如果没有人刻意过度解读，也没有广大神秘主义爱好者的热心传播，这个传说并不会流传得这么广。希望大家在我们平时的生活中，遇到耸人听闻的新闻时，不要急着转发，而是再看看事情的进展，多听听真正的专家是怎么说的，不要让自己成为谣言的传播者。

我们的生活中有两类人，一类人无比崇拜古人的智慧，凡是从上古时代流传下来的典籍都会奉为至宝，总是喜欢把“古人的智慧现代人不懂”这句话放在嘴边。在他们的眼中，越古老的书籍越神奇。而另一类人恰恰相反，就是特别不相信古人有什么智慧，不相信他们能造出金字塔、能画出纳斯卡线条，甚至在现代人看来是最基本的一些工艺，他们也不信古人能掌握。

崇古和轻古这两种想法其实都没有科学精神，我们应该用一种平视的眼光去看待古人和古代的典籍。我始终相信，现代人是站在前人的肩膀上，一步一个脚印，坚实地朝前发展。

动手创造纳斯卡线条

上一节我们介绍了纳斯卡线条的基本情况和有关它是外星人杰作这一谣言的起源，还给大家讲了个以身试气球的“冒险”故事，这一节我们接着说。

冯·丹尼肯除了善于鼓吹各种外星人的邪说，还是个不折不扣的阴谋论者。《无神论者期刊》的丹尼尔博士对他可以说是嗤之以鼻。冯·丹尼肯承认在纳斯卡人的陶器上也发现了纳斯卡线条的图案，但他回应，把几何排列的线条完全归为纳斯卡文化，是把问题过于简单化了。

丹尼尔博士称他为胡搅蛮缠。纳斯卡线条和纳斯卡人的艺术品之间有着惊人的相似，这完全可以证明纳斯卡线条是纳斯卡人制作的。除了图形上的巧合，丹尼尔博士还给出了一些更为有力的证据，根据对纳斯卡线条地区碳 -14 的分析，木桩通常代表着一些较长直线的终止，这里的物质经检测可以追溯到公元 525 年，误差在正负 80 年间。而纳斯卡人和纳斯卡文化在这一区域的兴起时间是公元前 200 年到公元后 600 年。纳斯卡人的坟墓和定居点的废墟就在纳斯卡线条附近。

如果谁在什么时候制作了纳斯卡线条的问题已经得到了解答，那么还剩下一个众说纷纭的问题更值得关注，那就是纳斯卡人为什么要制作纳斯卡线条呢？关于这个问题到目前为止还没有盖棺定论，存在着几种假说，一个说法是制作纳斯卡线条是为了向印第安众神祈福。还有一个说法是这些线条形成了一个天文历法，它们是一幅星图。威廉·伊思贝尔在《科学美国人》上撰文写道：

就像瑞奇多年来指出的那样，一些纳斯卡线条标志着太阳在夏至和冬至的位置，还有一些线条似乎也有着历法上的含义。霍金斯进行的对线条方向的计算机分析表明，虽然还没有办法证实大多数线条具有天文学上的含义，但它们指向夏至和冬至太阳方向的概率是随机概率的两倍。

伊思贝尔认为线条的产生也可能是因为族群里安排了一些人手来绘制公共的作品，就像我们今天的各种宣传画，不过这只是一种猜测，没有实证。

还有人有不同的看法，艺术历史学家艾伦·索耶认为，大多数图像都是一根直线的连笔画，这根线条不会自己与自己交叉，这有可能是宗教仪式的迷宫图。如果这个说法成立，当纳斯卡人在这些线条上行走的时候，他们可能觉得自己获得了这些线条代表着的宗教福祉。

索耶是对的，大多数线条里的图像都是一根直线的连笔画，但也有例外。不过连笔画的技术可能与制作线条图像的方法有关。英国电影制作人托尼·莫里森已经证实，通过使用一系列的测距杆，在几十甚至几百千米之内绘制直线都不是什么难事。一根直线弯曲成图形，只需要测距杆的定位就可以了。事实上，在一些线条的周围，已经发现了测距杆曾经存在的证据，测距杆之间的间隔大约是 1.6 千米。

而对纳斯卡人绘制纳斯卡线条感兴趣的人还不止索耶，在这方面下功夫最多的可能就是我们上节提到过的嘲讽外星人学说的德国出生的数学家玛利亚·瑞切了。她认为，纳斯卡的工艺师们先是在比较小的 2 米见方的土地上试着画一下，这些绘画的痕迹仍然可以在很多大型的纳斯卡线条的周围发现。如果在方框里绘画成功了，工艺师们就会把它拆分成一小块一小块，然后去更大的土地上作画。

瑞切表示，可以建立一个又一个的桩子。两根桩子之间拉一根绳子，就可以形成一根直线了。在桩子上绑上绳子，以桩子为圆心移动，就可以形成圆形图案了，这也不算难事。而在一些区域建桩子，然后把桩子上的绳子连接起来，就可以形成更复杂的曲线了。作为证据，瑞切表示在纳斯卡线条的某些点上找到过可能是竖桩子时留下的洞。

不过瑞切没有说明怎样竖立这些桩子的细节，而这才是关键。因为这些桩子，按她所说，既能划出直线又能成为圆心。在她出版的一本名为《沙漠上的谜题》（*Mystery on the Desert*）的书中，她写道，古代秘鲁人肯定有着一些被我们忽视掉的工具和设备，只要运用了这些东西，加上一些古代的知识，就可以绘制出纳斯卡线条了。这些知识之所以没有被后人发现，是因为面对征服者，他们选择了隐瞒，这是属于他们的宝藏，所以他们不愿意上交。

无论如何，比起外星人建造了纳斯卡线条的胡说，至少瑞切的说法还是有一定科学性的。前面提到的为《科学美国人》撰文的伊思贝尔是这么评价的，瑞切在研究古代纳斯卡人的建造工艺上取得了重大的进展，尽管还有许多研究需要做，但我们对于史前的工程技术的了解又多了一分。

伊思贝尔自己则认为，纳斯卡人有着丰富的编织经验，他们由此发展出了一种网格系统，也就是一大幅图像拆分成一幅幅小的，然后分工作业。不过他自己也提不出能佐证自己想法的证据。这个想法最多只能算是一个“假说”吧。其他的假说还有横向测量技术和三角测量绘制点技术，尼克尔博士认为这两项技术都需要对角度的精准测量，而古代纳斯卡人并不具备这样的技艺。

尼克尔博士自己曾经制作了一个水怪模型，他用硬板纸弄出了头的形状，装在矿泉水瓶子上，弄成头和脖子连接的样子，这个简易模型只要 10 分钟就能完成。这次，尼克尔博士故技重施，他要绘制一幅 130 多米长的秃鹰。

参加这个项目的还有尼克尔博士的父亲、三个表兄弟和一个侄子，一行共六人。他们选择的方法并不难，建立一条中心线，通过绘制坐标来定位图纸上的点。也就是说，在小图纸上，他们将沿着中心线，从一端到另一端，确立各个点上间隔的距离。然后把数值等比例放大，用来确定实际绘制时间隔的距离。

说起来容易，做起来当然要复杂很多。为了在地面上进行测量，尼克尔博士一行人准备了绳子，关键部位的绳子会被涂上油漆并打结。实验地点选在了肯塔基州的一个垃圾填埋区。这片区域是尼克尔博士一位朋友的物产，这位朋友还负责筹备完成后的航空摄影任务。要说明一点，有些遗憾的是，他们无法像纳斯卡人那样通过清理砾石来露出浅色的土壤，从而标记线条。他们最终确定的方案是用白色石灰做标记。

1982 年 8 月 7 日是实验正式进行的日子。六人在现场聚集，开始划出中心线。9 个小时，其间吃了一顿饭，喝了大量的冰水，绘制了 165 个点，点和点之间用绳子连接起来。你以为这就完成了？哪有那么简单！

第二天就下起了大雨，还持续了好几天，虽然已经完成的部分没有受到影响，但大水坑还是把项目周期延长了一周。好在差不多十多天后，项目终于完成了。飞行员梅斯带上尼克尔博士在上空观赏自己的劳动成果，并拍下了这幅珍贵的照片。

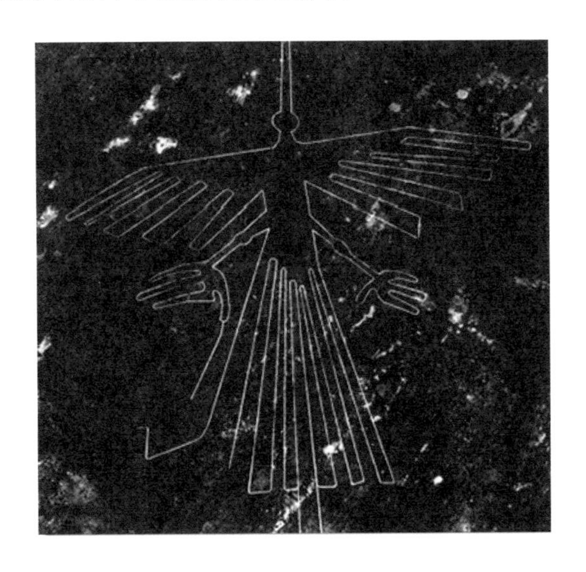

尼克尔博士对自己的作品还是十分满意的。事实上，这确实是一幅精彩的纳斯卡线条。尼克尔博士表示，自己的方法行得通，他确信如果有更多实操的机会，可以制作出更加对称的图形。他也表示，这证明，只要有一些基本的工具和数学常识，绘制纳斯卡线条并不是难事。

这一节我们看到了尼克尔博士不但有理有据地反驳伪科学的观点，更是自己亲力亲为设计实验、完成实验。虽然生活中我们不可能都有条件用做实验的方式来鉴别真伪，但遇到一些值得怀疑的观点，我们至少可以去了解这个观点有没有实验的支撑，而这个实验的设计是否科学。学会理性判别信息的真伪，而不是被自己的直觉或情感牵着鼻子走，确实是大家都可以学会的。

纳斯卡线条到底是不是外星人的杰作，我相信你应该有了自己的判断。这个话题就讲完了。

参考资料

① https://www.csicop.org/si/show/nazca_drawings_revisited
② https://www.livescience.com/22370-nazca-lines.html

麦田怪圈是外星人的杰作吗?

麦圈聚集地——英格兰威尔特郡

看一看

今天我们来谈麦田怪圈，这也是知名度非常高的所谓的宇宙未解之谜之一。这种通常是圆形的图案最初是在麦田中发现的，所以现在哪怕并不是出现在麦田中，图形也并不是圆形，也会被称为麦田怪圈。一般来说，麦田怪圈中的农作物秸秆会弯曲垂下，但依然会继续生长，最后仍然会被收割掉，麦田怪圈也就随之消失了。

有趣的是，最初的麦田怪圈只是一两个圆圈，但随着时间的推移，图形的设计感也变得越来越强。有一个最出名的麦田怪圈出现在英国的威尔特郡（Wiltshire）。这是一个历史上出现过很多麦田怪圈的地方，现在都因此而成了旅游胜地。2001 年，在威尔特郡偏远的牛奶山（Milk Hill）出现了一个巨型麦田怪圈，直径为 238 米，复杂的图案共由 409 个圆圈组成，像是一个大圆圈里包含着六条螺旋形的曲线。这个麦田怪圈非常出名，很多写麦田怪圈的文章都用这张图做配图。

这个麦田怪圈还有两个昵称，有人称它为“银河系麦圈”，也有人把它叫作“麦田圈之母”。2012 年的时候，一家叫作 TCCC Group 的机构悬赏，号召能人来高精度地仿制它。[①] 这个麦圈大小相当于 9 个标准足球场。任何人只要严格按照组委会给出的条件做出来，就能斩获 10 万英镑，不过挑战地区仅限于英格兰。组委会的条件包括：首先要寄给他们一个录像或者照片资料，以证明自己的能力；在完成品中必须没有脚印、没有损坏的茎秆、必须为完美的几何形状（这一点会有专业的摄影师在空中进行拍摄以确认）。结果 7 月 2 日悬赏布告发布后，没人迎战。到了 2013 年，组委会撤销了所有条件，他们表示，无论花多长时间，只要有人做出来，就可以获得奖金。结果，迄今为止，也没有人完成挑战。如果你有兴趣挑战一下，我鼓励你飞到英国去试试，毕竟是 10 万英镑呢。为什么没有人赢走这些钱呢？我想了一下原因，归纳为这几个：1. 外星人看不懂英文，外星人也不稀罕英镑；2. 擅长做麦田怪圈的人都很低调；3. 这家机构和这份悬赏知名度不够；4. 奖金太低；5. 要求太高，太难仿制；6. 这家机构只是为了炒作，用各种理由挡掉了申请者。你觉得会是哪一个原因呢？

在开始探究麦田怪圈的成因之前，我们先来了解一下麦田怪圈的历史。最早甚至可以追溯到 1590 年的荷兰[②]，据称有很多农民看见过麦田怪圈，但他们认为这没有什么值得惊奇的，只是大风把麦子的秸秆吹弯了。到了 1678 年，在一本英国发行的印刷小册子上出现了麦田怪圈。这本小册子名为《割麦的魔鬼，还是来自哈特福德郡的奇异新闻》[③]，上面是文字，下面是配图。讲述的是一位贫穷的农民打算罢工并和雇主讨价还价的故事。他和雇主说：这点工钱，除非是有恶魔修剪麦田，而不是让我动手。他的言下之意就是钱太少了，要求加薪。他说完这话的当天晚上，在麦田中出现了火光，第二天早上就看到麦田被割成了整齐的椭圆状。而配图就是一个恶魔手持镰刀在麦田里割出了一个椭圆形。这份小册子被有些人认为是17世纪就存在麦田怪圈的证据。不过细看图片，你就会发现，这个魔鬼并没有让麦子弯折，而是直接把麦子割掉了，这样一来，实际上就与现代的麦田怪圈差别很大了。

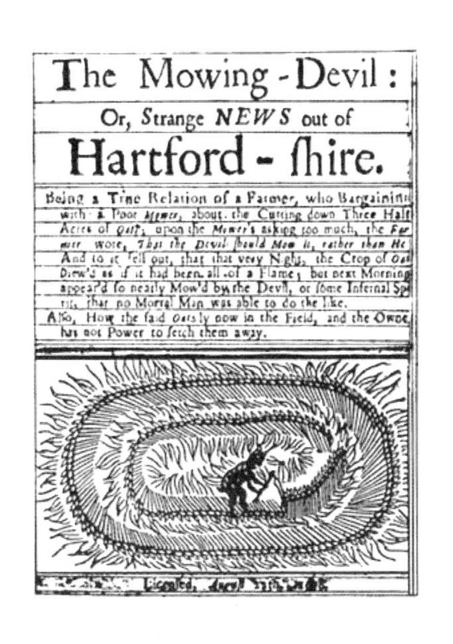
The Mowing-Devil:
Or, Strange *NEWS* out of
Hartford-ſhire.
Being a True Relation of a Farmer, who Bargaining with a Poor *Mower*, about the Cutting down Three Half Acres of *Oats*, upon the *Mower's* asking too much, the *Farmer* swore, *That the Devil ſhould Mow it, rather than He*. And so it fell out, that that very Night, the Crop of *Oats* shew'd as if it had been all of a Flame; but next Morning appear'd ſo neatly Mow'd by the Devil, or ſome Infernal Spirit, that no Mortal Man was able to do the like.
Alſo, How the ſaid *Oats* ly now in the Field, and the Owner has not Power to ſetch them away.

麦田怪圈真正登上主流媒体的头条是在20世纪80年代，当时知名的报纸和电视媒体都对它进行了报道。但其实早在这之前的六七十年代，英国、澳大利亚、美国、加拿大就陆续有麦田怪圈出现的报道。到了20世纪80年代的早期，报道数量出现了井喷式的增长。四季中，麦田怪圈最多出现在夏天，出现的数量大约有几十个，出现的地点多是在英格兰威尔特郡和汉普郡的田地里，尤其集中在威尔特郡的沃敏斯特镇[④]。这个小镇当时也是UFO观光客集中的地方，因为1964年有人报告在这里看见过UFO，不过这一说法后来被BBC和一些书籍打假过了[⑤]。

一种非常流行的说法就是，麦田怪圈是外星人的杰作。根据我的考证，这种说法的来源最初应该是在1966年，在澳大利亚的图里镇有人声称目击到UFO制造麦田怪圈，这个故事我一会儿还会详细说。这一说法随着1982年 *E.T.the Extra-Terrestrial* 这部电影的热映而越发流行。而也是从这一年开始，麦田怪圈的数量也开始激增。到了1990年，这一年中报告的麦田怪圈数量就突破了一千。

在 20 世纪 90 年代，麦田怪圈仍然持续不断地出现，但也发生了一些变化。比如尽管大多数麦田怪圈的报道仍然来自英格兰南部，但来自世界不同地点的报道数量也明显增加。七个大洲七十多个国家中出现了麦田怪圈，也包括中国，报道较多的国家还有日本、法国和印度。麦田怪圈也不仅仅出现在小麦、大麦和玉米的田地里，就连种植烟草的田里也出现了麦田怪圈。后来，甚至不一定是田地了，沙地和雪地中也有麦田怪圈出现。另外，除了简单的圆形，复杂的正方形、三角形等各种几何图形和字母也都出现了。有麦田怪圈的爱好者甚至认为，这是外星人的象形文字。

以 1994 年出现在英格兰南部的一个麦田怪圈为例，它的圆形更多了，图案更复杂了，各种圆形的半径从小到大依次排列，设计的现代感也更强了。

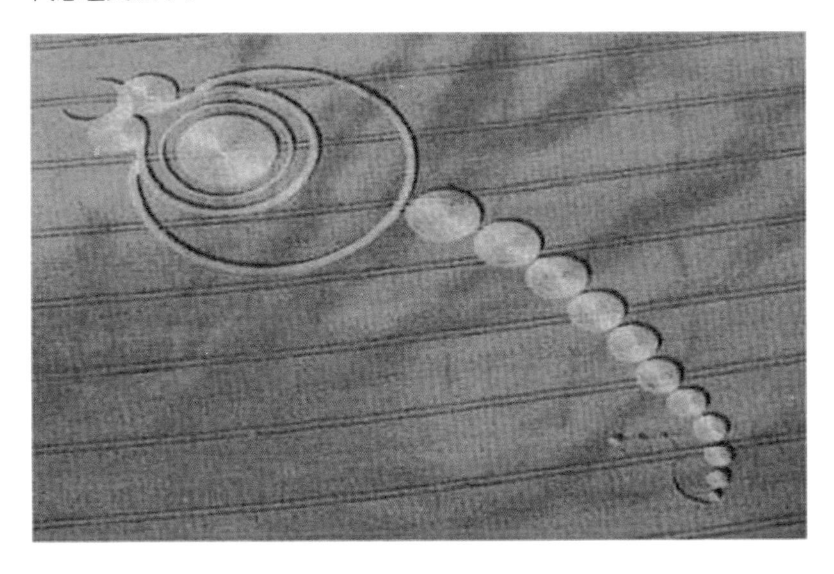

虽然很多人拍到过麦田怪圈的样子，但声称自己看过麦田怪圈生成过程的人却不多，其中最早的也是影响力最大的是 1966 年 1 月来

自澳大利亚昆士兰州图里镇的乔治·佩德利。他是这么说的[⑥]："我当时正驾驶着拖拉机穿过一片甘蔗田。我看见一艘蓝灰色相间的宇宙飞船，直径大概是 25 米，正从 30 米开外的一片沼泽地中起飞。它向下降了点儿，又上升了，然后飞走了，这个过程中飞船一直在旋转，从没有停过。而飞船飞走以后，我去那里看了下，有一个 30 米宽的圆圈，沼泽地里的芦苇已经被弄成了麦田怪圈的样子。我想这些芦苇一定受到了强烈的旋转力的作用。"这个故事也被认为可以佐证外星人驾驶 UFO 到访过地球。所以，如果你在网上搜索 Tully Saucer Nest（图里镇飞碟巢），大部分信息都是关于 UFO 的，就是从这次事件开始，有了"麦田怪圈是外星人杰作"的说法。

并不是所有爆料的人都说自己见过了 UFO，有些人的爆料描述比魔术还神奇。比如，1983 年 8 月英国威尔特郡，不知道你有没有注意到，威尔特郡这个名词在这一节中已经出现了好几次。接着说，那年夏天，当地人贝尔正在索尔兹伯里平原的北部山上骑着马。突然，他发现在 50 米开外的小麦田里，灰尘打着圈在螺旋上升。只有几秒钟的时间，麦田里就出现了一个麦田怪圈。灰尘和折断的小麦秸秆随即就落了下来。贝尔说他没有听到任何噪音或奇怪的声响，只注意到了灰尘和碎片在空中盘旋。后来他把这次麦田怪圈形成的原因归结为"静止的旋风"[⑦]。好吧，没有听到声音就出现了魔术般的奇迹。

到了 90 年代，又有一对夫妻赶来爆料。英国汉布尔顿的汤姆林森夫妇有一天深夜步行路过玉米地，突然，玉米地的中间响起了风呼啸而过的声音。他们形容这是"巨大的旋风"。正是这阵风吹倒了玉米。也有小一点的旋风在周围形成，并随即消失。他们的说法是：我们就这样站着，惊奇地看着玉米打起了转，被风吹起来又落下。

这一节我们介绍了有关麦田怪圈的历史和一些较为出名的案例。

下一节，我们一起来分析一下麦田怪圈的成因，它们到底有没有可能是外星人的杰作呢？

这一节，我给大家找了一个威尔特郡出现过的麦田怪圈的航拍摄影，大家来看看这个图像真的像是外星人的杰作吗？如果你有兴趣，在我的微信公众号“科学有故事”中，回复“麦田怪圈”，就可以观看了。

揭秘麦田怪圈

上一节我们介绍了麦田怪圈的历史和传说。这一节我们要来具体讨论下麦田怪圈究竟是怎么形成的。

围绕麦田怪圈的形成有很多不同的说法，最常见的说法就是外星人的杰作。其他常见的说法还有：自然形成说（认为这是一种自然现象，只是成因还没有被人发现）、龙卷风说（就好像上一节我们说到过的一位目击者认为是旋转着的飓风把秸秆折断了）、磁场说（磁场可产生电流，使农作物平躺在地面上）、高频辐射说（高频设备的辐射下，可以使秸秆发生奇异的变化），还有个说法是麦田怪圈是由外太空粒子束造成的。

看一看

当然，还有一种很没有创意的可能性，那就是麦田怪圈是人为的。在众多的可能解释中，我们该如何探寻真相呢？在科学思维中，有一个经常被采用的思考方法，如果我们面对的对象并不是一个单一的个体，而是一个群体现象，那么，最好的思考方式就是用统计学的方法来考察一下我们的研究对象。

首先，我们先收集所有媒体上有关麦田怪圈报道的详细资料，然后进行统计和分析，我们会发现，几乎所有的麦田怪圈都遵循以下这些特征[8]。

特征一：正如麦田怪圈这个名字所表达的，绝大多数麦田怪圈都围绕着圆形展开，三角形、长方形或正方形出现的不多，当然有时也会涉及一些直线或曲线。

特征二：麦田怪圈几乎都是在夜间创造出来的。通常一个晚上，麦田怪圈就能完成，第二天早上农民或路人就能发现。如果麦田怪圈真是龙卷风吹出来的，我想不出为什么只在晚上会有这股强风。

特征三：麦田怪圈的形成过程几乎没有被拍到过，偶尔拍到的也都被证实是人为的。如果麦田怪圈真是大自然奇异力量的产物，而且还发生过那么多次，摄像头应该能凑巧拍到吧。

特征四：麦田周围有公路。麦田怪圈出现的地方，周围一般有便利的公共交通，比如出了田地，就能上高架。而偏远的不通路的田里，麦田怪圈则极少出现。

我们把上面这四个特征综合起来考虑，你会发现，如果麦田怪圈是人为的，那么这四个特征就很容易解释。第一，圆形是人在麦田中最容易制造出来的形状，用一根绳子固定一端，另一端拉着跑一圈就是一个标准的圆形了。第二，如果有人想要避人耳目，那么在夜晚来制造麦田怪圈几乎就是唯一的选择了。第三，如果人为制造，那么他就会有意识地避开摄像头了。第四，便利的交通有利于麦田制造者干完活后，迅速离开作案现场，而且也便于被路人发现。

美国著名的《无神论者期刊》也有专门调查麦田怪圈的文章，高级研究员尼克尔博士和司法鉴定专家费歇尔一起罗列出了五条麦田怪圈发展的新趋势[⑨]。

第一条，麦田怪圈出现的频率上升了。20 世纪 70 年代中期，只有零星的报道，不成气候，图形也都是简单的圆形。但到了 20 世纪 80 年代，随着媒体报道的升温，麦田怪圈出现的次数也明显增多。注意，随着媒体报道的升温，难道外星人也会看我们的媒体报道吗，还是恶搞的模仿者越来越多了呢？

第二条，麦田怪圈的地理分布越来越广。之前出现最多的就是英格兰南部的乡村，也是从那里，麦田怪圈吸引了全世界的注意力。同样是在 20 世纪 80 年代，同样是随着媒体报道的升温，就像病毒传染一般，麦田怪圈在世界地图上蔓延了开来。

第三条，麦田怪圈的图案越来越复杂。随着时间的推移，麦田怪圈的图形从简单的旋涡圈圈发展成了一个圆圈周围有多个圆圈环绕的图形。上一节我们也说过，2001 年的那幅"银河系"麦田圈图形中，不仅包含着螺旋形的曲线，总共还有 409 个圆圈包含在内。这是外星人手艺见长还是麦田怪圈已经成为一门有规模的产业了呢？

第四条，麦田怪圈图案与流行文化对接上了。这几年，麦田怪圈陆续出现了相互连接的美丽的螺旋状、错综复杂的雪花状和精心制作的蜘蛛网状，这些都与人类的流行文化对接。到了 20 世纪末，似乎玩腻了不规则的形状，麦田怪圈中又出现了明显的方形和直线组成的形状。

第五条，抓人风声紧，麦田怪圈制造者就躲起来了。1989 年 6 月，有一个"白鸦行动"（Operation White Crow）。当时，60 名麦田怪圈研究者蹲点在了英格兰南部的一片田地里，整整蹲守了八天八夜。结果，不但这片田地里没有新的麦田怪圈出现，这八天八夜里，英格兰都没有新的麦田怪圈出现。结果行动一结束，第二天，500 米不到的地方就出现了一个巨大的新麦田怪圈。显然这次行动走漏了风声。

刚才我所说的，都是属于逻辑推演的结论，并不是麦田怪圈是人为制造的直接证据。第一个直接证据出现在 1991 年 9 月，六十出头的道格·鲍威尔和戴夫·乔利（Doug Bower & Dave Chorley）借助《今日报》，向世界宣布，他俩从 1978 年起制作出了数量可观、总数超过 200 个的麦田怪圈，并称那只是两人喝醉以后想出来的鬼点子，目的就是让人以为，麦田怪圈是外星人的杰作。这两个英国人还现场向人们演示了如何用木板、绳子、帽子和铁丝打造麦田怪圈的全过程。而在他们伪造过的麦田怪圈中，有一个被调查者认为是不可能由人类制作出的[10]。后来，另一位叫作马特·莱德利（Matt Ridley）的麦田怪圈制作者在 2002 年 8 月的《科学美国人》电子版上[11]详细描述了如何在两位英国前辈的基础上，发展出了用简单的技术方法制造出这一奇特的现象，甚至在所谓的专家面前也能蒙混过关[12]。

这些爆料发出后，有一位麦田怪圈研究者艾德鲁斯（Colin Andrews）承认有 80 % 的麦田怪圈是人为的，但他坚持，剩下的 20 % 是由未知力量造就的。

我多次提到的威尔特郡，是世界上最富盛名的麦田怪圈旅游景点。我曾经看见报道说，有些农民很厌烦麦田怪圈，认为这破坏了庄稼种植。

但至少也有一些农民并不会因此遭到损失，还会带来额外的收入。例如，BBC2017 年 8 月曾经报道过[13]，一位农民自称在自己的农田中出现了麦田怪圈后，十天的时间，就涌来了来自全球的 400 多名游客。如果游客想要参观麦田怪圈，还必须交费，因为你会踩坏麦子。不止是游客，直升机也有来过，在她农田的上空嗡嗡作响[14]。相信大家都明白，麦田怪圈可以轻易成为旅游的噱头，就像尼斯湖的水怪。

那么，讲到这里，我们是不是可以下一个结论说，麦田怪圈都是人为的呢？请你不要立即回答我说：是的。我想，看了我那么多章内容，你应该学会用更加严谨客观的语言来描述一个结论。严格地来说，我们并不能因为以上种种的推演加资料分析就下一个定论，所有的麦田怪圈都是人为的。其实，要从逻辑上做到这一点是没有可能性的，因为你哪怕证明了 99 % 的麦田怪圈都是人为的，也不能断言说剩下的 1 % 也是人为的。

这个问题特别像 UFO 现象到底是不是外星人的飞船。对于这类问题，科学精神要求举证责任在于宣称惊人主张的一方。我们最多只能说：目前没有任何可信的证据表明麦田怪圈是外星人的杰作或者其他自然原因形成的。而这个说法也已经是最佳的科学结论了，我们根本没有必要指望一个科学家站出来斩钉截铁地说，麦田怪圈全都是人为的。

最后，我找到了戴夫·乔利和道格·鲍威尔 1991 年接受采访承认自己制造了麦田怪圈的视频，戴夫谈了一下他们最初是怎么会有这个念头的。如果你有兴趣，在“科学有故事”的公众号中，回复“招供”，就可以观看了。

参考资料

① http://www.circlemakers.org/CropCircleChallenge.html

② The Mystery of Crop Circles, P9, By Chris Oxlade

③ https://en.wikipedia.org/wiki/Mowing-Devil

④ The Mystery of Crop Circles, P9

⑤ https://en.wikipedia.org/wiki/Warminster

⑥ http://ufoevidence.org/Cases/CaseSubarticle.asp?ID=272

⑦ http://www.davidpratt.info/cropcirc2.htm

⑧ https://www.livescience.com/26540-crop-circles.html

⑨ https://www.csicop.org/si/show/circular_reasoning_the_mystery_of_crop_circles_and_their_orbs_of_light

⑩ https://en.wikipedia.org/wiki/Crop_circle

⑪ https://www.scientificamerican.com/author/matt-ridley/

⑫ http://ufologie.patrickgross.org/htm/cropmattridley.htm

⑬ http://www.bbc.com/news/uk-england-wiltshire-40915981

⑭ http://www.bbc.com/news/uk-england-wiltshire-40581193

生命起源之谜

万能的 RNA

我们从何而来？这是著名的哲学三问中的一问。你可能会回答，我们从猿进化而来。但我继续问，猿人又从何而来呢？如此一直往上，就到达了生命起源问题。因此，我们从何而来，其实是在问，生命到底是如何从一个毫无生机的自然界中诞生的。哲学家们为此思考了几千年，但可以肯定的是，仅仅依靠哲学思辨，我们得不到正确答案。现代科学诞生以后，科学家们从哲学家们手中接过了这个问题，可以肯定的是，假如有一天我们能找到正确答案，一定是依靠科学。我将用三节的篇幅带你了解这个谜题的研究历史和两种假说，也就是海洋起源说和陆地起源说。

自从达尔文的进化论创立以来，科学家们一直面临着一个终极谜题，那就是第一个生命是怎么诞生的。在这卷壮丽的生命演化诗篇中，进化论能解释所有后面发生的事情，唯独无法解释这一切都是怎么开始的。

地球在太阳系中刚刚形成时，是一个炽热的岩浆球，在那样的炼狱般的环境中，是不可能诞生生命的。后来，彗星给地球带来了丰富的水源，地球也慢慢冷却下来，形成了海洋和坚实的陆地。根据现有的最佳证据，地球上最早的生命出现在距今 37.7 亿至 42.8 亿年间，证据就是在加拿大魁北克省发现的微生物化石。这些最古老的生命到底是如何出现的呢？只有两种可能性，一种是从地球的自然环境中自发生成的，另一种是被陨石，或者科幻一点，被外星人从宇宙中带到地球上来的。

但是宇宙胚种说显然无助于我们真正解答生命起源之谜，因为这个解释只不过把生命起源问题给推向了外星球，并没有真正回答生命到底是怎么产生的问题。所以，对于科学家们来说，真正令他们感兴趣的假说还是地球发生说，只有假定了这个前提，所有的研究才变得有意义起来。

我们可以设想一下，在大约40亿年前的地球，一切都还是混沌初开，毫无生机，但在一个奇迹般的时刻，在地球的某一个角落中，一小团由C、N、O、P等元素组成的物质突然抽动了一下，于是，第一个生命诞生了。我们今天大千世界中看到的一切生物，都源自这一次奇迹般的抽动。

科学家们面临的首要问题是，从无生命的物质到生命物质到底是如何发生的。我们能够再现这个创生的时刻吗?

1953年，在芝加哥大学的一间实验室中，有两个人向这个谜题发起了冲锋。其中一个叫米勒，他是一名研究生，还有一个是米勒的导师，诺贝尔奖得主尤里。当然，真正干活的肯定是研究生米勒。他们将水（H_2O）、甲烷（CH_4）、氨（NH_3）、氢气（H_2）与一氧化碳（CO）这五种物质密封在无菌状态下的玻璃管和烧瓶内，然后将他们连接形成一个回路。在这个精巧的装置中，其中一个烧瓶装着半满的水，另一个则含有一对电极。米勒和尤里用这个装置模拟太古时代的地球环境。他们首先将液态水加热产生水蒸气，然后将另一烧瓶中的电极通电，产生电火花，这就模拟了闪电。水蒸气经过电极之后，又再度凝结并重回原先装水的烧瓶中，使实验得以循环进行。一周后，水竟然变成黄绿色了。他们惊喜地发现，约有10％到15％的碳以有机化合物的形式存在，其中2％属于氨基酸，以甘胺酸最多。而糖类、脂质与一些其他可构成核酸的原料也在实验中形成了。米勒的导师尤里看到后非常兴奋，他说:“我敢打赌，上帝就是这么干的！”

米勒－尤里实验的结果一宣布，当时在公众中引起了极大的反响，生物学家们也纷纷奔走相告，仿佛进化论诗篇那缺失的序章终于给找到了，我们从哪里来的问题终于告破了。当时的新闻报道让人觉得，只要有人把一些化学物质放到一个瓶子中，然后用力摇一摇，生命就会从里面爬出来一样。我非常理解当时人们的心情，延续了几千年的哲学三问萦绕在人类的头脑中，我们多么希望能够解答其中的任何一个问题啊。所以，尽管这个实验是如此显而易见的简陋，而且结论也明显不能说明生命的起源问题，可人们还是很乐于夸大它的作用，假装获得了满意的结论。

当然，过了没多久，冷静的科学家们，包括米勒自己也出来告诉那些欢喜过了头的科普作家们，别高兴得太早，我们离真相还差得远呢。首先，我们对原始大气的成分其实一无所知，那五种物质和它们的配比基本上就是连猜带蒙的。然后，即便我们的猜测是正确的，我们的实验过程也都真实还原了远古地球的环境，可是，我们也只是合成了一些小分子有机物，从氨基酸到蛋白质，从有机小分子到核酸（DNA 和 RNA）的形成，再从蛋白质加核酸形成生命，每一步都像是一个巨大的鸿沟，要跨越这些鸿沟，我们不知道的事情还有太多太多。

一个蛋白质分子通常需要几百个氨基酸分子经过有序的排列，然后再经过一系列极其复杂精巧的折叠才能形成。在自然界中，这一切到底能不能自发地完成，我们实在没有把握。再来看一下对于生命的诞生至关重要的另外一个物质——DNA，也就是脱氧核糖核酸。DNA 分子是由核苷酸组成的一个巨大的螺旋双链分子，其中包含了生命体海量的遗传信息，对生命的繁衍至关重要。

从最早的包含碳、氢、氧、氮这些元素的有机小分子，到最终形成蛋白质和 DNA 这样的有机大分子，如果仅仅从概率的角度来说，就好像你让黑猩猩在打字机上随便瞎打字，最终竟然打出了一页莎士比亚的著作一样不可思议，所以呢，大自然肯定不是这么干的。

在生命起源这个问题上，曾经让生物学家感到最困惑的倒还不是有机小分子如何变成极为复杂的有机大分子问题，而是一个生物学上的所谓蛋生鸡鸡生蛋问题。生物学家们发现，DNA 的自我复制，需要多种蛋白质的参与，而蛋白质的形成则离不开 DNA 这本操作手册。

所以，生物学家们竟然得出了一个不可思议的结论，DNA 和蛋白质这两种物质，在生命的起源之初，必须是同时诞生的。这事我们稍微仔细一想，就只能用不可思议来形容了。

不过，令人没想到的是，这个问题竟然被意外地解决了。科学家们在试图研究 RNA 分子的自我剪切复制的过程中，偶然发现，RNA 分子在没有蛋白质的参与下，竟然可以实现自我复制。于是，另外一种假说出现了。会不会在生命的起源之初，其实诞生的是一种 RNA 分子呢？它既当鸡，又当蛋，在演化过程中，这两个功能分别被后来出现的 DNA 和蛋白质所取代。

但这种假说听上去也依旧不可思议，因为这个诞生之初的万能 RNA 同学，必须能够精准地把自己从头到尾，一个碱基接一个碱基，毫无偏差地复制出来。一旦复制出现偏差，这个偏差就会随着后代的一代代繁殖变得无比巨大，最终无法实现精准遗传而消失。不过，这相比于同时出现 DNA 和蛋白质的假说来说，一个万能的 RNA 分子在远古的地球之中横空出世，似乎是我们现在能给出的最好解释。

那么，科学家们接下去要考虑的一个问题就是，这个万能的 RNA 分子，到底是从地球的什么地方出现的呢？稍微细想一下，我们就会发现，要出现这样一个复杂的大分子，有两个必不可少的条件：第一，需要有一个能让有机分子自由活动的环境，这样才有可能让小分子聚集成大分子；第二，需要存在一个天然的物理屏障来保证小分子能聚集，但又不容易散开，就好像一个漏斗，进去容易出来难。

那么，地球上是否存在这样的一个天然环境呢？在哪里最有可能出现这样的天然环境呢？且听我下回分解。

海洋起源假说

上一节我们说到，生命要想出现，需要两个条件。第一条，是需要一个液态环境。如果是在干燥的陆地上，由于重力的原因，稍微大一点的分子就很不容易发生接触了，也就不可能出现复杂的大分子结构。第二条，是在这个环境中还需要存在某种天然的物理屏障，这样才能让大分子稳定地聚集在一起，形成复杂结构。要知道，如果是在纯粹的液态环境中，由于热力学第二定律的存在，分子最后一定会均匀地扩散。这就好像你朝水杯中扔进一块糖，最终糖分子一定是均匀分布在这杯水中了，而不可能反过来糖分子重新聚集成一块糖。

在地球上，要满足第一个条件，科学家们首先想到的就是海洋。但问题是，海洋很难满足第二个条件，海洋中的水太多了，分子无法自然聚集起来。这事就让科学家们感到很头大，这两种条件似乎很难同时满足。直到 1977 年发生了一件事情，让科学家们突然看到了一个过去从未想到过的奇特环境，这件事情让很多生物学家激动不已。事情是这样的：

话说美国有一艘经历很传奇的潜艇，叫阿尔文号。当年美国人曾经因为加油机和一架 B-52 轰炸机相撞导致一枚氢弹沉入地中海，这可不得了，要是给恐怖分子率先打捞上来那还了得。于是，阿尔文号一战成名，在 1000 多米深的海底把氢弹给捞了上来。谁知英雄阿尔文号在 1968 年由于缆绳断裂，沉没于 1600 米的海底，幸好那次没载人。11 个月后才被打捞上来，重装上阵。就是这艘传奇的阿尔文号，1977 年，它来到著名的加拉帕戈斯群岛附近的海域，深深地潜入将近 2500 米深的海底，在这片完全漆黑、压力巨大的海底，科学家们发现，数十个丘状体不停地喷着黑色和白色烟雾，含硫化物的炽热液体从直径约 15 厘米的烟囱中喷出，温度高达 350℃，科学家们形象地把这些喷着烟雾的丘状体统称为海底“黑烟囱”。令人震惊的是，在这样一个似乎是生命禁区的地方，却发现了生命。两年后的 1979 年，带着很多生物学家，阿尔文号再次回到这里，对海底黑烟囱做了一次全面的考察。在这样的一个极端环境中，却存在着一个完整的生物群落，从细菌到各种蠕虫，再到各种虾兵蟹将，那是应有尽有。这些生物不需要氧气，它们的能量来源是海底火山口的热量以及各种硫化物。他们发现的嗜热细菌能够在 350℃的高温海水中存活。这次发现彻底刷新了人们过去对生命的认知。

于是科学家们开始对黑烟囱进行进一步的研究。首先要弄清楚的是，这些黑烟囱到底是怎么形成的。原来，在深深的大洋底部，存在着地壳板块与板块之间的裂缝，这些裂缝可以直通地底深处的岩浆池。所以，当海水渗到这些裂缝中后，就会被加热到几百摄氏度。大家知道，热的水比冷的水轻，所以，这些滚烫的水就会从裂缝中喷涌而出。在这个过程中，来自地底深处的各种化学物质也被带了出来。这样一来，构成生命物质的各种化学原材料就有了。

热水遇到了冷水就会被降温，然后那些被带出来的化学物质就会慢慢沉淀下来，在大洋的底部形成厚厚的沉积物。而这些沉积物往往有着非常疏松的结构，就像珊瑚礁那样，布满了孔洞，也有点像海绵。这些微小的孔洞就是天然的物理屏障了，可以形成一种喇叭口，物质进去容易出来难。这样一来，生命起源所需要的两个重要条件就都奇迹般地同时具备了。在黑烟囱附近，有充足的水，分子可以自由地活动，然后又可以被密密麻麻的孔洞结构困住，使得小分子有机会碰撞聚合成大分子，大分子进一步聚合成更大的分子，复杂结构就在这样的碰撞聚合中逐渐形成了。当然，这一切都还是一种假说，毕竟还没有人能在实验室中复现这一生命起源的奇妙过程。

进一步的科学研究表明，海底黑烟囱的这种环境与地球早期的环境类似，于是科学家们就提出了原始生命起源于海底黑烟囱的理论，而第一批诞生的生命，我们人类最早最早的祖先就是嗜热微生物。沿着这个方向，科学家们又找到了一些很重要的证据，例如在大西洋深海的“黑烟囱”，发现有一种虾的背上有感光区，能够感知蓝绿光线，这很可能就是光合作用的最早起源。另外，有一次，美国科学家在 5000 米深的海底，他们把深潜器的灯光关闭了 5 分钟。在一片漆黑中，他们在热液口发现了光线。这种光可能被最早的某一种生物利用了，这个时候光合作用效率高的优越性就显示出来了，把生物的演化往前推进。

可能你以为，要寻找生命起源于海底黑烟囱的证据必须要到深深的大洋底部去。实际上，并不是一定需要潜入海底。因为地球的陆地和海洋一直在变迁，远古时期的海底到了今天就有可能是陆地。所以，我们完全有可能在陆地上找到海底黑烟囱的遗迹。

2002 年，北京大学李江海课题小组首次在山西五台山地区发现了远古海底黑烟囱的遗迹。当年 10 月又在河北兴隆发现了保存完整的远古黑烟囱，初步判断距今 14.3 亿年。那时，华北地区还是一片汪洋大海，河北兴隆一带正处于大陆裂谷最深的海底。在海水循环加热后，这些两到三厘米高的“黑烟囱”成为黄铁矿、闪锌矿、方铅矿等地壳内部矿物质喷涌而出的通道，“黑烟囱”周围聚集了蓬勃的微生物群落。

显微镜下可见从通道中央向外壁有四五个矿物层，烟囱顶部被很多数毫米厚的黄铁矿充填，表明这些“黑烟囱”被埋藏时已经熄灭。随着地壳运动造成的海陆变迁，这些“黑烟囱”辗转出现在今天的华北古大陆上。在这些遗迹中，存在着远古微生物的化石，而它们很可能可以解开生命起源之谜。

2007 年 8 月的《冈瓦纳研究》上发表了一篇论文，这是一本核心期刊，专注于地球科学相关的论文发表。这篇论文是由美国圣地亚哥大学的地质学家库斯基发表的，他发现了 14.3 亿年前的深海微生物化石，为“生命可能起源于海底”提供了更多证据。库斯基在中国一个矿井里发现了一座远古时代黑烟囱的化石，我推测论文中所指的中国矿井很可能就是前面讲到的河北兴隆的发现，这块化石的内容几乎和今天在海床上发现的古生菌和其他包含细菌的结构完全一样。库斯基结合了其他证据后表示，这些化石“基本可以推导出”：生命起源于深海热液喷口附近，而不是浅海。

于是，在这样的背景下，生命起源于海底黑烟囱的假说就越来越流行了。可以说，这也是目前在科学界接受度最高的一种生命起源假说。它甚至影响了我们探索外星生命的方向。如果这个假说成立，那么在太阳系中的木卫二（欧罗巴）和土卫二（恩克拉多斯）这两颗卫星冰封的海底，就有可能存在生命。为了验证这个推测，美国宇航局正在耗费巨资推动欧罗巴和恩克拉多斯的进一步探测计划。

总体来说，不管是生命起源于海洋浅层，还是起源于海底黑烟囱，都是起源于海洋，这也是科学界最普遍的观点。在全世界任何一个自然博物馆，讲解人员都会告诉观众们一个生命从海洋爬上陆地的故事。

然而这并不是唯一的一个假说。最近这几年，有一些学者就提出了一种完全不同的假说。他们认为，陆地上的水池才是更好的生命摇篮。这是怎么一回事呢？咱们下节揭晓答案。

陆地起源假说

不知道各位有没有忘记，我在前两节中一再强调，生命起源的两个不可缺少的条件，一个是液态环境，另一个是天然物理屏障。在远古地球上，科学家们已经证实在海底黑烟囱附近可以同时具备这两个条件。那么，难道除了黑烟囱附近，就没有其他地方也同时具备这两个条件吗？

在黑烟囱假说出来后的很长一段时期，这个假说基本上处于垄断地位，没有与之竞争的假说，直到2015年前后，来自澳洲、美国和英国的几位科学家又提出了另外一种截然不同的假说，这种假说认为：

在古老地球的火山附近有着大量的热泉和间歇泉形成的水池，这类水池干湿交替、不断循环，它的热量可以催化各种化学反应，干旱期可供简单分子聚合成为复杂分子，湿润期则可以让这些聚合物四处流动，在这之后的干旱期又能把聚合物困于细小的孔隙中，让它们相互作用，甚至在脂肪酸构成的囊泡中进一步浓缩——而脂肪酸囊泡正是细胞膜的原型。简单来说，他们认为，生命起源于陆地。

对于同一种现象，有不同的科学解释，这在科学的发展史上太常见了。但科学有一个最大的特点，就是看证据，决定一个理论命运的不是哪个权威的支持，也不是某种意识形态的支持，而是证据。谁的证据更多更好，谁就能最终胜出。根据我检索到的资料，目前，陆地起源说的主要证据有这么一些：

加利福尼亚大学圣克鲁斯分校生物分子工程系的戴维·迪默是最早提出陆地起源说的科学家之一。为了验证这个想法，迪默带着团队前往了俄罗斯远东地区勘察加半岛上的一座活火山，这个地方热泉和间歇泉密布，人迹罕至，是他们认为最接近地球38亿年前环境的地方。迪默随身带了一瓶白色的粉末，粉末里包含着一些常见的化学物质，他们认为这些就是在地球的前生命时代能够找到的原料。迪默把这瓶混合物倒入一个翻滚的热泉泉眼。没过几分钟，泉眼边上就出现了一圈白沫。这些泡沫包含无数气泡，每个气泡里都包裹着原始汤中的化合物。

迪默就想，如果这些气泡在水池边上干涸掉，它们里面那些挨在一起的物质会结合成聚合物吗？这个阶段可能为产生第一个生命打下基石吗？迪默回到自己的实验室，设计了一个模拟实验，来模拟这种陆地热泉的干湿循环的环境。结果，他们得到了较长的聚合物，这些聚合物还被脂类封装起来，形成大量微小的囊泡，他们称为“原细胞”。尽管它们还不是生命，却也明显是通往生命的重要一步了。

每一轮干旱都会让囊泡的脂类薄膜破开，让囊泡内外的聚合物和营养物质相混合。一旦重新被水浸润，脂类薄膜又会闭合，把成分不同的聚合物混合物封裹在里面。每一组混合物都代表一场自然实验。原细胞越复杂，生存下来的概率就越大。那些适应性更强的原细胞会存活下来，并把它们的整套聚合物传给下一代，从此攀上进化的阶梯。这个模型就像是一种化学计算机，它“启动”了生命的功能，而一切的开端则是以聚合物形式随机写就的“程序”。

2015 年 3 月的《自然化学》期刊上也刊登了一篇支持陆地起源说的论文[①]，英国剑桥大学约翰·萨瑟兰的研究团队发现只用一些很基础的化学物质加上紫外线的照射，就可以制造出最重要的生命物质——核酸前体。萨瑟兰认为，早期的地球，在陆地上的温暖水池中更利于这些反应的产生。更重要的是，他指出，太阳的紫外线是生命形成的关键因素，而它不能到达深海热液喷口。

大家可能也感觉出来了，不论是迪默还是萨瑟兰的研究，都还不能算是生命起源于陆地的直接证据，只能说是他们通过实验验证了一些初步的猜想，但是，大自然是不是真的这么干成了呢？仅仅通过实验室中的实验是不能证明大自然真的就是这么干的。

不过，很快又有新的证据出现了。两位来自澳大利亚的科学家在澳大利亚西北部的一个叫皮尔巴拉的偏远地区，发现了一片古老的沉积岩层，有 34.8 亿年的历史，被称为得雷瑟组。在这层岩石中，有一些橙白相间皱褶的岩石叫硅华，是地表火山口间歇泉的产物。他们发现，这些石头里存在气泡，是气体陷入黏稠的膜中形成的，而这些膜很可能就是由远古的类似细菌那样的微生物制造的。

这些发现表明，那里很可能发生过迪默在实验室中实现的那种干湿循环。他们在 2017 年 5 月的《自然通讯》杂志上发表了这些证据[②]。他们认为，既然德雷瑟曾经被地热系统所主宰，地表曾密布热泉，那么显然它也曾拥有生命起源所需要的许多关键成分和有组织的结构。

作为一个与生命起源地条件相似的研究对象，德雷瑟最令人兴奋的地方恐怕就在于它的多样性，因为在生命起源这个科学领域，多样性就是生命的佐料。德雷瑟现在确实只剩下又干又硬的石头了，但在早期，像它这样布满温泉的地热区却拥有成百上千个池洼，每个水池的酸碱值和水温都略有差异，每个水池里的离子和其他化学成分都千差万别。在这些地热区中，化学反应是极为复杂的，每天都会上演无数轮的干湿循环，就像黄石公园著名的老忠实泉。在这种情况下，不停变化的池水化学成分，异常活跃的反应界面，间歇泉来回喷溅以致池水中的化合物反复交换，更何况它的地下还有一个四通八达的缝隙网络。简单计算一下可知，有 100 个热泉的地区，复杂的环境条件下，每年可以产生 100 万种组合，甚至更多！

我们必须要知道，到目前为止，陆地热泉说和深海黑烟囱说都还只是处在有待验证阶段的两种科学假说。科学有一个最大的特征就是它是可以自我完善，自我纠错的。所有的假说，只要你有了初步的证据，自洽的逻辑论证，都可以登上历史的舞台，但这些理论必须使用全世界的科学家都能看得懂的语言，我这里所说的语言当然不是中文、英文这种语法语言，而是说有些理论宣称只能用中文，并且只能了解了中国古代的传统文化后才能埋解，那么这种理论就不是我所说的全世界的科学家都能看得懂的理论，这样的理论也永远不可能得到科学共同体的认可。那么科学又是如何自我纠错的呢？靠的就是同行评价和证据为王这两种精神，你所提出的任何证据都必须是同行在独立研究的情况下能复现的。

现在看来，陆地热泉说和深海烟囱说都有深远的影响。除了指导人类进一步探索地球生命起源外，它们也为我们去太阳系中的其他行星及卫星寻找生命指出了不同的道路。如果深海烟囱说是对的，那么土卫二和木卫二等卫星上的冰冻海洋就是值得关注的对象，但如果我们的陆地热泉假说是对的，那么卫星的冰冻海洋就不太可能有生命。而生命就可能在火星诞生，毕竟火星上有过广布的火山，也有水，两者相加即可构成热泉。2008 年，美国航空航天局的勇气号火星车的确在火星的哥伦比亚山发现了 36.5 亿年前的热泉沉积物。这与我们的德雷瑟热泉差不多古老，而德雷瑟非常好地保存了关于地球早期生命的证据。

对于深海烟囱假说和陆地热泉假说，要判定孰是孰非还有很长的一段路要走。生命起源就像由很多块图案拼成的拼图，每块该放在哪里，我们如今还了解得不够。还有太多的宇宙未解之谜等待着我们去解答。比如到底是什么原因让某些元素在不同的池洼里富集，它们又是如何随时间演化的，第一个能够复制的分子是怎样出现的，等等。

令人欣慰的是，科学已经帮我们找到了通往答案的道路，迟早有一天，我们能够自信地回答这些问题。

参考资料

① https://www.smithsonianmag.com/smart-news/behold-luca-last-universal-common-ancestor-life-earth-180959915/

② https://www.researchgate.net/publication/317138665_Earliest_signs_of_life_on_land_preserved_in_ca_35_Ga_hot_spring_deposits

人工智能觉醒之谜

图灵机

看一看

我要和你一起探讨一个很多人感兴趣的问题，那就是，电脑将来能够具备像人类这样的意识吗？这个事情在科幻界还有一个约定俗成的名称呢，叫“觉醒”，也就是机器人的自我意识觉醒了，跟人一样能够自主思考，拥有自由意志了。后面我再说到觉醒，你就知道我指的是什么了。

实际上，从科学的角度来说，觉醒的路径有两条，一条是人工智能，也就是由人类编制出来的电脑程序觉醒了；另一条路径是把人类的思维和记忆全部上传到计算机中，让人类在电脑中觉醒。到底哪一条路径更靠谱一点呢？或者说，在遥远的未来，哪一种情况会先到来呢？

我们带着这个问题开始今天的探索之旅。首先，我们先来讨论一下到底什么是意识？

在科学还没有诞生的年代，这已经是哲学中一个非常重要的问题。古希腊时代，亚里士多德、希波克拉底都有过论述，但这些探讨都过时了，不去了解完全没关系。到了17世纪，另外一位著名的哲学家笛卡尔提出心物二元论，他认为人由完全不同的两种实体组成，一个是心灵，另一个是身体。

到了近现代，关于意识的哲学探讨有三个著名的思想实验，它们是图灵测试、中文房间和亿年机器人，你要是感兴趣可以自己用关键词搜索。

类似这样的哲学思考，从来没有停过。从大约400年前开始，也就是差不多伽利略那个时代，人类在哲学的基础上又弄出了另外一种学问，那就是科学。哲学家研究问题主要是靠思辨，说白了就是用脑子想，而科学家解决问题，在思辨的基础上又多了一种方法，那就是动手做实验。

19 世纪末，人类的解剖刀终于对准了大脑。西班牙神经解剖学家罗曼尼·卡哈尔对神经系统进行了大量的解剖研究，并且发明了一种可以给神经系统染色的方法，他发现人类的神经系统并非是连续一片的，而是由一个个的神经元组成。也就是说，让我们的大脑产生思考的正是上千亿个神经元的复杂活动，正是卡哈尔的研究，为现代脑科学奠定了基础。

到这里，我想让你记住本节的一个重要知识点：现代科学认为，意识是一种“神经反应”，是一种自我感受、自我存在感与对外界感受的综合体现[①]。

换句话说，现代科学已经否定了笛卡尔的心物二元论。科学家认为意识必须依赖于神经元这种实体，它是人自主或者不自主地产生的一系列神经反应的体现。通俗地说，意识就是一种大脑活动。这是一个重要的前提，正是因为意识是基于物质的，我们才有了继续研究觉醒的可能性。

好了，有了以上这些知识后，我们就可以这样认为，所谓的觉醒问题，它等价于是否可以用我们现在的计算机系统来完全模拟神经元的活动，如果能模拟，那么计算机系统就必然是可以觉醒的，反过来，如果神经元的活动是现在的计算机结构根本不可能模拟的，那么，觉醒就是一个伪命题。或者，我们至少可以说，人类的意识与电脑的意识是不同的。

于是，觉醒问题就暂时转换成了计算机系统能否模拟神经元活动的问题。你看，我刚才的这一番论述就体现了科学思维中非常务实的一面，如果我们只有哲学思维，那么，仅仅研究到底什么是“我”，什么又是“精神”，就可能永远争论不休了。科学思维则把这个问题转换成了可以通过逻辑和实证来研究的具体问题。

我们现在拿到了两个研究对象，一个是计算机系统，另一个则是大脑的神经元系统。现在我们要研究的是这两个系统之间到底存在哪些异同点，是否是等价的，或者说，计算机系统未来是否有可能可以和大脑神经元系统等价。

你要知道，这个问题相当复杂，不过已经有许多科学家给出了非常精彩和深入的思考。为了让你能充分领略这些科学家们的非凡见解，我要先给你讲解计算机系统的本质是什么。

现代所有的计算机，从办公桌上的电脑，到手机、Pad 以及各种智能电子设备，其实从本质上来说，都有一个共通点，它们在本质上都是一台图灵机。怎么理解这个概念呢，我打一个比方。我小时候喜欢帮妈妈拆旧毛衣，每次我拆毛衣的时候，总是会有一种很神奇的感觉，因为不论有着多么复杂结构和图案的毛衣，拆的过程中就发现，其实都是一根或者几根长长的毛线缠绕出来的。所以，在普通人的眼中，计算机无比复杂，可是在有些科学家的眼中，计算机就像是可以拆成毛线的毛衣，无非就是一台图灵机。

但这个比方只能帮你建立一个总体的概念，为了深入理解我后面要讲的东西，我还需要继续给你解释图灵机到底是怎么回事。

图灵机是英国传奇科学家图灵提出来的一种抽象的计算机。我估计你对这个名称大概是不陌生的，它与我们这次的主题关系重大，所以，我必须让你对图灵机的工作原理了解得比别人更多一点。下面的内容可能会比较难，但只要仔细看几遍，一定难不倒你。

					1	0	1	1	0	1						

当前状态：起

六条基本规则实现对任意数的加 1 操作

条件		动作		
旧状态	旧数据	新数据	新状态	移动
起	空	1	终	右
起	0	1	终	右
起	1	0	起	左
终	空	空	停	左
终	0	0	终	右
终	1	1	终	右

图灵机只有两个部件：一根无限长的纸带，纸带上画好了一个个的格子，每一个格子有三种可能，写着 0 或者 1，或者什么也不写，我称作“空”；然后，有一个读写头，这个读写头可以在纸带上前后滑动，可以读取纸带上的内容，也可以在纸带上写字或者把已经写好的字擦除。你可以把读写头想象成自己拿着一个橡皮檫和一支铅笔。

这个读写头可以给自己标记一个当前状态值，例如，我用“起”表示读写头的当前状态是起步，用“终”表示读写头当前的状态是终了，用“停”表示读写头的当前状态是停机。读写头还有一个本事，就是可以根据一组条件规则来执行一组动作。

好了，关于图灵机就介绍完毕了。就是这么一个假想出来的简单机器，但是它却无比强大，它就像是那根可以编织任何华丽毛衣的毛线。图灵机可以完成任何有限次数的数学和逻辑运算。

我来举一个具体的实例帮助你理解图灵机的工作原理。我们只要给图灵机赋予六条基本的规则，就能让它完成给任意数字加 1 的工作。这六条基本的规则是这样的：

第一条：如果读写头的状态是“起”，并且读到的数据是空，就写入数字 1，并把自己的状态设为“终”，读写头右移一格。

第二条：如果读写头的状态是“起”，并且读到的数据是 0，就写入数字 1，并把自己的状态设为“终”，读写头右移一格。

为了节约时间，我现在把第三条规则念得简化一些，我用“起 1 0 起 左”，表示：如果读写头的状态是“起”，并且读到的数据是 1，就写入数字 0，并把自己的状态还是设为“起”，读写头左移一格。

第四条：终 空 空 停 左

第五条：终 0 0 终 右

第六条：终 1 1 终 右

好了，让图灵机去执行这样的六条规则就能完成加法运算。当然，根据初始的数字不同，并不是每一条规则都会被执行到，但读写头一定会从“起”的状态执行到“停”的状态，当读写头停下来了，就表示纸带上显示的数字是初始数字加 1 后的数字。如果你想看一下每一步的执行步骤，可以看文稿中的图片，这是 111+1=1000 的计算详细步骤。有些青少年朋友可能会听不懂，为什么 111+1 会等于 1000 呢？因为这是二进制计算，不是逢十进一，而是逢二进一。所以十进制中的 2 就相当于二进制中的 10，十进制中的 4 就相当于二进制中的 100 了。

	执行前						执行规则	执行后					
步1			1	1	1		行3			1	1	0	
步2			1	1	0		行3			1	0	0	
步3			1	0	0		行3			0	0	0	
步4			0	0	0		行1		1	0	0	0	
步5		1	0	0	0		行5		1	0	0	0	
步6		1	0	0	0		行5		1	0	0	0	
步7		1	0	0	0		行5		1	0	0	0	
步8		1	0	0	0		行4		1	0	0	0	

行1	起	空	1	终	右
行2	起	0	1	终	右
行3	起	1	0	起	左
行4	终	空	空	停	左
行5	终	0	0	终	右
行6	终	1	1	终	右

A. 步1的执行后状态就是步2的执行前状态
B. 最后一步，既是停机判断，又是读写头复位操作

既然可以加 1，那么加 2 无非就是重复执行 2 次，能执行加法就等于能执行所有的加减乘除，甚至是更高级的幂运算或者开方运算了，读过高中的读者都应该明白这其中的道理，一切运算都可以还原为加法运算。

好了，如果听到这里，你完全听懂了，那么恭喜你，你的见识已经成功地提升了一个境界，你就好像是升级成功的尼奥，可以看透黑客帝国母体的本质了，一切现代的计算机在本质上都是这样一台图灵机。

不过，你马上就会生出更大的疑问，一个会做四则运算的计算机怎么变成今天可以看电影、打游戏、发微信的手机的呢？图灵机和人的意识到底有什么关系？

这些问题，我们留到下节继续讲解。

最后，这一节我给大家找了一个讲解图灵机原理的视频，里面的机器很有复古的感觉，如果你有兴趣，在我的微信公众号“科学有故事”中，回复“图灵机”，就可以观看了。

能否跨越算法

看一看

上一节，我给你讲解了图灵机的原理，并且告诉你现代的所有计算机，不管是你的电脑还是手机，本质上就是这样一台按条件执行动作的图灵机。你可能会产生好奇，图灵机能完成所有的数学计算这个不难理解，为什么打游戏、看电影、发微信也可以还原成数学计算呢?

其实，这些依然是数学问题。如果把这些问题抽象出来看，就是当计算机吃进一个东西，例如你在屏幕上点一下“磨皮”的按钮，这个叫输入，经过一定的运算后，计算机决定吐出一个什么东西，就是返回你一张更漂亮的自拍照，这个在计算机术语中叫输出。

解释“磨皮”背后的算法会太复杂，我们简化一下问题，将图片从彩色变成黑白，它背后的算法就是当年研究彩电的人鼓捣出来的。计算过程是这样：大家都知道任何彩色图片都是由红绿蓝三原色组成的，也就是照片上的每一个像素都是一个彩色的点，而这个点都是红绿蓝三种颜色的混和，现在我们只需要利用一个经验公式，把红色的颜色值乘以 0.2989，绿色值乘以 0.587，蓝色值乘以 0.114，再把结果求和，得到的数值就是图片的灰度数值，把照片上的每一个像素点计算一遍，转换成黑白模式，就得到了一张从彩色变成黑白的照片了，它的背后就是数学。

我们上一节介绍的那六条完成加 1 运算的规则也可以叫作程序，计算机程序就是用来描述某种运算过程的机器语言，所有程序还原到最后都是图灵机中两个条件加上三个动作的组合。

好了，有了这些前置知识，对于计算机，你就比大多数普通人了解得更深入了。我们就可以继续来探讨人工智能是否能觉醒的问题了。我们现在有两个研究对象，一个是计算机系统，一个是大脑神经元系统，解决问题的关键在于比较这两者之间的异同点。就我所知，在这个问题上，最早做出深入思考的科学家是英国著名的物理学家彭罗斯，他专门就此问题写了一本厚厚的专著，叫《皇帝新脑》。我先把彭罗斯的观点亮出来，他认为，只要我们的计算机系统依然是图灵机，就不可能觉醒。话说得斩钉截铁，没有任何含糊。

那彭罗斯何以能得出这么斩钉截铁的结论呢？他当然是有论据的。彭罗斯的论据很多、很复杂，我这里选取其中最重要也是最核心的两个论据解释给你听。

第一个论据叫作哥德尔定理。这是大数学家，也是爱因斯坦的好朋友哥德尔证明的。哥德尔定理是这样两条：

1. 任何相容的形式系统，只要蕴含皮亚诺算术公理，就可以在其中构造在体系中不能被证明的真命题，因此通过推演不能得到所有真命题。
2. 任何相容的形式系统，只要蕴含皮亚诺算术公理，它就不能用于证明它本身的相容性。

我估计绝大多数人看不懂，因为术语太多。但是这没关系，有时候知道自己并不是真正的懂反而是好事，带着问题去学习效果最好。要真正搞懂哥德尔定理，那需要很多前置知识，要再下一番功夫。但我们今天是为了科普，所以不得不放弃一些严谨性。上面这两条哥德尔定理可以得出一个推论，那就是，在数学中，必定存在既不能证实也不能证伪的命题，假如我们只能用数学本身来证明的话。我务必提醒大家注意后半句:“假如我们只能用数学本身来证明的话。”这也是很多人对哥德尔定理的一个误解，哥德尔定理只是说数学本身无法证明所有的数学问题，而并不是说所有的数学问题根本无法证明。假如我们能找到一种比数学更高一个层次的学问，那么就有可能证明所有的数学问题了。

再换句话说，就是存在无数个数学结论，但这些结论根本不可能用数学本身给算出来。图灵机只能用数学来计算数学问题，而且仅仅只是那些数学中可以被有限次计算步骤计算出来的问题，这些问题只占所有数学问题的一少部分。

但是，彭罗斯认为，我们的人脑好像不是这样的，人似乎有一种很厉害的本领叫作“洞察”或者说“直觉”，我们可以凭空冒出许多最终被证明是正确的想法，这些问题完全不像是计算出来的。例如，在数学中有一个经典的不可知问题，就是集合论中的连续统假设，你不需要去搞明白这个假设到底说的是什么，你只要知道，这个数学问题就是用数学本身无法证实也无法证伪的问题。假如我们的大脑也是像图灵机一样工作的，那么按理说，我们只要一想这样的问题，就应该死机了，大脑陷入了无限死循环。但事实上没有，而且人类还可以凭空发现这个问题是不可计算的。

在彭罗斯看来，这就说明了，我们人类的意识是高于数学系统的，只要我们的计算机还是图灵机，还是完全基于数学的框架，那就不可能达到人类意识所表现出来的种种令人惊叹的行为。

第二个论据叫作算法无法演化。彭罗斯的原话是这样说的：假如我们的大脑只是在执行一系列非常复杂的算法，那么我就应该询问这种非常复杂有效的算法从何而来，生物学家告诉我们的答案是“自然选择”。也就是说，生物在演化过程中，那些更有效、更有利于生存的算法会保留下来，遗传给下一代，如此逐步升级。我完全相信自然选择是生物演化的原理，但是我却看不出自然选择本身如何能演化算法。对比我们所有的电脑程序，你会发现，程序的有效性和概念本身最终要归功于至少一个人类的意识。

彭罗斯的意思是说，人的大脑可以凭空创造出算法，但是图灵机不能自己创造出算法，只有被人类的意识赋予了那些按照条件执行动作的规则，图灵机才能运行。

当然，彭罗斯还提出了其他一些论据，我们暂且忽略。总之，彭罗斯的结论就是，人类目前的计算机工作原理是无法创造意识的，电脑和人脑不在一个层次上。

在这里，我必须提醒大家，彭罗斯《皇帝新脑》这本书的出版年份是 1989 年，那个时候的计算机和现在人们对大脑的认识都不可同日而语。但是，即便是在那个年代，即便以彭罗斯当年在科学界的声望。他的这本书一出，也几乎是立即就遭到了强烈的反对。

例如，著名的认知科学和人工智能专家马文·明斯基（Marvin Lee Minsky）就是反对声最大的几个科学家之一，这位明斯基是麻省理工学院人工智能实验室的创始人之一，1969 年就获得过图灵奖。有些文章中把他称为人工智能之父，当然，有这个称号的科学家其实很多。明斯基 2016 年去世了。

明斯基在看完彭罗斯的书后，在一次学术会议上，非常激动地作了一次演讲，题目是“有意念的机器”，其中一段原话是：在某些思想领域，更多的人对我们的无知本性采取了不同的立场。他们努力工作，为的不是找到答案，而是表明根本没有答案。这就是彭罗斯在《皇帝新脑》中所做的，他在书中一章接一章地反复叨念着，人类的思维并不基于任何已知的科学原理[2]。

另外一位著名的人工智能专家，也就是在1971年就获得过图灵奖的约翰·麦卡锡（John McCarthy）在1998年的一篇论文中指出：彭罗斯忽略了一点，他宣称“形成判断是有自我意识的标志，编程人员是没法把这一点变成计算机程序的”。而事实上，大多数的AI文献都讨论过在机器记忆中有关它作出的事实和判断的表现。用AI的术语表达就是，AI的认知论部分和启发式部分一样突出[3]。

总之，一直到现在，对彭罗斯观点的反对声也是不绝于耳。总的说来，所有的反对声可以总结为这样一个观点：图灵机的局限性彭罗斯已经说得很清楚了，但是他却没法证明人脑已经突破了图灵机的局限性，我们今天所知的一切看上去令人惊叹的大脑行为，完全有可能依然是在可计算的数学框架内的，没有逾越这个大框框。

好了，下节我就要带你去看一看今天我们所说的人工智能到底是怎么回事，它离真正的意识还有多远。我还要带你了解一下我们人类在大脑神经元研究方面取得的成果。到底有没有可能通过计算机来模拟大脑神经元的工作呢？且听我下回分解。

这一节给大家找到了《皇帝新脑》的作者彭罗斯接受采访的视频，谈论的主题依然是意识。想见见他的本尊吗？想了解他最近几年是否有新观点吗？你可以在我的微信公众号中回复“Penrose”，也就是钢笔Pen加上玫瑰花rose，这么看起来彭罗斯的姓氏似乎指出了他会写书，而且妙笔生花。

强大的神经元

说到人工智能，你印象最深的是不是 2016 年谷歌的“阿尔法狗”围棋把人类世界冠军击败？这两年，人工智能这个词已经把我们包围了。人工智能驾驶、人工智能分发快递、人工智能预测世界杯等，每一个 IT 大佬的嘴里都在念叨着人工智能。

看一看

可能在你的认知中，人工智能的技术原理是根本无法理解的高超技术，只有那些疯狂的科学家才懂。但是，我却想告诉你，今天所谓的人工智能技术可能离你心目中的“智能”“智慧”相去甚远。

为了让你理解我们今天所谓的人工智能技术离美剧《西部世界》中那样的人工智能还有多远，我想举一个实例，为你揭开今天人工智能的实质。现在，我们手里有一份泰坦尼克号所有乘客的名单。这份名单包含了以下这些信息：

乘客编号、姓名、舱位、性别、年龄、是否与亲戚同行、船票号码、票价、房间编号、登船码头，以及是否存活。

我将这份名单随机分成两半，这两半数据只有唯一的一个差别：我隐藏了其中一组数据中“是否存活”这项。现在，我交给计算机一个任务，就是通过学习其中一半的数据，然后来预测另一半数据中每个人的生死。

这个程序可以写得极其简单，也可以写得很复杂。最简单的算法是：统计一下乘客的死亡率，发现已知的一半人的死亡率是 62 %；有了这个数据，那么另一半人我把他们全部预测为“死亡”，也有 62 %

的正确率了。那怎么继续提高预测的准确率呢？我们继续统计已知数据中男女的死亡比例会发现，女性的存活率是 74 %，男性的存活率是 18 %。好了，有了这个数据，我们马上可以大幅度提高预测的准确性了。

算法可以继续复杂和优化，乘客的每一个属性都有可能影响他的存活率，而很多属性又会交叉影响。但无论怎么复杂，都是一种数学统计模型：通过已知的这一半数据，不断地优化每一项参数在存活率中所占的权重，最终得到的是一个数学公式——把乘客的每一个属性的数值（例如票价、年龄等）代入公式。你可能会问，像性别这种只分男女，没有数值，怎么办呢？这不难办，在数学建模中，我们可以给男女人为规定一个数值，比如男 =1、女 =2，或者男 =0、女 =1，这就看你的算法怎么设计。最终，每一个乘客根据这个公式，都会计算出一个表示生或者死的数值。这就完成了从机器学习到预测的全过程。

上面这个例子并不是我杜撰的，而是布鲁萨德的新书《人工不智能》中一个 AI 算法的实例。我只是将这个例子提炼精髓，做了进一步的简化。在这个实例中，计算机算法对于泰坦尼克号上的乘客死亡率的预测准确性可以达到 97 %。

从这个例子中，我们可以得出这样两个结论：

1. 人工智能依赖已知的数据工作：你喂给它的数据越多，它就可以预测得越准确；反之，如果吃不到数据，它就无法工作。
2. 人工智能本质上只是一种数学统计模型的具体应用，本质上还是一个计算器：只是计算公式超复杂，运算速度超快而已，计算机并没有“思考”。

所以，人类今天所掌握的人工智能技术还只是一种“机器学习”

和“概率预测”的技术，不但离不开“人工”，也并不“智能”。现在我们人类所开发出的所有人工智能程序，不论是“阿尔法狗”，还是最近上了头条的谷歌打电话 AI，它们在实质上都依然符合上面两条。理解了这些，希望你对人工智能不再感到神秘和膜拜。

显然，像这样的人工智能还远远谈不上觉醒，因此，搞人工智能的圈子把这种类型的人工智能称为弱人工智能，而像《西部世界》中那样有自我意识的人工智能则被称作强人工智能。

但是也有一些哲学家和科学家认为，弱人工智能和强人工智能之间并没有一条泾渭分明的线，换句话说，无意识和有意识之间也不是生和死这样的明确差别。我们每个人自以为的自由意志或许只不过是一种幻觉，而这种幻觉只不过是条件和规则足够复杂后涌现出来的罢了。

他们认为，弱人工智能本质上是“机器学习”和“概率预测”的技术，但你怎么知道我们人类所谓的思考其本质上就不是这样工作的呢？人类作出的任何判断，也必须依托于过去的经验。差别仅仅在于条件和规则的复杂程度，当弱人工智能处理的数据足够多，执行动作的可能性也足够多时，自我意识就涌现出来了，也就逐步成了强人工智能。

好了，以上这些思考，虽然很有意思，但哲学思辨并不是我要讲的重点，我要带你回归到更加务实的科学思维上来，就是比较计算机系统和大脑的复杂性差异。

现在，我们对由人创造和发明的计算机的软硬件都有了一个基本的了解，只要你愿意花时间，可以弄清楚它们的每一个细节。但是，我们的另一个研究对象——大脑，就不像计算机那样能轻易被我们搞清楚了。

今天，脑科学家认为，我们每个人所谓的“我”其实就是一层大脑皮质而已，它的外形像一颗核桃，表面布满了褶皱。如果我们把这层大脑皮质取下来摊平的话，大小大约是 48 厘米见方，就像是放在餐盘底下的那块餐巾布大小，厚度大约是 2 毫米，比 1 元的硬币略微厚一点点。

我们的感知、思考、理解、表达、判断以及七情六欲都只不过是这块餐巾产生的电信号。在这块餐巾中，分布着大约 200 亿到 300 亿个神经元。你可以把神经元想象成是一只章鱼，只不过这只章鱼的每一根触手都像是一颗大树一样又细分出无数的小触须。

巧合的是，2018 年人类能够制造的最复杂的单块芯片所包含的晶体管数量也是 200 亿个左右。从工作方式的角度来说，晶体管与神经元都相当于一种电位开关，因为它们都是通过两种状态来传递信息，有或者没有动作电位。但是，是不是这样看来，人类制造的集成电路的复杂程度就可以媲美大脑皮质了呢？

这样想就太天真了，因为决定复杂程度的不仅仅是单个元器件的数量，还有一个更重要的因素，就是这些元器件之间如何连接。

在集成电路中，主要的器件是二极管、三极管和 MOS 管，出现最多的就是 MOS 管，它有四个端，你可以想象成长出四条触手的章鱼，这只章鱼的每条触手又与另外一只或者几只章鱼连接。大致来说，一块包含 200 亿个晶体管的芯片中，还包含着约 1000 亿根连接线路。你可以看一下我配的两张图，第一张是集成电路的版图，第二张是电路设计图。你把注意力集中在每一个元器件和它们伸出的连接线上。

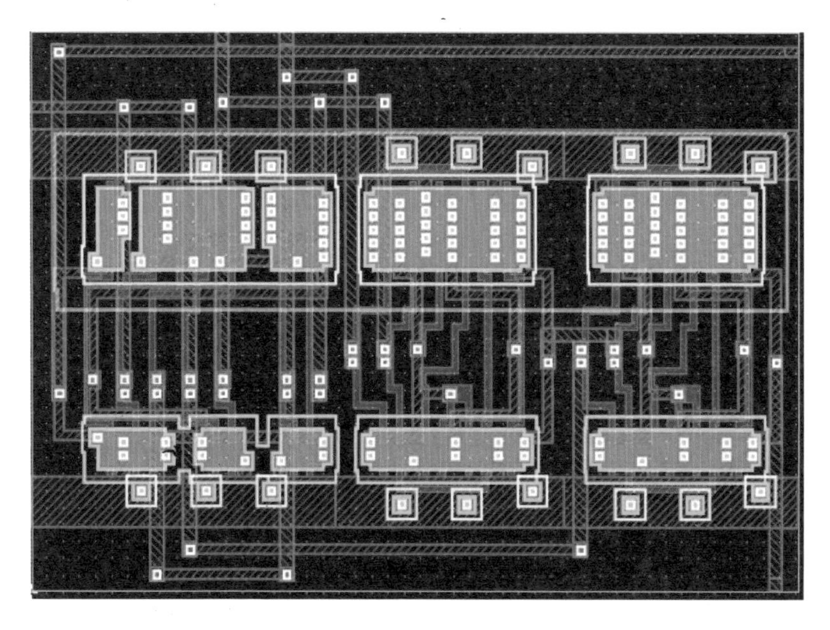

上图中绿色表示一个器件，蓝色、紫色、红色表示电路连接线

我们再来看一下神经元的连接，每一个神经元会和上千个甚至上万个其他神经元连接。包含 200 亿个神经元的大脑皮质层总共包含了约 20 万亿个神经连接。所以，仅从连接复杂性上来说，大脑皮质层的复杂程度依然比今天最复杂的一块芯片要高出 200 倍。（下面我配的两张图是一个完整的神经元照片以及神经元局部放大图）

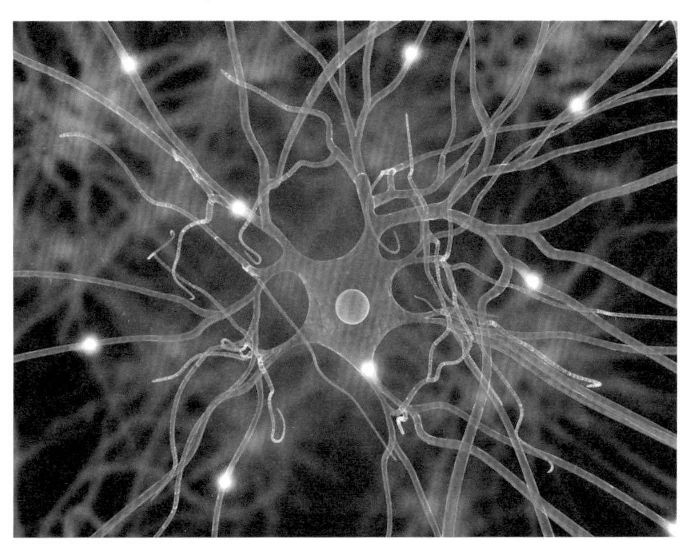

但这还没完，集成电路一旦制造完毕，所有的元器件和连接就固定下来终生不变了。但是，大脑神经元的连接不是固定不变的，而是可变的。比如我们学习一项新技能，今天学会了，明天就可能生疏，通过不断地重复练习，就能掌握一个技能，而且能够长久不忘。这个过程其实就是神经元改变自己的形状、位置和与其他神经元之间的连接。虽然我们现在还不清楚细节，但是我们知道某一些神经元以及由它们组成的某一种固定通路就使得我们能长久掌握一项技能。

听到这里，你可能觉得我们好像已经蛮了解我们的大脑了，其实，脑科学界都承认，我们现在对大脑复杂性的认识依然只是一点皮毛，这就好像刚刚来到了一大片森林的入口，我们只不过知道了这片森林的面积和入口处一些最典型的大树情况，这片神秘的森林中到底还藏着多少令人惊讶的东西，我们真的不知道。

说到这里，我最后想告诉你的结论就是，我们现在能制造的计算机系统的复杂性与大脑相比，至少还有三四个数量级的差异，在我们没有能力制造出足够复杂的硬件系统之前，就不要奢谈人工智能的觉醒。

美国艾伦脑科学研究所的所长、首席科学家克里斯托夫·科赫认为，意识是达到一定复杂程度的物理系统所具备的一种属性。并且，一个物理系统越复杂，它所拥有的意识水平也就越高。如果未来，人类能打造出比人脑还要复杂的计算机系统，人工智能的意识水平就可能超越人脑。以我所掌握的知识来看，要实现这个目标，或许只有等到量子计算机的成熟才有可能。

人工智能最终是否能觉醒，这在未来很长一段时间内，都会是一个宇宙未解之谜。

最后，这一节我给大家找了一个模拟神经元工作原理的动画，通过视频可以清晰地感受到神经元的各种神奇，体积虽小作用非凡。如果你有兴趣，在我的微信公众号“科学有故事”中，回复“神经元”，就可以观看了。

参考资料

①维基百科 https://zh.wikipedia.org/wiki/ 意识

② http://www.aurellem.org/6.868/resources/conscious-machines.html

③ http://www-formal.stanford.edu/jmc/reviews/penrose1/penrose1.html

水晶头骨之谜

水晶头骨的传说

喜欢看日本漫画的人可能听过这样一个说法：集齐七颗龙珠就可以召唤神龙，帮你实现三个愿望。这个说法来自一本经典漫画《七龙珠》。今天，我要给你讲一个100年来都没过时的高级段子了：集齐十三块水晶头骨，就可以预测未来！

我们先来听听关于水晶头骨的基本传说："在美洲土著人中流传着这样一个说法，远古时期有十三块和真人头骨差不多大小的水晶头骨，它们会说话，还能唱歌。这十三块头骨中蕴含着有关人类起源、发展和灭亡的重要信息，并且能帮助人类探索宇宙空间。据说早晚有一天，人类会把这十三块水晶头骨都找出来聚集到一起，让它们为人类演绎未来的奥秘。"

下面我要念的这段如果不是高级黑，那也是个文学功底还不赖的水晶头骨粉丝：

"过去我们总是以为自己比原始祖先高明发达得多。文化的演变是人类社会几千年不断发展的结果。如此看来，我们的一生只不过是人类进化过程中极其短暂的一瞬罢了。而水晶头骨却是对上述观点的挑战。古老而原始的人类怎么能创造出这样完美的事物呢？玛雅人连同他们美丽的城市、复杂的象形体系、数学、历书和天文知识，在不断发展演变的人类历史中处于什么地位呢？水晶头骨的确是个谜。它不仅看上去好看，而且每一个接触过它的人都能讲出一段不同寻常的体验或内心深处的感受。无论水晶头骨真实的力量何在，我们好像都得进一步研究下去。"

以上信息来自一本水晶头骨探秘书籍，作者是英国人，书名叫《水晶头骨之谜：揭示人类的秘密——过去、现在、未来》。有些人可能觉得中文书籍良莠不齐，各种神秘主义书籍大行其道。实际上，外文书也是这个情况。只要人类的好奇心还在，那么，科学和神秘主义就会长期共存。

2008 年，是水晶头骨再掀波澜的一年，著名导演斯皮尔伯格拍了一部好莱坞大片《夺宝奇兵 4：水晶头骨王国》。故事发生在 1957 年，哈里森·福特扮演的主人公印第安纳·琼斯距离上一次死里逃生的冒险已经过去了 19 年，心如止水的他在马歇尔大学过着平静的教书育人的生活，虽然精力还算充沛，但早已不复当年纵横四海、天涯历险的风采。让他生活骤变的是一则传说。相传，秘鲁的茂密丛林中，有一座神秘之城，它由纯金建造，活死人守护，地址不详。然而，不知何年何月，竟然有人从这座神秘的黄金城中盗走了供奉着的水晶头骨。现在，无论是谁将头骨完璧归赵，带回黄金城古庙，就可以获得至高无上的权力。

琼斯听后觉得这真是历史上最好的考古发现机会啊，他感到自己血脉偾张，于是决定开始一段新的冒险之旅。1957 年正值冷战，阴云密布，苏联的间谍也在各处搜寻着水晶头骨，想借此让苏联称霸世界。于是，一段惊心动魄、斗智斗勇的决战掀起了。

正是这部好莱坞探险片，让大众进一步熟知了水晶头骨的传说。影片上映后反响不错，斩获了 7.86 亿美元的票房。2014 年，好莱坞还有一部没那么知名的冒险电影，名字就叫《水晶头骨》(*Crystal Skulls*)，讲述的是 13 块水晶头骨中收集齐了 12 块，引发灾祸连连，理论上来说只有找到第 13 块，才能拯救地球。

那么，传说中的 13 块水晶头骨，我们现在到底收集了几块呢？

答案可能出乎你的意料，事实上，很多博物馆都收藏有水晶头骨，总数远远超过 13 块，然而根据维基“水晶人头骨”的词条，竟然没有一件藏品具有发掘记录！

2008 年，由英国和美国科学家组成的研究小组①使用电子显微技术和 X 射线晶体衍射技术对大英博物馆和美国史密森尼博物馆内收藏的水晶头骨进行了检测，头骨表面的详细分析显示，这些头骨在眼眶、牙齿和头盖骨附近有极细微的旋转划痕。这种切割打磨技术源自一种叫作“旋转轮”的珠宝加工设备，而古玛雅人不可能掌握这种加工技术。这种加工技术所用的工具在哥伦布之前的美洲大陆上根本不存在。

研究人员推断这些水晶头骨是在欧洲加工制造的，材料则是巴西的无色水晶。很可能，这些头骨制造完成后，被制作者当作古玛雅人的神秘遗物出售给收藏家。而据考证，19 世纪末，伪造的印第安古董在交易市场上十分猖獗，以至于 1886 年一位叫霍尔姆斯的考古学家在《科学》杂志上发表了一篇题为《墨西哥假文物交易》的文章来抨击这一现象。

举个例子，19 世纪七八十年代有个法国收藏家叫伯班（Eugene Boban），他就是专门从事水晶头骨交易的，他的水晶头骨都是把南美洲的水晶送回欧洲加工制成的，大英博物馆和法国人类历史博物馆都从他手上购买过水晶头骨。但纸包不住火啊，到了 1878 年，伯班的名声已经很臭了，巴黎已经没有人肯从他手上买头骨了。到了 1885 年，他就试图把手上的头骨出售给墨西哥国家博物馆。墨西哥人不是那么好骗的啊，他们鉴定出了这是欧洲制造的仿制品，并把伯班列入了诈骗者黑名单。

不过刚才提到的都是博物馆中的水晶头骨藏品，而其实在坊间最著名的是一块被称为“末日头骨”的私人藏品。因为发现者的姓氏是米切尔－海吉斯，它也被称为“米切尔－海吉斯头骨”（Mitchell-Hedges Skull）。发现者是一位英国探险作家弗莱德里克，他出生于1882年，1959年逝世以后他把这块末日头骨留给了养女安娜。那么，这块头骨究竟有什么神秘之处呢？《无神论者期刊》的高级研究员兼“调查档案”专栏作家尼克尔博士又出场了。根据他2006年的调查报告《水晶头骨之谜》②，结合其他我验证过的信息，我来为大家讲述这块头骨的有趣故事。为了叙述方便，我们就把弗莱德里克称为“养父”。

首先，为什么称它为“末日头骨”呢？1955年，养父在美国出版了一本自传，在最初的版本里，他简要、含糊地写道：“我们带着末日头骨，前面已经讲过它的来历了。”其实前面根本就没有提到过末日头骨。接着有关这块头骨的文字就更加让人难以捉摸了，不过基本解释了为什么它被称为末日头骨。养父说：“我是怎么拥有它的呢？说不得。我自有不愿公开的原因。末日头骨已经有3600年的历史了。传说中玛雅大祭司用它来主持祭典。据说在这块头骨的帮助下，大祭司判定谁死，谁就得马上死。因此这块头骨被描绘成一切邪恶的化身。我并不想解释这种现象。”

不过在同一章的结尾，养父又加了一句：“有关我们发现这块头骨的详尽故事，会在另一本即将动笔的书中出现。”结果就是，过去了七十多年，“另一本书”也没被盼来。补充一个重要信息，这些内容只出现在了自传的最初版本中，正式发行本中这些内容都被删除了。正式版本中，关于头骨，只字未提。

因为养父对末日头骨含糊其词的态度，所以引来那么多的怀疑，也就不足为怪了。不过还有一个说法是，任何嘲笑末日头骨的人，都会遭遇灭顶之灾，所以它被称为“末日头骨”。如果我今天这一节也算是嘲笑过这个传说的话，那么这个传说一定也会应验的，因为我迟早也是要告别世界的，这当然算是灭顶之灾。

末日头骨由一块天然水晶（也就是大块的透明石英）制成，下颚有脱落的情况，重量是 5188 克，具体尺寸是长 12.75 厘米，宽 12.5 厘米，高 20 厘米，其实大概就是一个成人的头那么大。尼克尔博士对头骨的发现做了进一步的考证。据称，1927 年（也有说法是 1926 或 1924 年），考古学家在伯利兹（也就是当时的英属洪都拉斯）发现了一座玛雅城堡，养父参与了这项考察，而养女安娜在一座满目疮痍的名叫卢巴安敦的城市发现了末日头骨，它被埋在一个祭坛下面。巧合的是，卢巴安敦在玛雅语中就是“石头倒下之地”的意思。

那么，尼克尔博士会怎么评论关于末日头骨的种种传说呢？养父和养女是信口胡诌、谎话张口就来的大骗子吗？下一节，我将一一为你揭晓答案。

末日头骨是真的吗

上一节，我们说到了围绕水晶头骨的各种传说，还介绍了有关它的电影和科学考证。最后，《无神论者期刊》的尼克尔博士出场为我们专业打假了，对象就是坊间最神秘的“末日头骨”，发现它的是养父弗莱德里克，继承它的是养女安娜。不过安娜也已经去世了，现在它的收藏者是谁，依然是个谜。这块头骨也根据养父和养女的姓氏，被称为“米切尔－海吉斯头骨”。

这块头骨大约重 10 斤，一个中等西瓜的分量，据称是 20 世纪 20 年代，养女跟着养父进行考古任务时，在英属洪都拉斯的卢巴安敦市的祭坛下面发现的，卢巴安敦在玛雅语中是“石头倒下之地”的意思。照理说，养父应该欢欣雀跃地发表文章，把这一重大考古发现公之于众。但将近 30 年后，养父才在自己的自传中提及了末日头骨的一些信息，还是含混不清的。要知道，如果这些信息都是真的，这本自传肯定会成为畅销书。但结果呢，我们上一节介绍过，相关信息只出现在了自传的最初版本中，正式发行本中是没有的！突然一下子觉得，这一定是位严谨的编辑！

尼克尔博士希望找到有关这块末日头骨出处的确切信息。上面我们说的，只能从侧面说明养父和养女可能造假。尼克尔博士从 1982 年开始，花了整整三年，和他的法医同事费舍尔进行了调查。

这两位调查起来可一点也不含糊，他们搜集了各种有关头骨、玛雅人、岩石水晶、艺术头骨图案的信息，信息来源有旧报纸的记录、与主要博物馆和实验室的通信、可信的专家。我想现在做完这些工作可能三个月就够了，但那是在连互联网都没有的 20 世纪 80 年代。他们还试图联系养女以及其他可能检查过末日头骨的人。

综合考证下来，尼克尔博士的结论是：养父习惯撒谎和造假。从卢巴安敦回来的头几年，他只字未提头骨的事情。在他们回来后他甚至长篇大论写了一本有关卢巴安敦的书，结果里面只有不起眼的小雕像，却没有这么劲爆的水晶头骨话题，难道他刻意避而不谈？

经过详细的考证，他们发现，有关这块头骨的报道最早来自一本英国人类学期刊，名字就叫《人类》(*Man*)。1936 年 7 月刊中，它报道了末日头骨，但通篇没有提及养父。根据这篇报道，末日头骨当时的拥有者是一位叫作伯尼的伦敦艺术品商人。

尼克尔甚至发现了养父 1944 年从伯尼手中购买末日头骨的证明文件。更加打脸的是，尼克尔还在一本书中找到了证据，证明伯尼在这笔交易之前的十年，一直是这块头骨的所有者。我上一节已经介绍过，水晶头骨的交易是非常盛行的，伯尼也很有可能从别的经销商手中买入，待价而沽。

当尼克尔就这个发现向养女求证时，她在回信中表示，养父害怕头骨的诅咒，所以把它留给了伯尼，而伯尼保证他会为一次探险活动提供资金。那么，按照养女的说法，养父先把头骨送给了经销商，经销商收藏了十年，再卖回给了养父。这岂不是赔本买卖吗？

不过尼克尔博士还是询问了养女，是否有信件、文件、剪报等资料可以证实她的说法，最重要的是证明养父比伯尼早一步拥有过末日头骨的所有权。在 1983 年的回信中，养女表示“没有文件证据”（no documentary evidence）。不过她此地无银三百两地宣称，养父的所有文件都在一次飓风中丢失了，包括所有照片，另外在英国普利茅斯时还丢失了大量物品。

尼克尔博士考证之后发现，参与过卢巴安敦考古活动的人或是当地人中，没有任何人提及过养女当时在现场，或是那里出现过重大的头骨出土的考古发现。之后，又有一封信浮出水面，使养女最早在卢巴安敦发现头骨的说法显得更加可疑。这封信是伯尼 1933 年 3 月写给美国自然历史博物馆的威能特的，他在信中表示他是从一位收藏者手中“买入”头骨的，肯定不是养女所说的“养父留给了伯尼换取探险的资助”。

尼克尔博士的结论是，综合各种证据，养父的水晶头骨并不是卢巴安敦考古时发现的，而是后来从商人伯尼处购买的。这或许可以解释，为什么之后的自传中出版社删除了所有与头骨相关的内容。毕竟在 1954 年时，伯尼去世仅仅三年，还是有人可以回忆起一些有关头骨交易的细节的。如果要做一个猜测的话，会不会是有人发现了养父说谎的秘密，向他敲诈了，逼得他不得不删稿呢？

尼克尔博士联系了著名的微观分析师迈克科尼和各路专家，在提出想对头骨进行检查时，被养女安娜一口回绝。不过还有一些专家，看到头骨的照片，就能进行分析，然后下判断。比如一位叫作多兰德的专家在 1973 年时就提出，末日头骨的牙齿上有“机械研磨的痕迹”。另一位叫哈蒙德的专家十年后提出，这块头骨上有用于支撑钉子的孔，这些孔还都是用金属钻出来的。这和那些头骨爱好者断言的“末日头骨完全没有现代工艺”的说法大相径庭。这些都和我们上一节提到过的 2008 年对博物馆中的头骨进行鉴定的结果类似。

对于这块头骨的打假，参与者也是众多。加州艺术专家多兰德说，我听过一种说法，最早出现在那本自传的早期版本中，说无论外界环境怎么变化，这块头骨都能保持 21 摄氏度的恒温，可在我看来，这块头骨就是天然石英晶体做出来的，物理性质很普通。至于有人宣称的，看了这个末日头骨的照片，仿佛听到了铃铛声，看到了各色人的脸，专家加尔文说，这可能是“过于集中注意力、陷入冥想中的结果”。

至于养女安娜，2007 年去世，活了 100 岁。2005 年时，98 岁的她告诉一位采访她的记者，末日头骨正是她长寿的秘诀。她至死坚持是自己在卢巴安敦找到了这块末日头骨，尽管提供的各类证据要么不作数，要么前后矛盾。2005 年采访她的记者得出了和尼克尔博士类似的结论，并回顾了尼克尔博士 20 世纪 80 年代的研究成果。总之，明明就是养父花钱买来的，谎话连篇的父女俩。

这就是有关末日头骨（学名米切尔 – 海吉斯头骨）的探秘故事，

这块是世界上最出名的水晶头骨，没有任何证据能证明它和预测未来有关，甚至都不能证明它的制作日期早于头骨大规模兴起的19世纪。总结一下，水晶头骨之谜已经一清二楚。

有一些打着未解之谜做幌子、宣传世界上存在神秘力量的书籍，可信度其实非常低。但让我感到遗憾的是，这类书有时会非常畅销。比如上一节我就提到有一本英国人写的《水晶头骨之谜：揭示人类的秘密——过去、现在、未来》，1997年在英国上市，1998年在美国上市，同年光明日报出版社就引进出版了。这本书十分受中学生的欢迎。2001年，《科技日报》撰文指出，造成这种现象恐怕有三个原因[③]：1. 封面上标示着“世界伟大考古纪事报告之一”；2. 书中以纪实手法撰写；3. 读者没有科学与考古学背景，无法判断真伪。

这类伪考古学著作，很容易让人信以为真。加上正规出版社站台，可信度又增加了几分。希望大家多留个心眼，即使是正规出版的畅销书，仍然有可能是宣扬伪科学的。如果要作为可靠的证据来源，只有经过同行评议、发表在核心期刊上的论文，才是更值得相信的。不过好消息是，这本书现在已经停售了。为了写这一章，我还特地买了一本旧的二手书看了下。判断为：不看为妙，是时候把它扔掉了。

参考资料

① http://www.abc.net.au/news/2008-07-09/british-us-crystal-skulls-fake-scientists-say/2498842

② https://www.csicop.org/si/show/riddle_of_the_crystal_skulls

③ http://www.people.com.cn/GB/guandian/27/20010406/434567.html

精神疾病遗传之谜

精神疾病会遗传吗？

曾经有一部热播的电视剧叫《欢乐颂》，里面有个擅长金融的高冷女主叫安迪，她的母亲发疯了，弟弟也有精神障碍，她特别害怕和人发展亲密的关系，一度也拒绝恋爱和婚姻，因为她觉得自己的发病只是早晚的问题。从电视剧的描述来看，她母亲应该得的是精神分裂症。我们今天探讨的问题就是，精神疾病究竟会不会遗传呢？

对这个问题感兴趣并且做过调查的媒体并不少，而且都是大有来头的媒体。BBC 在 2016 年曾经撰写过一篇特别报道，名为《你会遗传你父母的精神疾病吗？》(*Do you inherit your parent's mental illness?*)，加拿大的国家精神健康网络也特别转载了这篇文章[①]。

文章的开头就给我们讲述了一个比安迪更悲惨的真实病例。詹姆斯·朗曼的家族是深受精神疾病困扰的一家。他的父亲在他九岁时因为忍受不了精神分裂症的痛苦而选择了自杀。他的自杀方式是放火烧毁了住处，然后跳窗自尽。詹姆斯和父亲颇有几分相似，他的一些习惯和小癖好都和父亲如出一辙。这使他很焦虑，担心自己也会发病。长大后的詹姆斯试图还原出父亲自杀的真相，他发现父亲曾经多次自杀，但都未遂，父亲曾经穿着浴衣在伦敦街头漫步，他还肯定父亲有幻听。这让他更加难过，因为父亲在他面前一直努力维持着一个正面形象：快乐、富有创造力、有幽默感。

更让他不安的是，他父亲的父亲，也就是他的爷爷，在发现自己患上癌症后选择了饮弹自尽。而现在二十出头的詹姆斯已经确诊患有抑郁症。他很想知道：精神病是朗曼一家代代遗传的家族病吗，是他们一家命中注定无法逃脱的携带在基因里的吗？

无论是电视剧里虚拟的安迪，还是现实生活中被困扰的詹姆斯，压垮他们的都是同一个问题。好在，科学家们正在积极地寻找答案。伦敦大学国王学院的研究人员一直致力于搞明白与精神健康有关的遗传学。虽然目前的研究工作仍然处于初级阶段，但研究人员已经发现患有精神分裂症的患者身上，会有108个基因发生改变。精神分裂症是所有精神疾病中最严重的一种，相当于精神病中的“癌症”，“疯了”就是患者发病时的写照。失去自制力的患者会有躁狂和极端抑郁两种情况出现，而交替出现这两种极端情况但没有疯的患者一般得的是“双相情感障碍”，这类患者身上有20个基因改变了。常见的抑郁症患者身上是9个基因发生改变。当然，这只是初步的研究，等待被发现和确认的基因还有很多。这项研究2014年7月在最顶尖的《自然》杂志上刊出[②]，研究一共包括了36989个病例，对照组的案例则超过了11万个。同一个月，时代杂志以《精分与108个基因有关》为题，对这一发现进行了报道[③]，并称赞这篇论文是“历史性的（historic）”。

关于何种情况下后代会发病，现在的科学研究还无法给出答案，这是一个关乎所有人现在与未来的未解之谜。有些家庭中，兄弟姐妹的命运是截然不同的，即使是双胞胎，也可能是一个天上一个地下。露西和乔尼是龙凤胎，他们的母亲患有双相情感障碍。乔尼也发病了，但露西一切正常。乔尼觉得，虽然母亲有这种病，但他发病更多的原因是在于自己。乔尼说，每个人的精神状况都是自己独有的，并不能完全归咎为父母的原因。

或许乔尼说的很有道理。在《赫芬顿邮报》2018年5月的一篇名为《精神疾病会遗传吗？》（*Is Mental Illness Hereditary*？）的文章中[④]，艾希丽·戴维森博士提出，目前的研究并没有办法锁定某一个特定的与精神障碍发病有必然联系的基因，我们只能认为，有家族史的人相对来说更容易患上精神疾病。对此，我的理解是，科学研究已经知道了一些基因会在发病后发生改变，但是到底是基因改变了所以发病了，还是发病了所以基因改变了，鸡生蛋还是蛋生鸡，这个说不好。

不过，未来可能会有新研究推翻现有的认知。2013 年有一项美国国家卫生研究所（NIH）的研究发现，有五种精神疾病有着共同的遗传根源，这五种疾病是孤独症、注意力缺陷多动障碍、双相情感障碍、重度抑郁症和精神分裂症。这项研究成果登载在了 NIH 的官方网站上⑤。2015 年 7 月，威斯康星大学麦迪逊分校的研究人员在研究了一群猕猴后得出结论，患上焦虑症的风险是由父母遗传给后代的，这项研究成果发布在了当月的《美国国家科学院院刊》上⑥。但该领域的专家表示，还需要进行更多的研究，才能得出一个更明确的结论。《赫芬顿邮报》还说，即使是双胞胎，而且是生长环境基本相同的双胞胎，患上精神疾病的风险也有着差异，这一点和 BBC 的观点相同。

那么，如果父母患有精神疾病，子女得病的概率到底有多高呢？国王学院 2011 年 9 月在 SCI 核心期刊、牛津大学出版社下属的《人类分子遗传学》期刊上发表了一篇论文⑦，其中提到，以往的定量基因分析研究认为，精神分裂症和双向情感障碍的遗传率高达 70 %。这个数字确实是让人心里一沉的。

好了，说了那么多天生的基因因素，再来补充一些环境因素对精神疾病发病的影响。已经可以确定的研究结论是，环境因素在精神健康中起着重要的作用。可能导致精神障碍的因素包括压力、营养不良、药物滥用、其他人的离世、离婚、被忽视和不幸的家庭生活。如果有家族史，再遇到上述的这些情况，出现精神障碍的风险会显著增加。

其实无论父母是否有精神疾病，童年经历都会对成年后的精神状况产生影响。20 世纪 90 年代中期，美国疾控中心和凯撒医疗集团进行了一项开创性的研究，被称为“儿童负面经历”研究。这项研究的信息可以在美国疾控中心的官网上查到[⑧]。这被认为是迄今为止最大规模的此类研究之一，调查的主要方向是搞清楚儿童时期如果被虐待或被轻视，或者诸如此类的负面经历，对成年后的生活会产生何种影响。1995—1997 年间，研究人员调查了超过 17000 人，询问他们的儿时经历以及现在的各项状况。结果证实，负面经历的增多和产生精神障碍之间存在着直接联系。所以，给孩子一个有爱的童年，是多么重要。

如果你是一个有精神疾病家族史的人，那么慢性压力可能会促使你发病。林恩大学临床心理健康辅导项目的斯佩里副教授介绍，有一个叫作“外在压力与抗压素质”的科学模型，可以部分解释遗传因素导致的风险和持续的严重的应激压力之间的关系，两者结合在一起，精神疾病的患病风险会增高。

说了那么多，总结一下，如果你的父母或亲人患有精神疾病，你得病的概率会增加，精神分裂症和双相情感障碍的遗传率可能高达 70 %。然而，如果你儿时无忧无虑，长大后每天开开心心没有什么压力，就算碰到了困难也总有人支持着你，那么，你可能连出现精神障碍的机会都没有。反过来说，如果你没有家族史，你也可能会发病。

最后想要告诉大家的是，就和生理系统中的癌症逐渐变成了一种慢性病一样，精神疾病中的精神分裂症、双相情感障碍和重度抑郁这三个也逐渐地变成了一种慢性病。在保证吃药维持好状态的情况下，精神病人也是正常人。2013 年时，我国精神疾病的发病率为 17.5 %[⑨]，其中重性精神病的发病率为 1 %。而在美国，精神疾病的发病率为 18.5 %，比我们稍微高了一点点，但重性精神病的发病率高达 4 %[⑩]。我们并不算病得最严重的，但我们对精神疾病病人的帮助和宽容却还远远落后着。这个关于精神疾病遗传性的未解之谜也呼吁更多人对精神障碍人群的理解。

参考资料

① http://nnmh.ca/blog/do-you-inherit-your-parents-mental-illness/

② https://www.nature.com/articles/nature13595

③ http://time.com/3019649/schizophrenia-linked-108-genes/

④ https://www.huffingtonpost.com/entry/mental-illness-hereditary_us_5afb1035e4b0200bcab93ffc

⑤ https://www.nih.gov/news-events/nih-research-matters/common-genetic-factors-found-5-mental-disorders

⑥ http://www.pnas.org/content/112/29/9118

⑦ https://academic.oup.com/hmg/article/20/24/4786/588241

⑧ https://www.cdc.gov/violenceprevention/acestudy/about.html

⑨ http://health.sina.com.cn/news/2018-08-16/doc-ihhtfwqr4732026.shtml

⑩ https://www.nami.org/learn-more/mental-health-by-the-numbers

人体自燃很神秘吗？

围绕人体自燃的谜团

看一看

今天来跟大家谈一个流传很广的神秘现象，那就是人体自燃。人体自燃也被叫作“自发性的人体燃烧”。这是一个术语，用来表示在没有明显的外部火源的情况下，活着的人的身体燃烧起来的情况。通俗地说，没有火，人的身体却被点燃了，原因未明，最后的结果通常是被烧死了。

人体自燃早就出现在了文学作品中，例如1798年的小说《维兰德》中，叙述者的父亲就被发现可能是因为自燃死去的。1842年，果戈里的小说《死魂灵》中提到，有一位手艺人在火焰中被活活烧死了。而据了解，这位手艺人酗酒严重，小说里称他酗酒到“把自己泡在了酒精里”，并认为这是他身体突然着火，被吞没在蓝色火焰里的原因。而著名小说家狄更斯有一部作品《荒凉山庄》，里面的克鲁克是一位声名狼藉的商人，他严重酗酒，靠琴酒度日，最后也死于自燃。文中尖锐地指出，他的死亡是邪恶身体的腐败体液自己产生的，除了自燃，没有其他可能的死法。

评论家指出，狄更斯以自燃而死象征性地表达了邪恶社会终将毁灭的看法。请注意，后两位小说中的人物都酗酒。其实，即使再精彩的文学作品也没有现实来得吸引人。接着，我再给大家介绍两起历史上著名的发生在现实生活中的人体自燃的事件。你试着自己提炼一下，看看这其中有没有什么共通点。寻找规律也是很好的科学思维训练。要说明的是，你查到的很多夸张的描述都是人为杜撰的，比如“突然身冒蓝火”“穿着的衣服却没有火焰的痕迹”“那团无名蓝色的火焰只焚烧了他，他周围的人却安然无恙”。类似这样的描述我都去掉了，保留的是比较客观的事实陈述的部分。

第一起事件。1951 年 7 月 2 日，67 岁的玛丽·李塞尔被房东发现烧死在了出租屋里。房东之所以能发现，是因为他察觉到出租屋的门把手是滚烫的，异于寻常。房东通知了警察，当他和警察一起进入屋子的时候，他们发现李塞尔除了留下一条腿，其余身体部分已经被烧成了灰烬。她坐着的椅子也被烧毁了。而除了这把椅子，房屋里其他的东西基本都完好无损。调查者还发现火苗烧毁了一个电插座，失去电源的时钟停止在了凌晨 2 点 26 分，李塞尔或许正是在这个时刻离世的。补充一句，李塞尔生前会服用安眠药，也抽烟。

第二起事件，也是最新的离我们很近的一起。2017 年 9 月 17 日，伦敦北部，一位 70 岁的退休老人诺兰在街上行走时突然燃起了火苗。一些过路人上去帮忙灭火。之后，他被直升机运送到了医院，但不幸的是，第二天老人还是离世了。他身体 65 % 的部分遭到了严重的三度烧伤。当时调查人员无法查明他的死因，判定这起事件为“死因未明”。补充一句，诺兰是烟民。

这两起事件，一起相隔了半个多世纪，一起就在近年，一起在室内，一起在户外，具有一定的代表性。这两起事件我觉得都不是编造出来的。因为第一起事件中的受害者李塞尔被英文维基百科以人体自燃受害者的名字单独收录了，而在介绍人体自燃的词条里，也用她来举例。第二起事件，包括英国《每日电讯报》在内的知名媒体都报道过，2018 年 5 月 22 日《爱尔兰邮报》又报道了事情的最新发展。

不过在检索资料中，我发现之所以那么多人对人体自燃感兴趣，是因为它的三大特点，那就是：1. 人体的躯干通常被烧成灰；2. 四肢和头基本完好；3. 周围的人或物体没有遭殃。当然，并不是所有的事件都是这样的，但被人广为传播的事件却基本符合这三个看似有点矛盾的特点。好了，我们之后会详细分析。在维基百科人体自燃的词条中，我找到了别人整理好的针对人体自燃的一些解释，其中不乏一些奇谈怪论，我们可以一起来验证下真伪。

首先，几乎所有人体自燃的主人公移动性都很差，不是因为岁月不饶人，就是因为身体肥胖，健康状况一般也堪忧。就像我举的两个例子里，都是差不多 70 岁的老人。这说明什么问题呢？那就是，如果碰上火灾，跑不快，所以就逃不开啊！另外，受害者也有比较大的概率是死在了睡眠中。好了，请你先记住这个听上去最有道理的说法。根本不是人体自燃，而是着火了，因为各种原因不方便移动，所以主人公才被烧死了。好，我们进入下一条。

香烟被认为是最常见的火源，还记得吗，两位老人都是烟民，所以他们是点烟不慎被自己的麻痹大意弄死的吗？我觉得很有可能。要知道，在美国，每四个因火灾丧命的人中，就有一个是因为处理烟蒂与打火机之类的东西不小心而导致的火灾。如果加上第一条，自燃的一般都是身体抱恙的老人，那么我们可以想象出一个合理的事故现场：一位老人坐在椅子上抽着烟，突然心脏病发作，非常难受，他捂住了胸口，香烟掉在了椅子上并且和衣服接触了，然后着火了。

文学作品里经常提到酗酒的人容易发生自燃，所以曾经有人认为，人体自燃是由于体内含有过量的酒精。他们还搬出了自己的证据，那就是，大多数人体自燃的死者在死前都大量饮酒，这就造成了酒精在体内组织堆积，增加了人体的可燃性。有的人还主张说酒精在体内分解后，会释放出氢气和其他可燃气体。但是 19 世纪就有一名叫作凡・列比格（Justus Freiherr von Liebig）的化学家用实验证明了这种说法纯属无稽之谈。

在一项实验中，一只老鼠在酒精中浸泡了一年，之后被点燃，它的皮肤和表层肌肉都被烧毁了，但是内部组织和内脏都没有受到影响。对博物馆中那些在酒精中浸泡时间更长的动物标本所做的实验，也得到了相同的结果。那么，喝酒和自燃有什么联系吗？我想，喝醉了的人行动能力降低，在火灾里更难逃出来，这可能是最合理的解释。

因为很多自燃的报告里出现的都是胖子，也有人提出，人体内脂肪过多会引发自燃。支持这种观点的人和支持酗酒者容易自燃的人说法类似，因为某种物质能燃烧，所以体内含这种物质多的人容易自燃。与此类似的还有各种奇谈怪论，比如说人体肠道内充满了可燃的气体、人体组织内含有磷之类的可自燃的化学元素，不胜枚举。

但是，所有这些说法都忽略了最基本的一个常识，那就是，燃烧需要氧气。人的体内没有足够的氧气发生燃烧反应。

酒精、脂肪说完了，再说说静电吧。有一种观点认为，人体自燃是由静电引起的。在干燥的季节，人体能够产生几千伏的静电。这些静电通过毛发放掉，在正常环境中是无害的。但在某些极端的环境中，比如周围充满了可燃物质的工地，人体静电的放电就可能导致爆炸和燃烧。说实话，仅从理论上来说，无法排除这个可能性，但发生的概率极低，因此静电假说并没有成为解释人体自燃的主力军。

还有一种说法是球形闪电造成了人体自燃。球状闪电，俗称滚地雷。通常在雷暴时产生，为圆球形状的闪电。这是一种真实的物理现象。它十分亮，近圆球形，直径约 15—40 厘米，相当于一个吃饭的盘子大小。它通常仅维持数秒，但也有维持了 1—2 分钟的记录。球状闪电可以随气流起伏在近地空中自在飘飞或逆风而行。它可以通过开着的门窗进入室内，常见的是穿过烟囱后进入建筑物。说实话，这和静电假说一样，有理论上存在的可能，但现实中并没有找到有充分证据的案例。

那么，人体自燃到底是什么原因导致的呢？破解谜题的关键在于三个重要的线索：1. 人体的躯干通常被烧成灰；2. 四肢和头却基本完好；3. 周围的人或物体没有遭殃。下一节，我将为你揭开谜底。

最后，这一节我给大家找了非常有实用价值的视频，一个美国红十字会宣传家庭防火的视频。有兴趣的同学在我的微信公众号“科学有故事”中回复“家庭防火”，就可以观看了。大多数火灾，尤其是家庭火灾，都是我们自己的疏忽过失造成的。

人体自燃的真相

看一看

上一节我们说到了人体自燃的三大特点，你还记得吗？那就是：人体的躯干通常被烧成灰，四肢和头却基本完好，周围的人或物体没有遭殃。关于人体自燃成因的说法，除了酒精、肥胖、静电、球状闪电等，我还看到了一种最科幻的解释，说人体细胞中包含了很多的微量元素，以及大量的氢原子、氧原子，人体自燃很有可能是因为人体内发生了微量的热核反应。

这种所谓的理论说，由于在人体中包含有大量的氢原子，而氢原子又是热核反应的重要元素，所以由氢原子产生的核聚变概率是很高的。又因为人体存在意念生物电场高电位，所以说人体可以携带数千至数万伏的静电场。当人体中的水分子在电场的作用下分解为氧分子和氢分子，很有可能在上述条件下形成氢原子的微量热核反应，并同时产生数百摄氏度的高温。而如果人体衣物的点燃温度也恰巧接近于这一燃点，那么自然界中的人体自燃现象也就不足为奇了。

从这个例子我想告诉大家，使用一大堆的科学术语不一定代表是科学的解释，伪科学中有很大一个流派就是像我上面举的例子那样，特别喜欢堆砌一堆的听上去非常高深的科学术语，你千万不能因为看到的都是科学术语而轻信，反而越是这种听上去堆砌术语的解释越是令人怀疑。如果核聚变反应那么容易发生的话，地球早就爆炸了。

我下面回到正确的探秘轨道上来。早在 1938 年,《英国医学杂志》就报道过这一话题。作者引用了 1823 年出版的一本名为《法医学》的书，阐述了人体自燃案例中受害者共有的几个特点：1. 受害者通常是慢性酗酒的人；2. 他们通常是年老的女性；3. 身体没有发生自燃，但一些发光的物质和身体接触过；4. 手脚通常会离开躯干；5. 火灾对于与身体接触的可燃物体损毁不大；6. 身体的燃烧留下了油腻腻的灰烬，气味非常难闻。这就是 20 世纪早期，科学界对于自燃的部分认识。

到了 20 世纪 80 年代，现在常为《无神论者期刊》写稿的作者尼克尔出手了。当时，身为科学研究员的他和法医分析家费舍尔历时两年，分析了 30 起被打上“人体自燃”标签的案例，最终完成了一项系统性的研究工作。他们的报告很长也很完整，发表在了《国际纵火调查协会杂志》上。之后，尼克尔写过不少关于这个话题的文章，也出现在了电视纪录片里，并作为客座讲师为纽约国家消防科学研究院讲课。

那么，人体自燃最大的真相到底是什么呢？这份获得科学共同体认可的报告到底有哪些新发现呢？

经过尼克尔和费舍尔对 18、19 世纪及 20 世纪 30 年代起人体自燃案例的调查，结果显示，烧焦的尸体都非常靠近火源，比如蜡烛、灯、壁炉等。但这条重要的信息却被报道的媒体刻意省略了，媒体的做法通常是营造出“自燃”的神秘气氛。调查还发现，所谓的自燃死亡与受害者基本能力的丧失之间存在相关性，这可能导致他们粗心大意（比如忘记掐灭烟头），或者无法对事故做出恰当的反应（比如飞快逃离现场以保命）。在身体不是被大范围烧毁的情况下，可燃物主要的来源是受害者的衣服或覆盖物，比如毯子或棉被。

然而，如果身体被严重烧毁，则可能有额外的燃料来源，像是椅子的填充物、地板的覆盖物或者地板本身等。尼克尔和费舍尔详细描述了这些材料如何帮助保留融化的脂肪，从而导致更大的身体部位被燃烧和破坏，产生更多的液化脂肪，这种循环过程就是灯芯效应。你可以先记着这个名字，我们之后还会详细介绍。灯芯就是蜡烛中用来点燃火的那根有点像棉线的东西。好，我们先把报告说完。

在尼克尔和费舍尔的报告中还提到，附近的物体经常没有损坏（这也是很多人觉得稀奇的地方），这是因为火灾倾向于向上燃烧，横向燃烧是有一定困难的。发生这种情况时，一般火势较小，造成的破坏大多是由灯芯效应引发的，而且周围的物体可能离得比较远，没有着火，就像一个人靠近篝火并不会着火一样。同时，尼克尔和费舍尔还告诫读者，不要单一地简单化地去解释所有不寻常的燃烧死亡事件，而是要以个体为基础去分析。

好了，这份获得科学共同体承认的报告大致介绍完了。虽然时隔了近 30 年，但这仍然是一份不过时的、掷地有声的报告。接着，我要详细为你介绍一下灯芯效应了，这也是目前科学共同体公认的对人体自燃最合理的解释。你还记得在我介绍的第一起真实案例中，主人公的大部分身体被烧成了灰烬吗？历史上，有人对这类现象展开了研究，创立了灯芯效应的理论，也被称为烛芯效应。但要说明的是，灯芯效应是承认有外在火源的，并不支持人是自燃的。所谓灯芯效应，是指人体在特定状况下，如同蜡烛一样持续燃烧。

比如，酒醉或昏睡中的人，衣物被火焰点燃，接触衣物的皮肤因而燃烧起来。接着，皮下脂肪由于高温而融化、流出伤口，并开始浸润衣服。衣服被液化脂肪浸湿后成了蜡烛的灯芯，而体内的脂肪就像是蜡，源源不断地提供燃烧的燃料，于是人体就像蜡烛一样慢慢地燃烧，直到所有的脂肪组织都被烧完。而且，人类的骨髓和脂肪一样，也是可燃的，这就是为什么这种情况下可以连骨头都被烧成灰烬。虽然人体像蜡烛一样地燃烧，但这是形态内外相反的蜡烛：烛心在外，包裹着蜡油。像蜡烛也说明，火苗不大，但只要有蜡油，就可以不断燃烧。

2016 年，BBC 地球实验室的调查记者做了一个实验，目的是检验灯芯效应。他找来一头刚死去不久的猪，因为猪的各项生理条件（比如脂肪含量、大小和皮肤）都与人体相近，在实验中猪就是人的代替品了。他还给猪裹了条毯子，放置在了一个布置成客厅的集装箱里。然后他用烟头点燃了毯子。实验证明，猪油会形成灯芯，火焰持续地燃烧了好几个钟头。大约五六个小时后，火焰仍然在继续燃烧，但猪的外形依然还维持着，没有被烧成灰烬。如果要彻底烧尽，估计需要更长的时间。至于没有裹毛毯的猪的四肢和头，则没有遭到波及，完好如初。特别要注意的是，灯芯效应所产生的火焰并不猛烈，火势不会波及一旁的家具。而燃烧的脂肪则如同浓稠的食用油一样，会从毯子里流出来。这就是前面提到过的自燃现场留下的“油腻腻的、气味非常难闻的灰烬”。

调查记者最后非常俏皮地说：嗨，下次警察进入屋子，发现人的躯干被烧成灰，四肢和头却完好，房间里的家具也没有遭殃，可不要再认为这是人体自燃现象了。他的这个结论概括了人体自燃事故的三大特点，这也给神秘主义爱好者提个醒，这个世界是可以被理解的。最后，这名调查记者调皮地表示，再也不用担心自己会烧起来啦!

人体自燃的宇宙未解之谜告破了，我们来还原一下我一开始提到的那两个真实案例。第一起案例，李塞尔老人是吃完了安眠药，然后在椅子上抽着烟放松，接着迷迷糊糊睡着了，没顾上手上还有没熄灭的香烟，而香烟点燃了她的睡袍，最终烧死了她。而第二起伦敦 70 岁退休老人诺兰的事故，2018 年 3 月伦敦北部的死因裁判法庭开展了进一步的调查。最后验尸官的结论是：诺兰老人不小心在点香烟时烧到了自己的衣服，他的死因是衣服意外着火。

有时候，看似神秘的事件其实并不神秘，不要随便就动用超自然力量去解释，常识往往就够了。常见的着火现象都是需要火源的，而这个火源一般都十分常见和普通。

濒死体验

天堂真的存在吗

看一看

在网上流传着一部很多人误以为是 BBC 拍摄的 4 集纪录片，讲的是关于濒死体验和生命轮回现象的，名字就是《生死与轮回》，里面有很多让人观看后非常震惊的观点。还有一本书叫《天堂的证据》，是一名美国脑神经外科医师所著，也是关于描述濒死体验现象的，里面的观点同样令人震惊。这就是本章的话题，濒死体验是否真的很神秘?

首先，按照科学思维的习惯，在研究一个问题之前，我们先把这个问题中提到的概念明确一下。所谓的“濒死体验（Near-Death Experience, NDE）”，按照一般理解，它指的是濒临死亡的体验，指由某些遭受严重创伤或疾病但意外获得恢复的人，以及处于潜在毁灭性境遇中、预感即将死亡而又侥幸脱险的人，所叙述的死亡威胁时刻的主观体验。大白话就是，九死一生的人讲述自己如何捡回一条命的过程中发生的故事。

濒死体验这个话题由来已久，并不是什么太新鲜的话题，我记得小时候有一套著名的伪科学丛书《五角丛书》就已经在谈濒死体验了。《天堂的证据》（*Proof of Heaven*）这本书的作者是一位神经外科医生，名叫埃本·亚历山大。他作为专业人士，过去一直笃信科学，认为濒死体验只是大脑的幻想。但他 2008 年时，患上了一种极为罕见的细菌性脑膜炎，短短几小时内便陷入昏迷，断层扫描显示他大脑的新皮质受到严重损伤，功能已经完全关闭，就算有机会苏醒，这辈子也再也不可能说话和写字。然而七天后，正当医生劝告他的妻子要有心理准备时，他睁开了眼睛。据他自己描述，他昏迷的七天里，不仅看见了天堂的景象，更亲身感受到了造物主的存在，还遇见了自己从未谋面的亲生妹妹。这本书成了一本畅销书，在《纽约时报》畅销书排行榜上停留了 94 周。

说到这里，我觉得，这就是一个典型的“九死一生的人讲述自己如何捡回一条命的故事”。这个故事很特别，有点像“奇遇记”，但这种奇遇记几乎就是濒死体验的标配。我在查询资料时看到，2013 年时，曾有一家叫《时尚先生》的杂志对亚历山大的医学背景展开过调查。在这本畅销书出版之前，亚历山大就被多家医院停职，并被提起了诉讼，起因是他至少涉及两起修改医学记录以掩盖自己错误的案件。在 10 年内，他涉及的医疗渎职诉讼高达 5 起。而他在书中宣称的自己得了极为罕见的细菌性脑膜炎，所以完全丧失了意识，也被照顾他的医生斥为谎话。医生说，他的昏迷是药物引起的，他虽然可能有幻觉，但实际是清醒着的。同样是网上看到的资料，为什么我会比较相信这段资料呢，因为这些内容很容易被证伪，一个言论，所冒的被戳穿的风险越是大，越是令人可信。比如说，10 年内 5 起渎职诉讼，信息非常具体，很容易被证伪。

在搜索过程中，我还看到了另外一起著名的谎言被戳穿的例子，有一本书叫《从天堂回来的男孩》。这本书讲述了一个男孩自称幼年时因盲肠破裂动手术，濒危之际，灵魂出窍上了天堂，不但坐在耶稣腿上，还见到了因妈妈流产、来不及出世的姐姐。是不是和上文亚历山大医生的奇遇记很像？而他的父母宣称，从未告诉过他这段往事。他的牧师父亲相信这就是神迹，于是将这段经历写成了这本畅销书，5 年内卖出了超过 100 万册，停留在《纽约时报》畅销书排行榜上更是长达 206 周。根据此书改编的电影《天堂真的存在》（*Heaven Is for Real*）2014 年上映，斩获 9100 万票房。峰回路转的是，2015 年，这个男孩在一封公开信中，承认自己撒谎了，他说：“我没有濒死，我没有去天堂，我说我去了天堂只是想让自己受到关注。”2015 年时，这个男孩已经 16 岁了，他表示不希望再继续从谎言里获利了。而他的父亲，则没有公开发表对此的看法。

至于那部所谓的 BBC 纪录片《生死与轮回》，根据我的查证，我几乎可以断定，这是一部伪科学纪录片。首先，这部纪录片的英文名是 *Life, Death & Reincarnation*。经过查证，在美国国家地理、Discovery、BBC 等权威纪录片制片厂的片库中，并无《生死与轮回》这部片子，因此，其权威性并不足。其次，由 IMDB 信息可知，该片的上映地区虽然有美国、印度、荷兰、冰岛、香港、柬埔寨、加拿大等地，但是制作方的所属国却是印度。再次，回溯官网域名的信息可知，该域名的持有者是一名名叫“Manish Kumar Jain”的印度人，注册地址是印度“马哈拉施特拉邦”的“孟买”。到这里，基本可以确定《生死与轮回》是一部由印度人制作的影片了。这点很重要，因为西方国家（以基督教为主要信仰的国家），是不讲、不信“轮回”的，而印度的主要宗教（比如印度教），都是讲、信“轮回”的，换句话说，这部影片的制作班底本身就是一群深信轮回的人，所以中立客观性是很难得到保障的。

在这个节目的旁白中，经常可以看到一些常识性的错误，比如有一集中，旁白是这样的：“接受心脏护理并且大脑完全不运转的人，怎么能有如此清醒的意识呢？”“深度昏迷的人醒来后能准确地说出谁在场，人们说了什么，哪些家庭成员来探视了，这怎么可能，他们是怎么能看到的呢？”“意识和大脑功能之间的联系是怎样的呢”“这又是一个佐证，那一刻你并不是在用你的眼睛看东西，因为你没有在自己的身体中，有趣的是，在濒死体验的事例中，许多盲人也看到了，聋人也听到了”。刚才说的这些旁白都在暗示人的灵魂出窍。

但问题是，即使是植物人也是可以有感觉的，他们可以有听觉、有感知能力，还有被各种声响唤醒的植物人，这些都是基本的医学常识，而且，凭什么断定对方的大脑是完全不运转的呢？还有，我们现在知道，脑电图并不能反映大脑的全部活动。

关于濒死体验的例子还有好多，基本上都集中在 ndestories.org 和 www.near-death.com 这两个网站。虽然不同的文化中对细节的描述不同，但总体而言，经历非常相似。一般来说，都是这样描述的，人失去意识后，轻轻地飘浮起来悬在空中，看见了自己失去意识的身体和周围的环境，遇见了上帝或是失散已久的亲人，回忆起了生命路程上的点点滴滴，感觉到了和冥冥众生连接在了一起，获得了超越世俗的爱，最后不情愿地听到了唤醒自己的声音，回到了肉身。许多报告者说他们没有觉得这是一个梦或幻觉，他们自称“比现实更真实”。

醒来后的他们很难适应日常生活，有些很激进，彻底转行，或者离开了自己的配偶。在翻阅了大量的濒死体验例子之后，你还会发现一个有趣的的现象，那就是，几乎所有的濒死体验例子都是欠缺对证环节的，往往都是单凭亲历者的主观口述。当然，有人可能会反驳说，这种体验就是一个人的主观体验，怎么可能找到旁证呢？确实，但这样也就成了无法证实也无法证伪的事情了。

这些年，科学界也正在试图对濒死体验做出合理的解释，前提是口述者的经历是真实的。医生们认为这是受到压力或濒临死亡的大脑对身体变化做出反应的结果，原因可能包括缺氧、不完全麻醉和机体对创伤的神经化学反应。由于濒死体验发生时的医疗情况千差万别，所以很难用一种理论就完全解释清楚。

科学精神有一条重要的原则，那就是，无法证明不存在不代表必定存在。很多宗教人士都是在偷换概念，总是说你没法证明我说的是假的来证明自己就是真的。我可以承认有未知的自然现象，但并不代表这些现象是天堂存在的证据。暂时找不到合理解释的现象，不代表未来找不到合理解释。从我自己的经验来看，如果盯住某一件著名的所谓濒死体验超自然现象的例子不放，刨根问底，仔细调研，最后往往会发现一大堆荒诞可笑的疑点。

这一节就到这里，下一节我将带大家去看看真正的 BBC 对濒死体验所做的深度报道。

最后，这一节，我特地找出了《天堂真的存在》的官方预告片，也就是讲那个撒谎的小男孩濒死体验的故事，剪辑得非常不错，大家可以感受一下，濒死体验的大片既视感。如果你有兴趣，在我的微信公众号“科学有故事”中，回复“天堂真的存在”，就可以观看了。

心脏停止了还有意识吗

上一节我们说到有一部纪录片《生死与轮回》，有人以为是 BBC 出品的，实际上是一部印度的纪录片。但关于濒死体验，BBC 在 2015 年 3 月，也曾经发表过一篇深入的报道[1]，就让我为大家来解读一下这份权威而且比较有启发性的关于濒死体验的报道。我想说，几乎 99.9 % 的耸人听闻或特别奇异的濒死体验都是假的，尤其是被用来炒作换取商业利益的濒死体验故事。但并不是每个报告濒死体验的人都在撒谎，他们可能确实经历了有类似幻觉的场景。BBC 更是报道了其中一则有旁证的例子。让我们为濒死体验这个假谜留一道口子，客观地看待一下它是否具有科学研究的价值。

科学声音
看一看

BBC 首先介绍了一位来自英格兰的 57 岁社工在 2011 年经历濒死体验的故事。BBC 把他称为 A 先生。A 先生当时在工作中突然昏厥，被南安普敦综合医院收治。随后，他心脏骤停，当时医务人员正忙着把导管插入他的下腹部。心脏骤停后，A 先生理应失去意识，但他却记得接下来发生了些什么。这是一段独特的濒死体验的经历。

医务人员使用了一台自动体外除颤器（AED）来抢救他，这是一种用于重新激活心脏的电击仪器。他听到了一种机器的声音，还有两次“电击病人”。指令的中间，他抬了抬头，看见一个陌生的女子招着手从房间后面靠近天花板的角落里走了出来。他走近了那名女子，把自己病危的身体留在了房间里。A 先生后来回忆说：“我感觉她认识我，我也可以信赖她，我觉得她来这里是有原因的，但我不知道这个原因是什么。下一秒钟，我腾空升了上去，就这么看着自己，一堆医务人员中那个秃头的自己。”

医疗记录后来证实，除颤器确实发出了两次“电击病人”的指令。A 先生对于抢救室里医务人员的描述也是正确的，这些医务人员在他心脏骤停之前并未谋面。心脏骤停，从生物学和医学的角度去理解，意识也应该丧失，但 A 先生却描述了三分钟里周身发生的一切，证明了他的意识依然存在。虽然只有三分钟，但却是有医疗记录证明的有意识的濒死体验。

A 先生的故事后来被刊载在了一本名为《复苏》的期刊上，挑战了对于濒死体验的常规认知。就我个人的理解而言，如果是在有意识的情况下，比如我们做梦时，也能听到周围的声音，有时甚至还能应答。我们有时也会感觉自己在梦里飘浮了起来，在房间内游荡，并遇见了陌生人或者死去的亲人。我们有时还能在高山中飞翔，在水上漂流。

但 A 先生的特别之处在于他的这些类似于梦中产生的意识，发生在他心脏骤停了的时候。迄今为止，研究人员都认为，心脏停止跳动，就无法向大脑输送血液，失去了这关键的供血，所有意识都会戛然而止。事实上，这从技术层面来说，人是死了，当然之后还可能被抢救回来。随着我们对死亡的了解越来越多，我们开始了解到，在一些病例里，人不是心脏一停止跳动就会马上失去意识的。这些年里，那些经历过心脏骤停又被抢救回来的人，有时确实带着抢救时的记忆。

我们确实还并不了解，心脏骤停是否一定意味着意识丧失，这其中发生的濒死体验又到底是怎样的。值得高兴的是，目前已经有一个团队专门在从事这方面的研究了。这个团队的带头人叫山姆·帕尼亚（Sam Parnia），他是纽约石溪大学医学院的重症监护医师，也是这个医学院复苏研究中心的主任。团队里还有来自美国和英国 17 个机构的专业人员。

他们聚在一起的目的就是要彻底搞清，人在心脏骤停时，到底是否有意识，奇特的濒死体验和意识之间又有何联系。他们相信通过系统地收集病人的数据，可以有理有据地搞清楚这个问题。整整四年，他们分析了超过 2000 个心脏骤停的病例，这些病例都明确地表明，按照现有的医学常识，病人已经暂时或永久性地死亡了。

在这些心脏骤停的病例中，医生抢救回了 16％的病人，大约是 320 人，帕尼亚和他的同事采访了其中的 101 人，受访比例约为 1/3。帕尼亚说，我们的目标是试图去理解，什么是死亡的心理体验和认知体验，如果有病人声称自己在心脏骤停后有听觉和视觉的意识，我们会尝试着去判断这些描述是否是真实的。

研究结果表明，A 先生的遭遇并不是个例。将近 50％的受访者可以回忆起一些他们心脏骤停时的濒死体验。但只有 A 先生和另外一名女性，他们的回忆内容是可以和医疗记录对应起来的，其他病人的描述零零散散，和当时外部发生的事情并没有关联。

病人们描述的濒死体验都是和梦境很像的幻觉，帕尼亚和同事们把这些幻觉分为了七大主题。这七大主题更像是做梦时常发生的景象。帕尼亚说，濒死体验比过去人们想象中的要宽泛得多。

这七大主题分别是恐惧、看见动物或植物、明亮的光、暴力和迫害、似曾相识的记忆幻觉、看见家人、回忆起心脏骤停后发生的事。这些濒死体验带给人的感受，从极其恐怖到欣喜若狂，都有。比如有一位病人说自己昏迷时感觉遭到了迫害，非常害怕。他说："我不得不去参加一个仪式，在那个仪式上，有人会被烧死。我身边有四个男人，我们谁撒谎谁就会接受酷刑。我还看见棺材里的男人被活埋了。"还有人回忆自己被人从深水中拖了过去，又或者被命令说出自己记得的最后一个单词，不然就要马上死。

好吧，噩梦里就常常有这些。比起这些对死亡的恐惧，有些人在心脏骤停时，经历的则是平静或愉悦。一些人说自己看见了美丽的植物，或者沉浸在明亮的光线中，又或者是和家人久别重逢。这些感受都有着似曾相识的感觉，还伴随着体验感增加、无法感知时间的流逝和脱离了身体的幻觉。

帕尼亚说，从心脏骤停到恢复意识期间，每个人都会有一些感受或经历，但对此怎样解读，完全取决于病人的背景和生病前的信仰。印度人可能会说自己看到了本国最有名望的克利须那神，而一个美国人的感受可能和他相同，却觉得自己是看见了上帝。但谁又能真的认出耶稣呢，毕竟我们谁也没亲眼见过他。

帕尼亚并不希望人们把濒死体验的研究和宗教联系在一起。他说他并不知道灵魂、天堂、地狱都意味着什么，这些都取决于你的出生地和背景，把濒死体验和宗教的传播剥离开来，客观地、理性地看待它，非常重要。

到目前为止，这个研究团队还有很多没搞懂的事情，比如在心脏骤停后的濒死体验中，最有可能被记住的内容是什么，什么人会经历恐惧，什么人会感受平静，等等。帕尼亚指出，他们采访的病人只是少数，很多人都会有濒死体验。但大多数人对于濒死体验的记忆，被自己大脑其他大量存在的记忆冲刷掉了，又或者由于医生打了强镇静剂，记忆已经不完整了。但有过的濒死体验的记忆可能会在潜意识的层面影响到病愈后的人们。有的病人不再害怕死亡，有的更愿意为他人去付出，有的则出现了创伤后应激障碍 PTSD。PTSD 是一种遭到巨大刺激后发展出来的对危险或死亡过度恐惧的心理障碍，一般在老兵中比较常见。

帕尼亚带领的团队还在继续研究这些问题。他们也希望人们能拓宽自己对于死亡的理解，不再只有宗教或无神论这两个角度。死亡最终应该被理性地看待。

参考资料

① http://www.bbc.com/future/story/20150303-what-its-really-like-to-die

史前文明存在吗？

理想国亚特兰蒂斯

今天，我要和大家聊聊史前文明这个话题。老规矩，首先要对它下一个定义。我们通常认为人类的文明史大概有5000年了，而在此之前的人应该是比较原始的，文明程度也是比较低的。人是一步步从史前的不文明发展到了今天的文明。但还有一些观点认为，人类的文明不是循序渐进的过程，而是周期性循环的过程，在史前就存在着高度文明的社会，只不过它们消亡了，人类又不得不从头开始构建新的文明。这就是史前文明这一说法的由来。

但说起“文明”这个词，不同的人有不同的见解，考古学家在使用这个词时一般比较谨慎，用的次数不多，能确切地表示某种类型的社会时，才会用到它。举个例子，史前学家V. 高登·切尔德（V. Gordon Childe）1951年写过一本经典著作《人类创造了自己》（*Man Makes Himself*）。他在其中列举了一些特征，他认为，只有满足了这些特征，才能算得上是人类最早的文明。这些特征有分工劳动、社会分层、储备粮食、建造纪念性的场馆、设立城市定居点和建立连续的记录数据的系统。这个数据记录系统通常是通过书写来完成，但偶尔可以有例外。到了1988年，约瑟夫·泰恩特（Joseph Tainter）又补充了一条，那就是发展出了正式的政府部门。这两位专家都认为，只有具备了这些条件，才能称得上是“文明”，史前文明的标准算是有了。

然而，并不是所有人都对这些标准买账，他们对于“文明”二字有着完全不同的理解。尤其是当“文明”二字之前加上了“失落的”这个定语。“失落的”就表示失踪不见了的，有人认为通过研究失落的文明，不但可以补充考古学的资料，还能重塑特定民族，甚至是整片大陆，也有可能是全人类的历史。美洲考古学的历史就绕不开一连串的失落：失落的文明、失落的城市、失落的部落，总有人想从北美原住民的历史中发掘出石破天惊的智慧文明。但非同寻常的主张需要非同寻常的证据，而这恰恰是最缺乏的。

传播最广最传奇的史前文明就是亚特兰蒂斯文明，也被称为失落的大陆，有很多的影视作品都会以亚特兰蒂斯文明为由头编故事。我们这个话题就先从亚特兰蒂斯开始说起。

有关亚特兰蒂斯的传说，最早起源于古希腊的哲学家柏拉图。在柏拉图晚年的著作《克里特阿斯》和《提迈奥斯》这两本对话录中都有提到亚特兰蒂斯。在柏拉图的对话录中，有这样的话："在大约九千年前，海格力斯之柱（也就是直布罗陀海峡）的对面，有一个很大的岛，从那里你们可以去往其他的岛屿，那些岛屿的对面，就是海洋包围着的一整块陆地，这就是亚特兰蒂斯王国。当时亚特兰蒂斯正要与雅典展开一场大战，没想到亚特兰蒂斯却突然遭遇地震和水灾，不到一天一夜就完全没入海底，成为希腊人海路远行的阻碍。"

可以这么说，现在很多关于存在史前文明的说法都是对柏拉图亚特兰蒂斯神话的复述。版本通常是这样的，很多版本已经与时俱进了，但万变不离其宗。很久以前（通常是距今 1 万年前），在很远的地方（比如在大西洋的一个岛上，或者在南极的冰盖下，又或者是日本的某个海岸），存在着一个非常先进的高等文明，他们的科技异常发达，对人类的历史产生了巨大的影响。某些极端的版本里还会有这样的描述：那个失落的文明拥有着现代人都尚未掌握的科技。

不过，这些神话的结局都是相似的。由于一些可怕的事件，比如说战争或自然灾害，一夜之间，文明毁于一旦，自此成为失落的文明。有一些史前文明的狂热爱好者表示，传统的历史学家和考古学家对失落文明的存在证据视而不见，他们是故意保持沉默，为的就是不去推翻现存的历史，以保住自己的既得利益。这在我看来，就是典型的阴谋论的说法。

不过，即使柏拉图口中的亚特兰蒂斯真的存在过，它也不一定就能满足史前学家对“文明”的定义。还有一些研究柏拉图哲学的学者提出，亚特兰蒂斯根本不存在，柏拉图提出它只是为了普及和提倡“理想国”的概念。理查德·艾利斯在他1998年的著作《想象中的亚特兰蒂斯》，还有肯尼斯·费得在同年出版的《欺诈、神话和奥秘：考古学中的科学与伪科学》中都表达过这个观点。那么，柏拉图描述的亚特兰蒂斯究竟是一个最后被滔天巨浪吞没的古文明，还是他自己想象中存在的一个国度呢？

那些认为亚特兰蒂斯确实存在，柏拉图的描述是事实、准确无误的观点，只能在一些地摊小书和油印的小报上偶尔看到，但这种文章的质量往往是非常低劣的，丝毫没有参考价值。

但有一些学者认为：亚特兰蒂斯的传说融合了事实，但也存在着虚构，柏拉图的描述有些是正确的。这种观点相对来说有一些写得比较正式的文章。比如图书馆员兰德·弗莱姆阿斯就认为亚特兰蒂斯实际上就是南极洲，瑞士地质学家艾博哈德·桑格认为亚特兰蒂斯就是特洛伊。但是细看这些观点提出的论据，给人的感觉就很像是选择性执法。他们会在柏拉图的叙述中找到某一句话，使得这句话与自己要证明的目标契合上。但这样的证明方法，给我的感觉，就像是选择性执法。只选择那些对自己有利的语句进行扩展解释，而对自己不利的语句就视而不见。这就好像要证明北京历史上一座有名的消失了的四合院其实是上海的一幢石库门房子，你仅仅说它们外形长得像是不够的，还必须要说清楚为什么后人会有这样的误解，这条误解的链条是怎样一点点产生的。所以，要证明这样的观点，往往无法首尾相顾，无法形成证据链。

《无神论者期刊》在2001年9月有一篇文章，标题是《亚特兰蒂斯不存在》①。这篇文章中写道：没有任何现有证据能表明亚特兰蒂斯在历史上存在过，或代表着某个真实的地方。虽然围绕它的故事听上去很吸引人，并且和历史事件有相似之处，但这只是因为"文学来源于生活"。所有的证据都指向了一点，亚特兰蒂斯只不过是柏拉图的一个高贵的谎言，正如他自己所说：虚构的故事如果有用，那也是用来表达观点，而不是指代着过去。

通过这个话题，我想告诉你们的是，很多人会想当然地认为古人比现代人更了解古代的事情，其实，有些古代的事情对于现代人是古代，对于古人也是古代，而现代人拥有的考古技术是古人远远不能及的。所以，古人对于古代的事情不比现代人了解得更多。我们千万不要忘了年份的概念。比如说，柏拉图是生活在大约2400年前的古人，他所叙述的亚特兰蒂斯的故事则是1万多年前的事情，你觉得他要怎样才能了解离自己9000多年的事情呢？靠文字记录吗？对不起，他自己也说亚特兰蒂斯文明没有文字流传下来。那靠什么呢？口口相传，9000年不走样吗？或者是考古？对不起，柏拉图那个时代的考古技术和今天比起来，那就是玩具水枪和AK47的差别。请大家放心，现代人对1万年前地球上发生的事情一定远远比2400多年前的古人更加了解。

同样的道理，考古学者都知道，写《三国演义》的罗贯中对于三国的了解根本不及现代的一位历史学者。《三国演义》的故事距罗贯中生活的年代有1000多年，你闭上眼睛想一想1000多年是什么概念，差不多就是祖宗四十代的概念。罗贯中想要了解三国时期发生的事情，除了几本古籍之外，也没有更多的手段了。现代考古发现证明了罗贯中对于三国时期的战争描述都错误得离谱。什么两军对垒主将先上去拼个你死我活，青龙偃月刀、双股剑之类的，都是出于罗贯中的臆想，与真实的战争场面相去甚远。你想，连罗贯中都搞不清三国时期的事情，柏拉图怎么能知道亚特兰蒂斯的事情。

在科学、医学领域，我们完全没有必要崇古，即便是在历史学领域，我们也不能崇古。要了解真正的历史，最可靠的方法依然是现代考古学，实物的证据要比典籍的记载更可靠。下一节，我们继续来聊聊如何打假史前文明的伪科学纪录片。

北美洲失落的文明

上一节，我们说了文明的定义以及亚特兰蒂斯的传说。这一节，我们要来说说对史前文明纪录片的打假了。

2011 年时，美国出了一部纪录片，名叫《北美失落的文明》(*The Lost Civilizations of North America*)。这部纪录片的主旨是说服大家去相信，探索北美迷人的史前文明是有意义的，以及说明为什么能佐证史前文明的文物和证据都消失了，或者在很大程度上被忽视了。[②]

根据这部纪录片的说法，史前的北美洲就已经存在文明。在纪录片中，我们会看到很多对专家采访的镜头，他们用各种方式表示支持北美洲存在“失落的文明”这个观点，而且还强调存在着一场阴谋，所以有人刻意封锁消息去忽视或压制这个主张。

穿插在这部纪录片中的是一幅幅令人眼花缭乱的文物图像，它们展示着璀璨的史前文明。其中一些是考古学家公认的文物，还有一些则不太为人熟识，甚至让人略感吃惊。对于这样的安排，纪录片中做了相应的解释，旁白说："我们的片子里展示了许多文物，一些被今天的科学界认为是真的，还有一些则没有受到认可。很多时候，我们把真的文物和存在争议的文物一起展示。这么做可以让你明白区分真假的难度，明白了这层难度，你也就搞懂了为什么主流的考古学家和所谓的'阴谋论传播者'之间会存在着那么大的争议。"

但是，《无神论者期刊》中的一篇文章中指出，这部纪录片里所谓的专家，其实没有一个人是真正的考古学家，至少都不是"主流的"考古学家。这里的主流指的是有相关专业背景、发表过论文的专家。那些纪录片中所谓"备受争议"的文物，在科学家眼里，根本没有特别之处，直白点说，很有可能就是纪录片制作者为了表明立场伪造出来的。

以今天的技术手段，要鉴定文物的真假并不是很困难的一件事情。因为我们已经有了很多年代测定技术，最常见的是碳-14测年法，可以比较准确地测定5万年以内的文物年代。而大多数所谓的史前文明的传说都在这个范围内。即便是更久远的年代，我们现在也有很多其他方法来测定。所以，根本就不存在无法鉴别文物真假这一说。

除了在文物展示上存在造假的嫌疑，这部纪录片的很多观点也是站不住脚的。它提出北美存在先进人种造就的史前文明这个观点，但这个史前文明最终神秘消失了。按照纪录片中的说法，这个主张受到了科学界的刻意打压，科学家们还没详细考证，就匆忙否定了它。这么做的主要原因是科学家对原住民存在着根深蒂固的歧视，不相信他们会使用希伯来人教给他们的先进语言和符号。

为了证明这一点，在片子中，引用了史密森尼协会美国民族学调查局局长维斯利·鲍威尔的话，这段话是这样的：所以，我们可以看出，出于历史原因，你如果说在哥伦布发现新大陆前，就有人使用任何象形图像或文字，这都是政治不正确的。

给人的感觉是他在暗示，他明明知道史前文明中的原始美洲人能够用文字表达，但由于担心政治不正确，而不敢说出真相。实际上，经过查证，纪录片把鲍威尔的话给剪掉了后半段，只保留了前半段，完整的话是这样的："所以，我们可以看出，出于历史原因，你如果说在哥伦布发现新大陆前，就有人使用任何象形图像或文字，这都是政治不正确的。但事实上，那时候的人确实使用了象形文字，因为这样做能带来巨大的益处。这些象形文字也是书面语言的开端和图像艺术的起源。如果研究美国的学者能收集各处的相关文物，然后对它们做分析，一定会发现人类早期发展中最辉煌的篇章。"

所以说，剪辑师的剪刀真的很可怕，能把白的变成黑的，所以有时我说话也特别小心，就怕被人断头掐尾，给我戴帽子，说我是种族主义者或者相信伪科学的人。因此，大家以后在电视节目中如果看到某个专家说了一些匪夷所思、违反常识的话，首先要想一想，有没有被断章取义。多质疑总是没错的。

纪录片中还提到了霍普威尔文明，声称这个族群得到了希伯来民族的帮助，不但文明程度大大提升，还和外来民族进行了基因交换，也就是有了后代。《无神论者期刊》对这个说法也加以明确的否定，当然，即便是久负盛名的科学打假期刊，我们也应当关注它的求证过程，而不仅仅是结论本身。

调查人员表示，现有的 DNA 研究数据无法让人相信，霍普威尔人和现在居住在中东的以色列人之间有着血亲关系。[③]虽然纪录片里对此吹得天花乱坠，但根本没有任何真实的证据。科学家们从霍普威尔的相关遗址中提取了 73 具遗体的 DNA。经过分析，这些霍普威尔人母系遗传的线粒体 DNA 的成分和其他美国土著人口的基本相同。而把霍普威尔人种与其他古代人种作比较时，发现他们与亚洲人的基因最为接近。基于现有的超过 150 项美洲原住民遗传变异的研究（还涵盖了父系遗传的 Y 染色体和双亲遗传的常染色体），科学共同体的结论是，所有美国原住民都来自一个单一的人种，这个人种在 14000—20000 年前从亚洲迁徙到了美洲。

这部纪录片里当然没有提到科学共同体的这一主流观点，它强调的是对霍普威尔基因数据的另一种解读。具体来说，它认为霍普威尔的人口中存在一种叫“单倍群 X”的线粒体谱系，这能说明以色列人在远古曾经到过美洲，因为单倍群 X 起源于以色列的加利利山。但是《无神论者期刊》的专家指出，这个说法有三个地方站不住脚：

一、虽然有几项遗传研究表明单倍群 X 首先在近东地区（包括以色列、土耳其、叙利亚在内的亚洲地中海沿岸国家和地区）进化，但这些研究没有提及，它只存在于以色列人或其他说希伯来语的人口中。事实上，单倍群 X 分布的地区很广，除了远东地区，欧亚大陆西部和非洲北部的人口中也存在这种谱系。

二、更为重要的是，就算纪录片里的说法成立，单倍群 X 起源于以色列的加利利山，然后这群人来到了美洲，但科学研究没有发现加利利人口中的单倍群 X 和美国原住民中的单倍群 X 密切相关。

三、如果在研究霍普威尔人的人种起源时，把所有关注焦点都集中在单倍群 X 上，而忽视了其他基因，这种做法是不恰当的，更是极具误导性的。事实上，经过考证，在提取了基因样本的 73 具霍普威尔遗骸中，只有一具发现了单倍群 X。而这一点被刻意忽略了。另外也没有证据表明，美洲原住民中有任何常见的中东基因，比如中东 Y 染色体单倍群。

由此，这三点加起来可以认为，基因数据很难推导出以色列人到达过远古美洲的结论。

关于史前文明的传说还有很多，包括古玛雅人已经有了宇航技术，等等。但是，如果大家首先带着一颗质疑的心态去详细查证的话，就会发现，凡是广泛流传的史前文明传说，也必然被广泛地打假。

最后，这一节就是希望提醒大家，除了报刊书籍和电影可能存在伪科学，纪录片也是伪科学的重灾区。我们在“濒死体验”中也打假过一部纪录片。我想，观看纪录片还是要尽量选择 BBC、国家地理、Discovery 等比较知名的机构发布的作品。当然，虽然科学声音现在还不能与这些国外的大媒体相提并论，但我们也会秉着认真负责的态度，做好每一个视频节目。不过，无论是谁出品的节目，科学精神都要求我们时刻保持着一颗质疑的心和求证的心态去观看。

参考资料

① https://www.csicop.org/sb/show/atlantis_no_way_no_how_no_where?/sb/2001-09/atlantis.html

② https://www.csicop.org/si/show/civilizations_lost_and_found_fabricating_history_-_part_two_false_messages

③ https://www.csicop.org/si/show/civilizations_lost_and_found_fabricating_history_-_part_three_real_messages

物种大灭绝之谜

五次已知的物种大灭绝

在 18 世纪以前，没有人认为这个世界上的某个物种会从地球上彻底消失不见。美国的建国者之一托马斯·杰斐逊是当时世界上最好的头脑之一。他是这么说的："大自然绝对不会让以下两种情况发生：一是允许任何一个动物物种灭绝掉；二是允许她的伟大作品中，存在任何会遭到破坏的薄弱环节"①。

但是，从 18 世纪开始，在美洲大陆上陆续发现了一系列"巨兽"的化石，它们有的是一颗巨大的牙齿，有的是一根巨大的腿骨，这些化石被送到了当时科学的中心欧洲。在法国巴黎的国家自然历史博物馆，有一位历史上最杰出的生物学家之一——居维叶，他研究了从世界各地送过来的各种奇奇怪怪的动物化石后，得出了一个惊人的结论，至少在当时来说，绝对是惊世骇俗的。这个结论就是：物种会灭绝，而且还不是一个孤立事件，是广泛存在于地球历史上的事件。从此，在生物学圈子中，就诞生了一个新概念：物种灭绝。

这个观点一出来，就如同很多其他生物学上的新观点一样，遭到了很大的质疑。最不满意的当然是宗教界人士，因为《圣经》中明确记载了，上帝在第六日创造了所有的生物，但从没有记载过任何一种物种的毁灭。不过，科学界接受起这个观点来，倒是比接受进化论要快速多了，关键原因是证据越来越多。到了 1812 年，居维叶凭着一己之力就已经从数量庞杂的化石中整理出了 49 种已经灭绝的脊椎动物。没过多久，安宁在英国多赛特的一处海岸石灰岩崖壁上又发现了一块巨兽的化石，那是属于一只巨大无比的鱼龙的化石，虽然按照后来准确的定义，鱼龙并不算是恐龙。但是，有些学者认为这是恐龙发现史的开端。随后，无数恐龙化石的发现使得科学界没有人再去怀疑在远古的地球上是否生存着许多我们从未见过的生物。

生物学家们接下去的任务就是研究这些灭绝生物生活的年代和它们灭绝的年代。随着化石数量的不断增长，一个惊人的结果慢慢浮出了水面，所有的证据都在指向一个很不可思议的现象。那就是，这些灭绝的生物似乎都是在一个相对于地质史来说极为短暂的时期中集体毁灭的，这样的恐怖时期还不止一个。于是，又是居维叶，第一个提出了大灾变学说，他认为：地球上的生命曾经受到过多次可怕事件的干扰，不计其数的生物成为这些灾难的受害者。

居维叶的这个观点已经被证明是正确的。地球的历史上，肯定是不止一次遇到过一些可怕的灾变。美国生物学家迈克尔·本顿是这样描述物种大灭绝的：在生物大灭绝期间，演化树上的大量树枝被截断，就像是有一个手持巨斧的神经病发动了疯狂的攻击。②

到今天，科学家们已经可以准确地绘制出地球历史上物种数量变化的曲线图。地球的历史上曾经经历过五次大规模的物种大灭绝和若干次较小规模的灭绝事件。

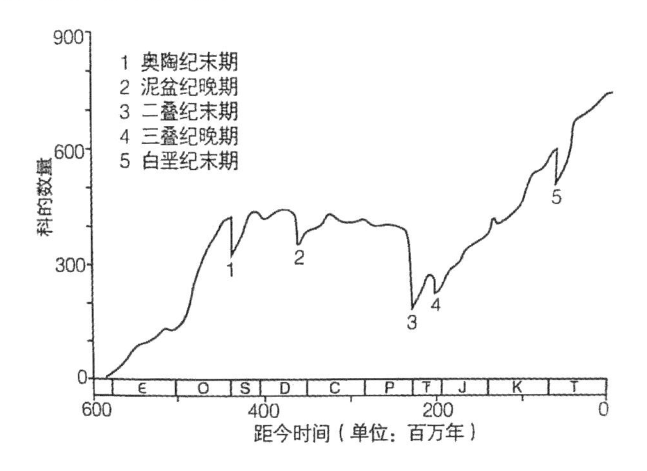

可能从这张图上，你感受不到物种大灭绝的惨烈程度，原因在于，这张图的纵坐标是科的数量，而不是生物总数，所以，即便是某一个科中只有一个物种挨过了大灭绝，在这张图上，这个科也算作幸存者。实际上，在物种层面上的损失，远比这张图上展现出来的要巨大得多。

综合了维基百科、美国国家地理杂志等信源的数据，具体来说是这样：

●第一次奥陶纪大灭绝，距今约 4.4 亿年，海洋中 60％的物种断崖式地消失了，你现在可以再看一眼那张图，感受一下那种毁灭的可怕，从地质年代的眼光来看，这就是一夜之间超过一半的物种灭绝了。

●第二次泥盆纪大灭绝，距今约 3.65 亿年，这次更惨，海洋中 70％的物种惨遭灭绝。

●第三次二叠纪大灭绝，距今约 2.5 亿年，这是地球历史上的至暗时刻，灭绝的惨烈程度堪称恐怖，至少有 96％的海洋物种被集体灭绝。而 70％的陆地物种也在化石记录中消失了，再也没有回来。

●第四次三叠纪大灭绝，距今约 2.1 亿年，76％的海洋和陆地物种消失。

●第五次白垩纪大灭绝，距今约 6600 万年，包括恐龙在内的 80％的物种彻底消失了。

这就是五次物种大灭绝，但是请注意，刚才我所说的这些数字都是指物种的数量，而不是指具体的个体数量。如果要算具体个体的死亡率，那可能还要更高。能幸存并进入下一个阶段的生物就跟中了彩票差不多，它们的延续多亏了那么几个受到惊吓、奄奄一息的幸存者。

你肯定跟我一样好奇，到底是什么原因导致了这五次物种大灭绝呢？在那个时期，地球上到底经历了什么恐怖的事件呢？很遗憾，如果我能告诉你确定的答案，那么，这个话题也就不可能出现在我的书中了，因为这是一个宇宙未解之谜。

我们现在唯一能回答的是，距离现在最近的一次大灭绝，也就是6600万年前的白垩纪大灭绝事件有一个元凶，那就是一颗直径超过10千米的小行星撞在了今天墨西哥的尤卡坦半岛上。对这一事件，现在证据已经非常充分了，既有地层中金属铱含量显著升高的证据，也有相吻合的陨石坑证据，还有计算机模拟与天文观测的证据。但我们只能肯定这次事件对第五次灭绝起到了关键作用，却不能肯定这是唯一的诱因。因为有一个问题我们还无法回答：为什么在地球所遭受的数以千计的撞击中，单单是那次6600万年前的撞击能造成这么惨烈的物种大灭绝呢？

至于另外四次物种大灭绝，我们就更加不能明确原因了，科学家们提出的假说多如牛毛。即使去掉那些明显不靠谱的观点，有关灭绝原因的理论数量也要比所有大大小小的灭绝事件的数量还多。至少有20多个罪犯被认为是灭绝元凶或者是主要帮凶，包括全球变暖、全球变冷、海平面变化、海水氧含量骤减、传染病、海床甲烷气大量泄出、小行星撞击、超新星爆发、超级飓风、巨型火山喷发以及灾难性的伽马射线暴、太阳耀斑爆发等。

但是，所有的假说，给我留下的印象都一样，就是“海量的猜测，微量的证据”。前三次大型的灭绝事件似乎与全球变冷有关。但关于更进一步的细节，就基本上没有共识了，包括它们发生的是快还是慢。就拿第二次泥盆纪大灭绝来说，这次事件的跨度是几千年还是仅仅几百年呢，科学家们争论不休。不过，我们唯一能确认的是，那次灭绝事件之后，脊椎动物登上了陆地。

实际上，比“到底是什么原因灭绝了当时地球上 80％的物种”更大的谜团是：剩下的 20％是怎么幸存下来的？比如，最近一次的白垩纪大灭绝，为什么那次事件对每一只恐龙都是灭顶之灾，但是其他一些爬行动物，比如蛇和鳄鱼，却能逃过一劫呢？当然我们现在知道，有一种恐龙幸存了下来，成了今天的鸟类，但它又是怎么幸存下来的呢？这也是一个谜。

同样的事情也发生在海洋中。所有的菊石都消失了，但是与它们有着差不多生活方式的鹦鹉螺目软体动物，却依旧繁荣。而在浮游生物中，有些种类几乎死光。比如，有孔虫损失了 92％的数量，但是其他一些像硅藻这样的体形相似、又与有孔虫一起生活的物种却幸免于难。

这些现象都有着非常难以解释的矛盾之处。如果在事件发生后的数日之中，整个世界满是又黑又呛的烟雾，那么很难解释那么多的昆虫是怎么活过来的。像甲虫这样的昆虫，或许还能依赖木头或周围其他一些东西而生存，但是那些像蜜蜂那样的昆虫，需要阳光和花粉，它们是怎么活下来的呢？这对生物学家们来说，都是巨大的谜题。

最难以理解的恐怕是海洋中的珊瑚居然幸存了下来。要知道，珊瑚是最娇气的，海水的温度、酸碱度一点点的变化，都会导致珊瑚的大面积死亡。但是，珊瑚居然在那次撞击事件中幸存了下来，这真的是一件怪事。

现在的情况是，我们对物种大灭绝事件的细节了解得越多，谜团也越多，这激发了更多的科学家参与其中。然而，真正令科学家们感到无比震惊的是，在研究那些遥远的灭绝事件的过程中，他们发现，其实，就在此时此刻，我们就处在第六次物种大灭绝的断崖时刻。这个发现十分惊人，我们下节接着说。

现在是第六次物种大灭绝吗？

今天我们来讲第六次物种大灭绝。首先我们需要一点前置知识。在声学和信号学中，有一个词叫背景噪音，这个大家都不陌生，收音机调到一个没有频道的地方就能听到沙沙声，这个就是背景噪音。生态学家借用了这个概念，提出了背景灭绝的概念。也就是说，正常情况下，物种也会天然灭绝，我们通常用每年每100万个物种中会灭绝多少种来做定量分析，在正常地质时期的灭绝速率就被称为背景灭绝速率。生物学家们计算背景灭绝速率的方式主要是靠分析化石记录，复杂性和难度都非常大。而且，每一种类型的物种背景灭绝速率相差很大，目前研究的最为彻底的一类动物是哺乳动物。现在生物学家们的结论是，哺乳动物的背景灭绝速率是0.25%，也就是每100万种哺乳动物，每年会有0.25种灭绝。这个有点抽象，我再给你换算成你容易理解的表达方式：今天地球上生存着大约5500种哺乳动物，那么正常来说，每700年差不多就会有一种哺乳动物消失。

当然，因为地球上也在不断地产生新的物种，正常年份，产生的速率是大于灭绝速率的，所以地球上的物种总是在不断地变多的。但是，物种大灭绝时期则不同了，相比于背景噪音的嗡嗡声，大灭绝就像是一声惊雷。

地球上曾经发生过五次物种大灭绝的事实可以说震惊了生物学

界，但是，随着对物种大灭绝的深入研究，一些更加令人震惊的事情逐渐被坐实了，那就是——我们生活的这个时代，物种灭绝的速率远远高于背景灭绝速率。我给大家举出几篇较新的科学论文。

2014 年 8 月，在《保护生物学》（*Conservation Biology*）这本 SCI 核心期刊中，多位生物学家联合发表了一篇重要的论文，根据他们的研究，在现代人出现前，物种总体灭绝速率是 0.1%，这个可以看成是物种背景灭绝速率，而现在，这个数字是 100，增长了 1000 倍，而且，这个数字还在以惊人的速度增大。他们估计在不远的将来，这个数字很可能还会比现在高 1 万倍。毫无疑问，我们正处在第六次物种大灭绝中，这也被称为全新世大灭绝或者人类世大灭绝。不过这里需要注意的是，人类世的年代分界线并没有准确的定义，有些学者认为可以从农业革命开始算，大约数万年前。虽然有争议，但是争议的年份也是在一个数量级之内的。

2015 年，发表在另外一本权威期刊《科学进展》（*Science Advances*）上的一篇论文表示，现在地球上哺乳动物的灭绝速率是过去的 20—100 倍。物种的灭绝如果按照现在的速度发展下去，250 年后就可以达到恐龙大灭绝时的程度。

第六次大灭绝已经来临，这一点已经成为科学界的共识了。那么，原因到底是什么呢？在美国自然历史博物馆的生物多样性大厅中央，有一块主展板，上面写着这样的话："现在，我们正处在第六次大灭绝之中，这一次的原因仅仅只是人类对于生态地貌的改变。"这可以看作是科学共同体对这次大灭绝事件的态度。

那么，人类到底是如何造成物种大灭绝的呢？原因不止一个。

在生态学上，大家公认的定律少得可怜，在这些定律中，有一条被所有人一致接受的定律，叫作物种－面积关系式，它被称作这个学科中最为接近元素周期表的科学定律。它的内容是：面积越大，能发现的物种数量越多。这很像是条公理，几乎是不证自明的。这个定律可以说明，人类的活动范围越大，其他生物的生存范围就越小，物种的数量也就越少。

在工业革命之前，人类消灭物种主要靠的是捕杀，走到哪里，灭到哪里。3 万年前，智人通过俾斯麦群岛以及所罗门群岛横渡太平洋，生活在这些群岛上的生物就遭了殃。根据《科学》杂志 1995 年刊登的一篇文章，估计有 2000 种鸟类因为人类的到达而灭绝。

大约 2000 多年前，人类来到了马达加斯加群岛，几乎灭光了岛内的所有巨型动物，例如象鸟、狐猴、马达加斯加河马等。

大约 1500 多年前，人类来到了印度洋群岛，这些岛上的几种巨型龟以及包括渡渡鸟在内的十多种鸟类被集体灭绝，在地球上彻底消失。

岛上的物种之所以这么脆弱，就是因为它们生活在相对封闭的环境，种群数量也不多，对人类完全没有警惕性。据记载，人类第一次在毛里求斯见到渡渡鸟的时候，这种胖胖的长的像肉鸡一样的鸟完全不怕人，亲热地围在人们身边转。当然，人们也毫不客气地把它们变成了烧烤。没过多久，人类就把这种天赐美食灭绝了。

在陆地上，情况也没好多少。欧洲的原牛、野马，塔斯曼尼亚的袋狼，非州东南部的斑驴，还有大海牛、福兰克狼，等等，都被人类赶尽杀绝了。马上就要灭绝的一种大型动物就是非洲的白犀牛，还剩下最后一只，你愿意的话，可以在网上观看直播，目睹一个物种的灭绝。

比捕猎更狠的是人类对森林的砍伐，如果把捕猎想象成狙击枪，那么森林砍伐对物种而言就是大炮。还是根据物种—面积定律，我们可以计算出，每年丢失 1 % 的森林面积，就会导致大约 0.25 % 的物种消失。如果我们非常保守地估计热带雨林中有 200 万个物种，这就意味着差不多每年要损失 5000 个物种，一天就是 14 个。

但是，捕猎和森林砍伐对于物种灭绝速度的影响与工业革命之后人类活动的影响相比，那又是小巫见大巫了。2004 年，顶级期刊《自然》杂志的封面文章是《气候变化引发的灭绝风险》。约克大学的生物学家克里斯・托马斯领导的团队发现，在最低水平的变暖假设下，全部物种中，会有 9 %—13 % 的物种在 2050 年前被“划定为灭绝”。在最高水平的变暖假设下，这个数字将是 21 %—32 %。取一下平均值，结论就是：全部物种的 24 % 正在走向灭绝。

当然，这篇论文刊登后，也遭到了比较多的挑战。有些科学家认为托马斯高估了，有些则认为他低估了，但是，所有对托马斯论文的挑战，都只不过是在一个数量级范围的微调，没有人否认惊人数量的物种正在走向灭绝这个事实。

全球变暖最直接的一个后果就是造成了珊瑚的大面积死亡，因为珊瑚对海水温度特别敏感，上升一点点都会导致珊瑚的死亡。全世界大约有 25 % 的鱼类生活在仅占海底表面积 0.1 % 的珊瑚礁海域。过去 30 年，全球已经有约一半的珊瑚消失了，那些赖以生存的浅海生物也失去了它们的家园。

你可能会提出这样的疑问，全球变暖确实是人类活动造成的吗？在各类媒体上，我们经常会看到一些名人反对这个观点。但是，你只要留心就会发现，在这些名人当中，你几乎找不到真正的科学家。最能代表科学共同体的观点是联合国政府间气候变化委员会，简称为 IPCC 的报告。IPCC 在 2007 年的报告中，把全球变暖是人类活动造成的置信度标记为“非常可能”，到了 2013 年改为了“极有可能”，标记为至少 95 % 的可能性。现在又一晃几年过去了，新的报告还没发布，但几乎可以肯定，可能性指数会进一步上升。

到这里，你有没有发现，我们这一章的宇宙未解之谜还没有出现，上面说的那些都已经是被确认的事实，那么本章的谜题到底是什么呢?

现在来告诉你，这章的未解之谜就是：人类是否能成为第六次大灭绝的幸存者。这是一个宇宙未解之谜。2014 年，美国出版了一本很重要的科普书，很多媒体把它比作《寂静的春天》，这本书的名字就叫《大灭绝时代》，我现在手头就拿着它的译者叶盛老师送给我的书。在书的最后，第 375 页到第 376 页上写着这么一段话：“在我们亲手制造的灭绝事件中，我们自己会有怎样的结局？可能性之一正是：我们自己也终将被我们‘对于生态地貌的改变’所消灭。”这种想法背后的逻辑是这样的：虽然逃脱了演化的束缚，但人类仍要依赖于地球的生物系统和地理化学系统。我们扰乱这些系统的行为，比如热带雨林砍伐、大气组成改变、海洋酸化，也令我们自身处于生存的危险之中。

我真诚地期望，在未来，揭晓谜底的不是地球上仅存的最后一个人类。

参考资料

①伊丽莎白・阿尔伯特.《大灭绝时代》[M].上海译文出版社，第 36 页。

② Michael Benton, When Life Nearly Died: The Great Mass Extinction of All Time (New York: Thames and Hudson, 2003), 10.

世界末日的传说可信吗？

历史上的世界末日

今天我们要说的是有关世界末日的话题。如果有一个很有名望的权威人士告诉你，多少多少时间后，世界就要灭亡了，你会作何反应呢？事实上，为此还有过不少悲剧。2009年，《无神论者期刊》委员会的调查员兼副主编本杰明·兰德福德为 LiveScience.com 写了一篇文章，名为《十条失败的末日预测》①。

我给大家举其中的两则末日预言为例，有一条叫米勒派末日预言。19 世纪中期，有一位新英格兰地区的农民米勒声称自己对圣经进行了非常深入的研究。他得出结论，根据圣经上字面含义的详细推理，上帝会选择摧毁世界，世界末日将在 1843 年 3 月 21 日至 1844 年 3 月 21 日之间发生。他四处布道，他的信徒甚至放弃了自己的财产，准备迎接世界末日。

当然，那个所谓的世界末日到来的时候，世界一如往昔，大家四散而去。如果刚才的信徒只是破财，那另外一则末日预言——天堂之门末日预言就比较悲剧了，它是一个邪教，加入这个教派恰恰像是走进了地狱之门。20 世纪末，一位牧师在美国创立了天堂之门，鼓吹地球和人类文明即将彻底毁灭，世界末日即将到来。通过宣扬加入该教派可以解决诸如离婚、破产、疾病等问题，该教派得到了发展，信众一度达到了上百人之多。这位牧师用某个信徒的捐赠，租下了一处大宅，开始和教众过起了隐居的日子，教众们如果没有他的许可，不准外出，而且教众一年内只有三次回家的机会。1997 年 3 月 26 日，牧师教主和 39 名教众被发现全部死在了房间里。经过调查，他们是在晚餐后，分 2—3 批进行了集体自杀。这在当年是一条国际大新闻。

不过看到这个结局，倒也让我觉得这个教主固然可恨，但你要说他是骗子似乎都高估了他的智商，他自己也自杀了，说明他可能是真的相信世界末日。

这篇《十条失败的末日预言》的文章发出后，有一条来自摩门教的末日预测引发了强烈的不满。这条预测的原文内容很简单，这么写的：摩门教会创始人约瑟夫·史密斯于1835年2月召集他的教会领袖开会，告诉他们最近他曾和上帝说过话，并且在他们的谈话中获悉，耶稣将在未来的56年内重回人世，所以世界末日将很快开始。摩门教在美国还是有一定群众基础的，当即就有教徒给作者发来了电子邮件，作者发布了和这名教徒的邮件往来。

教徒在邮件里说："请好好核对一下事实。摩门教从来没有世界末日的预言。不要把摩门教和基督教以及其他创立于那个年代的宗教混为一谈。摩门教的立场始终如一，没有人知道耶稣第二次降临人世的时间和地点。当你发布这样错误的信息时，你是在加重美国人的无知。收集信息时，请咨询官方的教会网站，这是做新闻的头条原则，找到源头！"

作者是这么回复的："你好。其实，也许你应该去核对一下事实。重新阅读一下经文，尤其是这一段：我的儿子（指摩门教创始人），如果你活到八十五岁，你就会看到耶稣的脸，因此，足够了，不要再为此烦恼了。很显然，你们的创始人被告知他在85岁之前会看到耶稣，除非你是想说，上帝不知道创始人会不会在85岁之前就过世。"

作者引用的是创始人自己写的《教义与圣约》第130章第14—17节。其实近现代大部分关于世界末日的预言，都和宗教有关。我也是一名无神论者，并不相信宗教里的各种预言。但我发现相信世界末日并对此津津乐道的人有不少。比如很多人都知道基督教的审判日。那一天将是世界末日，耶稣基督将再次降临人间，将死者复生并对他们进行裁决，分为永生者和打入地狱者。不仅是基督教，伊斯兰教也有类似的审判。例如古兰经的第 59 章第 18 节：“我嘱告你们和我自己要敬畏安拉，为那众生将长时间肃立见主之日做准备，至尊主说：信士们啊！你们应当敬畏安拉，每个人都要考虑自己为明天准备了什么。要敬畏安拉！安拉彻知你们的一切行为。”这其中的“肃立见主之日”就是“复生日”，和基督教中的审判日类似。

和审判日同样出名的还有玛雅历法的长记历。在我一开始说的那篇文章发表的同一年，也就是 2009 年，一部好莱坞大片《2012》上映了。说的就是玛雅人的预言即将实现，人类很可能遭遇灭顶之灾，各国政府开始联手制造诺亚方舟。当时还有很多所谓世界末日的科学解释，比如太阳中微子将加热地核导致灾难，这一条也是电影中的科学解释；还有说 2012 年会发生地球磁极倒转，再或者小行星撞地球、黄石火山大爆发等等。这些也都是滥用科学术语或者过度夸大某些地质现象的结果。

到了 2012 年，谣言已经到了荒唐的地步了。权威的 NASA 出来辟谣[2]，NASA 是这么说的：世界不会在 2012 年毁灭，我们的星球已经好端端地存在了 40 多亿年，全世界的主流科学家都没有发现任何与 2012 年灭顶之灾有关的威胁。

NASA 的这条辟谣声明起到了一定的作用。有一种关于世界末日的预言曾经比较流行，说有一颗叫尼必鲁的行星最终会撞击地球。这个灾难发生的日期最初被认为是 2003 年 5 月，结果那一个月什么也没有发生。接着这个末日的时间又被推迟到了 2012 年 12 月 21 日，和古代玛雅人历法中 2012 冬至日的日期联系在了一起。其实，2012 年 12 月 21 日并不是玛雅人历法的终止。就好像你家的日历一样，12

月 31 日也不会是历法的终止。新的一年 1 月 1 日，另一个周期又会开始。玛雅人也一样，结束一个很长的周期，然后会开始一个新周期。

其实美国人信谣传谣的事情也不少。2012 年的时候，美国的网民之间流传着一个特别不靠谱的传闻，说 NASA 已经证实了，2012 年 12 月 22 日开始，地球将会有三天是暗无天日完全黑暗的。这个谣言越传越广。在我看来，NASA 每逢重要的事件，都会召开新闻发布会，关于特定事件的解释也会全部公开在官网上，有什么传言去官网看一下就可以了。但显然，谣言遇上的都是不爱探求真相、只爱一惊一乍的人。最后，还是 NASA 的一位高级科学家发表了辟谣声明。

我记得当时还有一则假消息声称“宇宙的排列”会造成这种黑暗。事实上，并没有这种排列的存在。关于很多不靠谱的歪理邪说，比如极点翻转理论，说地球外壳会在几天或几小时之内 180 度自转，像这样的谣言也逼得 NASA 出来辟谣。正所谓，造谣动动嘴，辟谣跑断腿。NASA 说地壳的颠倒是不会发生的，大陆可以缓慢地漂移，但是那和极点颠倒是没有关系的。很多所谓的灾难网站总是扯出一大堆歪理邪说蒙骗人们。他们声称这种反转与地球磁极有关。实际上地球磁极确实会不规则地改变，平均每 40 万年就有一次磁极颠倒。但这种磁极的颠倒不会对地球生物造成伤害。

其实，我知道，你们都和我一样，并不会相信什么世界末日的传说。但让我比较好奇的是，人类这种没事自我恐吓的心理到底是怎么产生的？我还真找到一篇分析文章，著名的美国科普杂志《科学美国人》在 2012 年的 12 月刊中发表了一篇文章[3]，从心理学的角度剖析了这种“自我恐吓”的心理。

这和那么多人关注，或许还默默期待着，又或许祈祷着千万别出现世界末日有关。研究恐惧系统的明尼苏达大学的神经科学家利赛克就认为，世界末日这个概念的核心是激起了大多数哺乳动物身上与生俱来的、由来已久的一种矛盾心理。对于世界末日，我们最初的反应是拉响警报，感到恐惧，这是我们的生理架构所决定的。在进化的历史上，随时拉响警报的警觉性让我们存活了下来，这对我们的身体和大脑都产生了影响。大脑中高级的皮层区在还没有机会评估完具体的情况、做出理性的反应前，脑内的扁桃核就已经产生作用了，使你感到害怕和有压力。照理说，我们应该会对这样“动不动就大惊小怪”的生理机制感到反感，难道我们实际上是喜欢这样受虐、不时就大惊小怪一下的吗？那就要听我下节继续给你分析了。

预言家诗中的世界末日

看一看

上节我们说到，2012 年 12 月，玛雅人预言的世界末日并没有来到。《科学美国人》中的一篇文章对于这么多人关注世界末日，进行了心理上的分析。或许是因为我们在进化中，为了处处提防危险，使自己幸存下来，使得我们喜欢这样一惊一乍的不安全感。

利赛克认为，如果你遭受过创伤，那么你很可能是宿命论的信徒。如果你能找到和你一样相信着世界末日、一起一惊一乍的同道中人，你可能就多了一份安全感。没错，对普通人而言世界末日带来的是不安全感，但是对于某些宿命论的信徒而言却是安全感。究其原因，他们卸掉了自己身上的部分责任感。和这个世界告别不再是因为自己的原因，而是更大的自己根本无法操控的原因造成的，这让他们感觉舒服。

至于为什么世界末日的预言大多需要精确的日期，也和心理因素有关。如果能确切地知道自己的死期，会使你放松下来。利赛克曾经和美国国家心理健康研究所的科学家们合作。他们的研究发现，如果你提前让调查者知道他将有一次非常痛苦的体验，比如说，这个痛苦是电击，那么调查者的反应就是放松下来。他因为不确定性产生的焦虑将消失。当然，千人千面，那些选择在世界末日到来前就自杀的人肯定有着完全不同的心理。但对于大部分人而言，知道自己将受难，反而能让人放松。有趣的是，很多人面对世界末日的方法是专注于做准备。他们搭建掩体，购买大量罐头食物，目标明确，手段也非常地理性。不过，对于这些人，让我想不通的是，既然能理性地应对灾难，为什么不能理性地去看待预言呢？

利赛克提到的大多数是我们作为人类共同的反应，比如面对灾难我们提前启动的应激反应，比如对灾难做好准备让我们反而变得安心，又比如找一群志同道合的末日论者增强了我们的安全感并卸掉了部分的责任感。不知道 2012 年 12 月 21 日那一天，你在做什么？我记得那天我在浙江省科技馆作演讲，题目就是《外星人入侵是世界末日的一种可能性》，现场的所有观众都在传说中的世界末日这一天很欢乐地跟我一起讨论着世界末日的种种可能性。

但是，我知道，这世界上确实有很多人是真心相信世界末日的宗教预言，他们到底是一群怎样的人呢？

肯特大学的社会心理学家道格拉斯是研究阴谋论的。她认为，相信末日论和相信阴谋论的人有着相似的特点。她指出，尽管阴谋论和末日论听上去没有什么直接的联系，但他们会去相信的事情却是差不多的。比如相信末日论的人也通常会去相信，政府部门知道了一场即将到来的灾难，但为了不引发恐慌，所以决定将灾难隐瞒起来。末日论和阴谋论的人共通的特点是感觉自己无权无势，而且无法信任权威。他们觉得自己手握着真理的尚方宝剑，只是没有人真正重视自己，不信任感和无力感都使他们更加偏激地觉得自己相信的是真理，少数人掌握着的真理，自己就属于那群少数人，不容辩驳。

历史上究竟是什么人更容易成为世界末日的传播者，对此的研究还非常少。但道格拉斯有自己的看法。他指出最坚信末日论的人，也是最容易传播它的，在互联网时代，更是如此。

哈佛大学医学院儿童精神病学家兼小说家思科兹曼对于这个话题有着自己的认识。他觉得，“劫后余生”的感觉是最让人着迷的。他表示，他曾经和孩子们讲起过世界末日，孩子们的反应是，那就不用上学啦，我要去拍僵尸的照片，我要做什么做什么。孩子们会有各种想象，并且把想象浪漫化，在他们的心里，其实渴望的是活下来然后更欣欣向荣。

距离 2012 年已经过去几年了。世界上发生了不少大事，比如特朗普的意外当选、叙利亚难民危机等。每次有重大事件发生，就会有人提到一个名字，那就是诺查丹玛斯（Nostradamus）。有种说法是，这位 16 世纪生活在法国的诗人准确地预言了法国大革命的发生、法国国王与皇后被处死、拿破仑的兴起、希特勒和第二次世界大战、原子弹袭击、911 事件，名单太长，反正你有记忆的大事件，他的信徒就会跑出来说，你看，这是诺查丹玛斯预言过的。比如他在一首诗里写过：欧洲西部的深处，穷人家的孩童将诞生，他的雄辩建起了一支伟大的军队，他的名望将向东方扩展。于是信徒说，这摆明说的就是希特勒。

到了特朗普当选，诗作又来了：伟大而无耻、胆大而妄为的叫嚣者，他将被选为军队的首领，他的争辩受人瞩目，桥断了，城市从恐惧中淡出。如果你问：桥断了是什么意思，这和特朗普没什么关系啊。信徒们就会说：且慢，这只是大事件还没有发生而已。

诺查丹玛斯也曾预言过世界末日，而可能导致世界末日的就是第三次世界大战。1555年的这首诗是这么写的：两次崛起，两次倒下，东方也会削弱西方，几次海上的战役被对手打击后，西方将无法雄起。还有人将他的诗作联系了起来，一并做了解读，第三次世界大战将从欧洲爆发，持续27年，每一个人都将经历漫长而可怕的生灵涂炭，最终只有很少的人能享受到和平。

我觉得，如果你和一个诺查丹玛斯的信徒去争论他的预言是否是巧合，或者是否能从诗句中作出那样的解读，那么你可能永远也无法说服一个信徒，因为你和他之间的思维模式是完全不同的，在你看来是牵强附会的望文生义，或者只是数字上的一种巧合，但是，在他看来，这些都是很神奇的准确。以我的经验，这样的争论不会有任何结果。实际上，随便说一句类似诺查丹玛斯这样的含糊预言，比如说，东方的某座大城市将在熊熊大火中战栗，只要时间足够长，总能应验的。当然，正如算命这个职业一直会有市场一样，诺查丹玛斯的预言也会一直有信徒，只要大家能认清本质就好。

我在检索资料时看到一位叫丹宁的老外，对诺查丹玛斯的评价蛮有道理的，他说他是那个时代熠熠生辉的诗人，但把他的作品随意引用、望文生义本身就是对他最大的不尊重；你可以欣赏他对文艺复兴时期文学的贡献，但不要轻蔑地只把他的作品用来做预言，假装成历史是具有超自然魔力的。

说起世界大战和核危机这个悬在每个人头上的、真正可能引发世界末日的威胁，我并不想用几百年前的诗人作品来分析。有这么一个钟，它显示着我们离世界末日还有多远。这就是：末日之钟

（Doomsday Clock）。二战后的 1947 年，芝加哥大学的《原子科学家公报》杂志创立了这台时钟，它是一个虚构的钟面，标示着世界受核武器威胁的程度。12 点象征核战争爆发。杂志邀请了一些科学家，根据世界局势将分钟往前或往后拨，以此提醒全球各界正视问题。历史上最危险的时刻出现在 1953 年，美国和苏联反复试验热核装置，当时末日之钟距离子夜仅 2 分钟，为 11 时 58 分。最安全的时刻是在 1991 年，美国和苏联签署了《美苏限制战略核武器条约》，时钟时间为 11 时 43 分。2007 年起，科学家们还把气候变化和生命科技也作为了可能导致世界末日的因素④。

那 2018 年，这个末日之钟是几点呢？对于生活还算安逸的我们来说，是不是觉得应该不会离子夜很近吧。结果有些出乎意料。2018 年的时间竟然也是 11 时 58 分，和 1953 年并列为史上最危险的时刻。原因包括朝鲜核危机以及世界各国领导人缺乏应对核战争和气候变化的有效举措。我想，这个末日之钟可能是现实中对世界末日最有效的报警器了。

因此，在我看来，世界末日的话题不仅仅是个科学话题，也是一个哲学和政治话题。

最后，我找了个视频，有了个幻想，如果地球停下来不再自转，是不是也是一场世界末日呢？如果你想看视频，在我的微信公众号“科学有故事”中，回复“地球灾难”就可以观看了。

参考资料

① https://www.csicop.org/sb/show/did_joseph_smith_predict_doomsday

https://www.livescience.com/7926-10-failed-doomsday-predictions.html

② https://www.nasa.gov/topics/earth/features/2012.html

③ https://blogs.scientificamerican.com/observations/psychology-reveals-the-comforts-of-the-apocalypse/

④ https://en.wikipedia.org/wiki/Doomsday_Clock

神农架有野人吗?

野人的传说

说起野人，大家都不陌生，但如果要给野人下一个定义，这就难了，因为这个仅仅只是流传在民间的说法，所以，并没有一个准确的定义。因此，我在这一章中谈论的野人，在我的语境中，指的就是和人类同属一个种或者一个属的人科动物，就好像尼安德特人还有活着的后代一样。

早在公元前300多年，屈原就在《楚辞·九歌·山鬼》中有这样的描写："若有人兮山之阿。山中人兮芳杜若。饮石泉兮荫松柏。"意思是说，好像有一个人站在山梁上，山中人散发着杜衡草的清香，喝着泉水住在松柏树荫下。屈原是楚国人，家乡在神农架以南、西陵峡以北的地方。在中国源远流长的历史中，对野人有各种各样的称呼。比如，《山海经》称其为"赣巨人"，《本草纲目》称其为"狒狒"。到了清代，王夫之在《楚辞通释》中，针对屈原笔下的野人做了一番自己的注释，把它们称为"山鬼"，并表示山鬼非鬼也，只是当地人惯用的土名，是胎生的哺乳动物，以森林为隐藏之地。你可以把这个看作中国有史以来对野人的第一个明确定义。转眼间，中华人民共和国成立了，关于野人的传说还在继续。

我们先来介绍一下神农架。神农架因华夏始祖炎帝神农氏在这里架木为梯、采尝百草而得名。位于三峡北岸的神农架，巍然屹立于三峡群山之上，成了"华中第一峰"。就地形而言，它的山峰多在海拔1500米以上。整个神农架林区的耕地为3253平方千米，占国土面积的万分之三，是非常大的一片区域。在它的生态圈中，灵长类的金丝猴、猕猴、大青猴等长期活跃在深山密林间。动物种类繁多，植物茂盛。漫山遍野的动植物群落构成了一个十分完整的生物链，它们相互依存、自行繁衍。

1976年5月18日，我还没有出生。但在当代中国探寻野人的历史上，算得上浓墨重彩的一天。那一天，人民日报社给中国科学院古脊椎动物与古人类研究所发了一封加急电报，发电报的是湖北十堰郧阳地委宣传部的李健。李健在5月15日的上午接到了神农架林区党委办公室陈连生的电话。陈连生在电话里告诉他，林区领导干部和司机等一行六人在前一天见到了“红毛野人”。当时是凌晨一点多，车子开在林区与一个县的交界处，他们看到有一只动物出现在了公路上。于是，司机按喇叭、开大灯。这只动物往车子的方向走了几步，然后又往石崖上爬。司机于是继续按喇叭、用大灯照着动物，并且把车向前开行了几米，想一探究竟，这只动物到底是何方神圣。车开到离动物只有两三米的地方，大伙发现它没有爬上石崖，滑了下来。它的前后肢都触地了，抬头用眼睛打量着车灯。由于后肢长，前肢短，它是后高前低的状态。

抱着好奇的心态，除了司机，其余五人都下车了。其中二人靠着山边，三人形成了一个包围圈想抓捕它，但这得小心，弄不好会被它伤害。由于没有料到自己会碰上“野人”，自然也不会准备抓捕工具，当中有一个人用石头去砸了野人的屁股，于是这只动物转身从包围圈里溜出，爬上了山坡，进入了林子中。人们自然没法一跃而上抓住它，也只能作罢。这确实是一次不平凡的经历。这六人确信，自己遇到的是野人。不过我想提醒大家的是，与野人不期而遇是在凌晨一点，唯一的照明设备是几米外的车灯，单冲这一点，我就给这群人的发现打上了大大的问号。

但他们显然对自己的发现信心满满。在发出的电报中，有他们对于这只动物的特征描述。第一，它的毛细而且软，是鲜红色的；第二，它的腿长，大腿有饭碗的碗口那么粗，小腿细，前肢短，脚有软掌，屁股肥大；第三，它的眼睛像人，脸上方大下方小，长形；第四，它没有尾巴，身长大约一米三；第五，它行动比较迟缓，走路笨拙。

其实，在当地发现野人并不是什么新鲜事，之前就有群众反映遇见过红毛野人。但这次是领导亲见，再加上这只动物行动迟缓，走路笨拙，事隔也只有两三天，应该抓紧时机组织抓捕。所以，就有了这封加急电报。

以上资料和我下面要讲的故事，都出自科学出版社出版的黄万波的《神农架野人传奇》这本书。和现在我们在保护区里放置摄像头追踪野生动物不同的是，当时的人的想法就是，把它抓住！黄万波就是中国科学院派出的调查人员之一，他暗下决心，非把这只神秘的动物抓住不可，于是他和同事一起进入了神农架进行调查走访和野外考察。

20 世纪 70 年代，野外考察的条件是非常艰苦的，资源也有限，大部分情况下，考察人员只能徒步。大家想想在万分之三的国土面积上徒步，这足以让现在所谓的暴走族们无地自容了。但从另外一个角度看，这样考察的意义也是十分有限的，无异于大海捞针。

当时，黄万波一行人准备去神农架主峰，路程比较远。好在林区政府给他们安排了一辆吉普车，这让黄万波感动不已。也正是这段车程，让黄万波领略了神农架的美丽壮观。按书中的说法，一路上，他们穿云雾，过林海，山峰忽高忽低，山势越发险峻。我对这一段描述很费解，那个年代怎么会有能穿云雾过林海的路呢？最终，司机把他们送到了海拔 2800 米的神农架脚下的箭竹林。再经过徒步，他们来到了大神农架。

可以说，黄万波的这次探寻野人更像是一次观光之旅。他领略到了在地质学上被称为“石海”的地貌，来到了石海的中央区，也就是大神农架的最高点。不过他没有看见传说中神农氏采药留下的架梯，也没有看见生长着草药的悬崖断壁。他用望远镜望去，大山套小山，重重叠叠，长江就从那里来。到了太阳西下的时候，黄万波一行人只能原路返回了。

在回去的路上，他们决定在一个转运站过夜。站里来往的客人非常多，听说他们一行人是来调查野人的，都主动上前攀谈。有一位老者讲述了他听来的故事，1974 年，有一位姓庄的农民在树林里割漆，也就是从树上取天然的油漆材料，工作的时候突然听到周围的树叶有被踩动的声音，他扭头一瞧，看见一个红黄色的东西在走动，有二米多高，身上都是毛。它的胳臂不像人那样自然垂下摆动，而是半抬起摆动，好像伸不直似的。大约走了六七米远就钻进林子里不见了。

还有一个四川汉子说，他也听过类似的故事。比老人说的日子还早，在 1969 年，两位公社社员在回家的岔路口与“野人”相遇了。野人边走边发出咕噜咕噜的声音。这两位社员有点害怕，就拿起石头朝它扔过去，野人随即就冲进了树林里。这位四川汉子还说，当地有个说法，说野人要是追上了你，就会紧紧抓住你的手臂，接着哈哈哈哈一阵大笑，笑到昏过去，然后醒来时，就会把你吃掉。所以，山里人为了自救，出门时会在手臂上套一节竹筒，万一遇上了野人，就把套有竹筒的手臂给野人抓住。等它笑昏过去后，就把手从竹筒里抽出来，趁机逃走。我就没想明白为什么不再带一些绳子，等野人笑昏过去后，用绳子把它捆住呢?

总之，黄万波在书中详细记录了他们一行人调查野人的各种见闻，有很多听上去很离奇的传说。下一节我们继续聊，然后我再谈谈我自己对于野人的看法。

这一节我给大家找到了一个黄万波老师2012年接受央视一档节目采访的小视频，谈的是进山前所做的准备。如果你有兴趣，在我的微信公众号“科学有故事”中回复“找野人”，就可以观看了。

抓捕野人

上一节说到，调查员黄万波一行人由于时间晚了，在一个转运站过夜，就在黄万波在转运站留宿的当晚，林区政府文化局和宣传部接到了紧急电话，说一位社员在回家的路上看见一个野人在树上挠痒痒，要黄万波他们立刻前往现场。于是，黄万波他们便去当面采访了这位第一目击证人。

这位社员是位大姐，据她描述，野人有着黑红色的毛，头发披肩，手和脚上都有毛，脸特别吓人，尤其是嘴巴的部分，它的嘴巴就和猿猴的差不多。大姐话不多，但热心地把黄万波一行人带到了野人挠痒痒的那棵树旁边。在树下离地面1.3—1.8米的地方，黄万波他们还发现了几十根毛发，他们当时怀疑是野人留下的。

黄万波在《神农架野人传奇》这本书中，对野人可能的真相做出了自己的猜测。针对毛发的问题，他认为很可能是金丝猴的毛发。经过一番详细缜密的调查访问，黄万波弄清了神农架金丝猴的种群和栖息地，并记下了有关它的生活习性。正是通过这次考察，才正式确定了神农架有金丝猴出没。虽然考察是有意义的，但要真正确认是不是金丝猴，还得从树下发现的毛发入手。

黄万波把毛发带回北京后，注意啊，这是 20 世纪 70 年代末的时候，研究人员采取了当时所有能使用的科学方法对它进行了分析，包括胶模制片、观察表面的形态和内部的髓腔，并作了组织切片。做这些都是为了进行对比研究，为了有参照物和野人的毛发进行对比，研究人员还分别做了棕熊、黑熊、人、红猩猩、黑猩猩、长臂猿、金丝猴和猕猴等动物的毛发分析。针对转运站中有人提到野人的胳臂不像人那样自然垂下摆动，而是半抬起摆动，有研究人员表示这可能是熊，因为熊行走时的前肢就是半抬起摆动着的。总之，有可能的有条件的，研究人员决定都要进行一下对比分析。

经过反复观察和对比，研究人员否定了这束毛发的主人是熊类，认为它接近猿或者人，但从细节上分析，也不属于猿或者人。最后，研究人员认为它是猴子的毛发，因为毛质、毛色都与猴的相似。不过神农架的猴类有很多种，比如金丝猴、大青猴、藏酋猴，究竟是哪一种呢？研究人员最后把目光锁定在了藏酋猴身上，这种猴子的毛色黑灰，直立起来比较高，差不多略超过 1 米。

到了 1977 年的深秋，神农架林区组织了一次“奇异动物”考察。当时把野人称为“奇异动物”。参加考察的单位有十来所，人数过百，职业多样，涵盖了古人类、古动物、动物、植物、地质、地理等学科，除此之外，还有一些来自动物园、电影制片厂的人员。而且，军方也参与了。解放军某部队侦查支队和民兵都加入了，还带来了猎犬。规模之大，未必绝后，但实属空前。总指挥是解放军的一位王副师长。这次考察活动就和黄万波 1976 年那次闲庭信步的考察完全不同了。但我仍然要说，在大自然鬼斧神工的群山峻岭面前，人类太渺小了，当时的科技也太落后了。

根据指挥部的统一安排，侦查小组来到了有人报告过的野人出没过的地点，见到了 30 多厘米长的大脚印，之后又看见了毛发。他们把大脚印的翻模标本和毛发带回了指挥部。经过鉴定，大脚印的形态与人相似，但比人脚更宽更长，不是人类的，也排除了是熊脚印的可能，更不可能是羚羊的。毛发的尺寸短，一般只有几厘米，偶尔有超过 10 厘米的，比人的头发粗。于是，这片区域被划定为“野人出没”区。指挥部决定在这片区域对野人实施抓捕。

围捕人员除了学者外，还有士兵和民兵，总计超过 60 人。部队战士带上了枪，其他人员则可以根据需要带地质锤或者木棒之类的东西防身。指挥部制订了详细的围捕计划。9 月 28 日，行动开始，力争在天完全亮起来之前，围捕到野人。

黄万波是科研人员，对于和军人一起出行，觉得浑身不自在。他多年来养成了行走时左顾右盼的习惯，还会用地质锤不时敲打一下路上的石块，看看会不会是化石。但这些举动都被指挥长告诫了，因为这会惊动野人。不一会儿，这一群人到达了目的地——考察区南面的一个制高点。极目远眺，整个考察区的景象尽收眼底。

时间过得很快，不知不觉天色大亮，手表也指向了八点。忽然，从考察区的东北角传来了几声枪响。大家立刻意识到，是不是战士向野人开火了？正在浮想联翩时，指挥长一声长叹，他说道：“不好了，出事了。”大家不知所措，忙问怎么了。指挥长说，枪走火了。大家望着薄薄晨雾下的茂密森林，默默无语。这次行动就这样无疾而终了。此后就再也没有官方实施的大规模野人调查行动了。

距离 1977 年，已经过去了 40 多年，不时还会传来游客自称遇见野人的新闻，也会有民间考察队上山抓野人的消息，但是，到目前为止，没有出现任何关于野人的可靠证据。神农架野人依然还只是停留在各种传说或者所谓的亲身经历的故事上。

那么，对待像神农架野人这样的传说，我们应该秉持的科学思维是什么呢？

第一，一个生物种群要想长期繁衍存在，种群的规模不能太小，至少要几百只吧。请你想一下，这个种群可是要在十万年的时间中，几万代地繁衍下来。有些人可能会说，那可不可以是这个种群一路衰减下来，到了今天就只剩下了几只，很快就要灭绝了，就好像濒危的老虎、熊猫一样。这当然也是有可能的，但是它们没有留下可以被人类观察的证据却没有可能。

第二，作为一个种群的野人，一定会在食物链上留下自己的印记。神农架有人类活动的历史至少也有上百年了，在这上百年中，一个物种没有灭绝，那怎么也需要几百只吧。这几百只野人所需要的食物是很多的，只要他们需要觅食，就肯定会留下食物的痕迹，可能是动物的骸骨，也可能是植物被采摘的痕迹。

第三，作为一个种群的野人，可能活体标本不容易抓到，但是他们也会死亡，也会有大量的骸骨留下，可是迄今为止从未发现过野人的骸骨。

以上这些道理很浅显，不需要是生物学家也很容易想到，而中国的科研机构在 40 多年中无意再组织针对野人的严肃科考活动，也足以证明这个道理足够浅显明了，不需要浪费有限的人力物力。

其实野人传说不仅中国有，美国也有，他们也流传着大脚怪的传说。我在《无神论者期刊》中看到过一篇文章，谈到了大脚怪的生意经。里面是这么说的：

尖锐的提问并没有打消砖头家们的热情，他们热衷于寻找大脚怪这种想象中才存在的巨型怪兽。相反，如果你有机会去大西北，你会发现那里到处都是以大脚怪为特色的小镇，起的名字都是“大脚怪小镇”或“大脚怪乐园”。小镇都被“大脚怪”冠名了：大脚怪加油站、大脚怪迷你市场、大脚怪礼品店、大脚怪酒店、大脚怪餐厅、大脚怪博物馆……我就想问问了：都没有切实相关的东西可以放在博物馆里，你开这个博物馆是为了什么？我去过几家这样的博物馆，发现它们卖的就是大脚怪这个“概念”。博物馆里堆满了与大脚怪相关的东西：连环画、油画、不知道谁亲笔签名的《史酷比遇见大脚怪》的录像带……反正现在这些反科学的东西也可以往博物馆里放了。

这篇文章如果给神农架景区的管理人员看到，估计会很受启发。这一章的最后，我希望大家能对人类今天已经掌握的科学技术水平有点信心，陆地上的一个大型动物种群想要躲过人类的侦查手段，是绝无可能的。

本节我给大家找了一个 1977 年军队配合专家进山找野人的资料小视频，如果你有兴趣，在我的微信公众号“科学有故事”中，回复“野人 1977”，就可以观看了。

尼斯湖水怪是真的吗？

湖怪传说

看一看

2017 年末，英国的《每日邮报》有这样一则报道[①]，说“尼斯湖水怪目击官方统计”的发起人和记录者加里·坎贝尔表示，2017 年是新世纪以来目击尼斯湖水怪次数最多的一年，已经有 9 例报告了。其实这个所谓的“官方”，就是坎贝尔自己一个人而已，和英国政府扯不上半毛钱关系。

坎贝尔今年 51 岁，据他自己介绍，他 1996 年在尼斯湖的南端目击过水怪，只有几秒，像一头迷你的鲸鱼，有着黑色锃亮的背部。第二天，坎贝尔就创立了这个记录目击报告的注册平台，截止到 2017 年 11 月，平台已经收录了超过 1080 例目击报告。他特别强调，大多数的报告并不会被收录，只有在他确认是“无法解释”的现象后，才会收录在平台上。那号称自己见过水怪的报告一般是怎样的呢？有两张最新的报告照片。第一张是美国密歇根州的一位女士通过网络摄像头捕捉到的。现在已经有了可以在线观看尼斯湖的直播节目，她看到的图像其实只有一条淡淡的斜线。总之，如果不是在图片里画个圈提醒我，我完全看不出这张图片里竟然可能有水怪。

第二张图片则清晰得多，是一位来尼斯湖旅游的美国遗传学博士拍摄的，这张不用画圈圈，我也看出来了，水面上有一个地方很像鱼鳍。

大致上，报告上来的图片都是诸如此类的水波粼粼，然后某一个点好像有异物的图片，完全有可能只是光的折射带给人的视觉错觉。尼斯湖水怪的传说到底是怎么来的呢？

关于尼斯湖水怪的历史由来，这些信息我们很容易就可以在网上检索到，说的内容基本上都差不多。尼斯湖（Loch Ness）位于苏格兰高地，就表面积而言是英国第二大湖泊，但如果考虑到深度，它就是英国最大的湖泊[2]。2016 年的一项研究发现尼斯湖最深处竟然达到了 271 米，差不多相当于 100 层楼那么高，可以把 24 架波音 737 客机垒起来放进湖水里。除了深，它的水温也很低，不适合游泳，能见度也很差，可以说是伸手不见五指。传说中的尼斯湖水怪是蛇颈龙一般的生物，有个传言说它是从陆地逃到湖里躲起来的活恐龙[3]。它身长

3—5 米，头小，颈部细长，身体像乌龟般开阔，尾巴短，鱼鳍大且细长。

关于尼斯湖水怪最早的记载可以追溯到公元 565 年，爱尔兰传教士圣哥伦伯和他的仆人在湖中游泳，突然有一只水怪向仆人袭来，多亏传教士及时相救，仆人才能游回岸上，保住了性命。但这只是一个天主教的传说，暗示了正义的力量可以击败化身为蛇或龙的魔王撒旦。不过这之后的一千年中，有关水怪出现的消息就一直有。但这些水怪的消息其实都没有多少人信。

哪知道，在 1934 年，尼斯湖水怪突然走红全世界，这到底是怎么一回事呢？为了尽可能还原当时的真相，我找到了 1996 年 3 月的《无神论者期刊》④，这是一本历史悠久，中立客观的美国科学杂志，在“调查档案”专栏中有一篇文章就是对尼斯湖水怪来龙去脉的详细调查。

事情是这样的，1934 年 4 月，来自伦敦的一位声誉不错的外科医生罗伯特·威尔逊拍摄了一幅典型的水怪照片，图片里波光粼粼，中间有一个突起的细长部分，像是脖子。这张图片非常有名，历史上把它称为“外科医生图”。仔细看，这个怪物还有着倒影。这张图片差

不多成了尼斯湖水怪的身份照，就是从这张图片开始，有了水怪是蛇颈龙的传言。

之后的很多年，这位外科医生看上去很厌烦自己激起的水怪争议。他告诉一名记者，他从没说过自己拍到的是水怪，他也压根不相信尼斯湖里有水怪。1994 年，事情发生了戏剧性的转折。一位名叫克里斯蒂安·斯普灵的 90 岁老人向两名寻找尼斯湖水怪的科研人员做了临终前的忏悔，供出了那张著名照片上的水怪其实是他和另外四个人用玩具潜水艇、塑料和木头制作的，这两位科研人员随即向媒体爆出了这则猛料。按照老人的说法，骗局的策划者是他的继父。起因则是为了泄愤和报复。1933 年，尼斯湖水怪在苏格兰传得沸沸扬扬，《每日邮报》聘请了他的继父去寻找水怪。继父千辛万苦，好不容易在尼斯湖湖畔发现了一串怪物的脚印，便报告给了《每日邮报》。没想到，大英自然历史博物馆的专家分析后，认定这是一个恶作剧，是有人伪造出来的脚印。《每日邮报》还羞辱了继父，于是继父决定也搞一个恶作剧来羞辱这份报纸。他让人买来了材料，让继子制作出了水怪模型，其实是用一个玩具潜水艇改装而来的，拍摄了照片后，又让一个朋友与颇有名气的外科医生联系，由医生公布了照片。没想到照片引起了轩然大波，他们之后便放弃了戳穿它的计划。

如果你以为“人之将死，其言也善”，大家就都会相信了他的说法，那你就错了，西方媒体最擅长的就是打破砂锅问到底。1995 年，有人在《命运》杂志上撰文指出，斯普灵老人所说的也并不可信。文章说，原图并没有像老人说的那样，利用角度使小涟漪看起来像尺寸巨大的波浪。除了这点，还有其他几点也存疑。比如，仔细分析水波，就会发现冒出头的那个物体比老人描述的自己制作出来的模型要大。还有，这个模型再也找不到了，也没有留下图像，这点也说不通。当时还没有 PS 技术，按照老人的说法，这是怎么完成拍摄的，细节方面还有很多不合理的地方。顺便说一下，《命运》是一本鼓吹存在超自然现象的杂志。

尼克尔博士是《无神论者期刊》委员会的高级研究员，也是“调查档案”专栏的作家。在他看来，这些疑点并不怎么站得住脚，但他没有着急回应，他想征询更为权威专家的意见。于是，他找到了《尼斯湖水怪之谜已解》的作者，这位作者详细地回复了他，回信有整整 3 页。信上说，斯普灵年事已高，经过了整整半个世纪，任何人的记忆都可能出错。也许他弄对了模型的制作方式，但搞错了模型的尺寸。模型或许在拍照后就意外地沉入水底了。尼克尔博士是个有意思的人，也很有科学精神，听了这么多是是非非，他决定自己动手做一个类似的模型，他用硬板纸弄出了头的形状，装在矿泉水瓶子上，弄成头和脖子连接的样子，这个简易模型只要 10 分钟就能完成。而照片里用玩具潜水艇做成的模型，当然会更复杂一些，但绝对不是什么高精尖的技术，用完不保留也很正常。宾斯还提出，黑白照片比彩色照片更容易伪造，静态照片又比视频容易伪造。

另外，这张外科医生照里的物体离岸边很近，这点本来就很可疑，这证明这个物体很有可能是被扔到水里去的。你想象一下，你离它那么近，拍得又还算清晰，这只怪兽也未免太温顺了吧。

这么说起来，外科医生的照片很可能是假的。但是，否定了外科医生的照片并不代表就能证明水怪不存在。毕竟，在这张照片出现之前，就已经有了相当多的关于水怪的传言。想要排除水怪存在的可能性，我们还需要找到更加强有力的证据。

2003 年 7 月[5]，BBC 派出了一个调查团队，对尼斯湖进行了彻底的搜寻。他们使用的科学方法是通过声呐来探测水下的物体，就是说，在水下制造一些声音出来，声音在水下会向四面八方传递出去。

如果尼斯湖水怪存在的话，那么声波遇到水怪肺里面的空气，就会反射回来，探测器就能收到发生畸变信号。这次调查一共使用了 600 条独立的声呐波束，并且还采用了最新的卫星定位技术，以确保涵盖了尼斯湖的全部范围。

这次调查有没有发现水怪的踪影呢？咱们下节揭晓答案。

谜团告破

英国的 BBC 在 2003 年 7 月对尼斯湖进行了一次史上规模最大的科学调查。

看一看

进行调查的专家表示：这次调查我们已经涵盖了尼斯湖的一切范围，不管是水面还是水下。绝对没有任何大型活体动物的迹象。我们只得到了一些尼斯湖的具体数据，比如它的一侧是陡峭的，底部是平坦的，完全没有什么特别的信息。原来还有人期待着听到一个巨大的声呐异常的响声，但现实就是现实，什么异常都没有。

按理说，该解开的谜团都解开了，为什么还会有人相信存在着尼斯湖水怪呢？BBC 的团队说，人们愿意相信一些超自然现象的存在，这就是原因。他们还做了个实验。他们在尼斯湖湖面的下面放了个栅栏，并让它浮出水面，然后展示给在岸上开派对的游客看。之后他们就去采访了这些游客。大多数人表示，他们看见了一个方形的物体。但有几个人形容自己看到了怪兽的头部。看吧，人们的想象力总是这么丰富！

但是，陆陆续续那么多照片里出现的又到底是什么呢？2006 年，根据《美国国家地理》[6]的报道，后来这个说法又得到了《每日邮报》[7]和《科学美国人》[8]的引用，答案可能让你意想不到，出现在20世纪三四十年代各种图片里的可能是头大象。英国古生物学家兼画家尼尔·克拉克（Neil Clark）指出，图片里如果真有怪物，应该是一头正在游泳的厚皮类动物。他把一些看起来比较可靠的尼斯湖水怪的照片和大象在水中洗澡的照片做了比较，发现它们非常相似。这位古生物学家利用计算机成像技术，在屏幕上逼真再现了大象洗澡的情景，发现了一个有趣的现象。大象在洗澡时，经常是把长长的鼻子伸出水面，露出头顶和后背，和外科医生照片还真能对应上。外科医生的那张照片是1934年拍摄的。但在这之前的1933年，就已经有了不少水怪的传言了。当时伦敦一家马戏团的老板还高价悬赏2万英镑，捕捉水怪。看了这个报道，我也特地去找了一些大象洗澡的照片来，你还

别说，如果临终忏悔是假的，1934 年的那张外科医生的照片里很有可能真的是大象。

这位考古学家由此指出，尼斯湖水怪可能就是马戏团老板为了炒作自己，故意制造的假新闻。大家口中所见过的水怪，不过是在水中洗澡的大象。1933 年时，这个马戏团在尼斯湖周围地区巡回演出，马戏团里的大象在演出完毕后，喜欢跳进尼斯湖洗澡。大象在湖里洗澡的时候，人们只能看见大象的鼻子和后背，给人的印象是，那是一头长着长长脖子的怪物。马戏团老板很清楚人们是把大象当成了水怪，水怪根本不存在，他才敢高价悬赏，不用真的出钱就能为自己打广告。

但是后来就没有在尼斯湖边表演的马戏团了，陆陆续续还是不断有人声称看到了水怪，还有那些看着有些悬乎的照片，如果不是大象，又是什么呢？据《科学美国人》报道[9]，意大利地质学家卢奇·皮卡迪（Luigi Piccardi）提出了一个假设，认为尼斯湖水怪是地质力量活动的结果。人们可能是把湖底地震引起的水波当成了水怪在游泳。据他表示，尼斯湖刚好位于一个活跃的地壳断层上，每当这个断层发生地震，目击水怪的报道就会频繁出现。

尼斯湖水怪的传闻倒是给当地的旅游业带来了意想不到的效果。根据谷歌的数据[10]，每个月有大约 20 万次关于“尼斯湖水怪”的搜索，其中 12 万次是查询来尼斯湖附近的住宿信息的。据说，每个月光是水怪带来的旅游收入就高达 3000 万英镑。

或许出于这方面利益的驱动，历史有着惊人的相似。2012 年，又一张很轰动的水怪照片惊现网络，它是乔治·爱德华兹拍摄的[11]。这是一位寻找尼斯湖水怪的痴迷者。他花了 26 年的时间在尼斯湖经营游艇生意，不时还会将游客带到他的船上共同探寻水怪。就是他向当地的《因弗内斯快递报》投稿了一张让他颇为自豪的水怪照。这张照片在我看来挺平常的，水波当中有一处异物，学名叫“水驼”，驼表示驼峰。这张照片发布后，很多人都来打假，大家闹闹哄哄，折腾了一阵。在当地媒体的详细逼问和考证下，爱德华兹最后还是招供了。原来这个水驼是为拍摄《国家地理》关于尼斯湖水怪的纪录片，而特别制作的纤维玻璃模型。让人惊讶的是，爱德华兹对造假毫无悔改之意。根据英国《卫报》的报道，他自己说，过去的80年里，这样的事情天天都在发生，所以尼斯湖的旅游业才会有生意。听他的意思，他是觉得他自己为当地的旅游业作出了贡献。

有趣的是，我在网上查到，2014年腾讯科学也对爱德华兹的这张照片进行了报道[12]，里面详细介绍了这张照片，充满着溢美之词，但却完全没有提及这张照片已经被证伪。所以，如果大家能学好英语并善用的话，真的会打开一扇新的知识大门。

综合分析下来，大部分尼斯湖水怪照片里的异物一般有以下几种可能[13]：一条长约三五米的鲟鱼、鳗鱼、鸟类的尾迹、海豹、树木、潜水艇。可能会有人觉得还漏掉了一个可能，就是，会不会有人在尼斯湖饲养某种巨型生物呢？如果真是这样，那我想至少要满足以下四个条件：

1. 因为“水怪”的传言都已经快持续100年了，没有百八十头是无法长期饲养的。哪怕是百头，也是非常脆弱的生态，可能一不小心就会因为种种意外死亡了十来头，就会造成种群青黄不接，繁衍困难。所以更安全的规模是不少于200头。
2. 要有充足的食物，即便“水怪”像老鼠一样什么都吃，所需食物的数量也是惊人的。尼斯湖太小，自己不可能生产这么多食物。那么运输、储藏这些食物还要不被人发现，这可太难了。
3. 要秘密处理“水怪”的骸骨，不能流入其他区域以免被人发现。这事还得是一干几十年，神不知鬼不觉，这比上一条还难。
4. 要设法避免大量的游客拍到“水怪”的清晰照片，而以这个数量级的水怪规模，想要做到这一点，那几乎就是不可能完成的任务了。

经过我上面这一番查证和分析，不知道你是否想出了一个道理，那就是，这个世界上没有什么可以孤立存在的现象，它一定会和周围的系统发生互动，当我们无法直接求证某些离奇传说的时候，就可以借助合理的逻辑判断，来推测这个现象如果存在，那么必然还会出现一些其他什么样的现象呢。这些根据逻辑推测出来的现象是否存在，往往会比直接去求证离奇现象本身容易得多。实际上很多谣言，你用这样的思路去想的时候，就很容易辨别真伪。比如过去曾经有人说雷雨天打手机会遭雷劈，像这样的谣言你就可以用我刚才说的这种思路去考虑，假设这是真的，会出现什么情况呢？

其实在我们中国，也有水怪的传说。比较知名的是喀纳斯湖水怪和长白山天池水怪。有游客表示目击过庞然大物在湖中游泳前进。其实，在没有经过专业训练的人的眼中，水里的鱼、水獭、马鹿、棕熊等动物，乃至岩石、阴影、波浪，远距离看起来都可能变成怪物，也会被人为地夸大它的大小。特别是在传说有水怪的地方，游客本来就有寻找水怪的预期心理，就更容易捕风捉影了。

不过，我最后想告诉你，虽然尼斯湖怪基本可以认定为不存在，但这并不代表人类对地球上的所有生物都已经很了解了，尤其是大洋中的生物。也并不是所有的水怪传说都是子虚乌有的事，在深深的大洋中，尚有许多深海生物的未解之谜，咱们下章就来讲讲深海生物之谜。

参考资料

① http://www.dailymail.co.uk/news/article-5100885/Loch-Ness-monster-sightings-hit-record-high.html

② https://en.wikipedia.org/wiki/Loch_Ness

③ https://www.livescience.com/26341-loch-ness-monster.html

④ https://www.csicop.org/sb/show/nessie_hoax_redux

⑤ http://news.bbc.co.uk/2/hi/science/nature/3096839.stm

⑥ https://news.nationalgeographic.com/news/2006/03/0309_0603009_loch_ness.html

⑦ http://www.dailymail.co.uk/news/article-3129629/Nessie-elephant-Loch-Ness-Monster-gets-run-money-jumbo-going-swim-underwater-Botswana.html

⑧ https://blogs.scientificamerican.com/tetrapod-zoology/photos-of-the-loch-ness-monster-revisited/

⑨ https://blogs.scientificamerican.com/history-of-geology/the-earth-shattering-loch-ness-monster-that-wasnt/

⑩ http://www.dailymail.co.uk/news/article-5100885/Loch-Ness-monster-sightings-hit-record-high.html

⑪ https://www.theguardian.com/uk-news/2013/oct/04/loch-ness-monster-picture-fake

⑫ http://tech.qq.com/a/20141001/025212.html

⑬ http://www.dailymail.co.uk/news/article-2183094/Skipper-claims-finally-proof-Loch-Ness-Monster-exists.html

深海生物之谜

大王乌贼

看一看

历史上，关于海怪的神话和传说比比皆是。在北欧神话中，就有这样的描述：“在深不可测的海底，北海巨妖正在沉睡，它已经沉睡了数个世纪，并将继续安枕在巨大的海虫身上，直到有一天海虫的火焰将海底温暖，人和天使都将目睹它带着怒吼从海底升起，海面上的一切将毁于一旦。”

挪威是北欧神话的起源地之一，而海怪的传说在挪威也非常流行。据说挪威渔夫经常冒着生命危险在海怪的上方捕鱼，因为这样捕获量会很大。如果一个渔夫的捕获数量异常多，他们往往会互相说道：“你一定是在海怪的上方捕鱼”。在凡尔纳的科幻小说《海底两万里》中也出现了这种挪威海怪。

海怪到底存在吗？我想，你们或许猜到我接下来想说的了，是的，还是那句最重要的话：非同寻常的主张需要非同寻常的证据。而揭开海怪之谜的第一份证据出现在1873年，那一年发生的事情，让传说中的海怪不再仅仅是神话和传说了。

故事是这样的。1873年，在加拿大东部的纽芬兰省，有一艘小渔船正在海上作业。突然，船员们看到一只巨大的触手从水中升起，攀住了船舷。船员们吓得不轻，都认为遇到了传说中的水怪，命不久矣。但是，一名胆大的船员操起了斧子，朝着触手就是一斧头，触手应声而断，留在了船上，水怪也不见了踪影。这是第一次留下了水怪的实物证据。

当地有一名牧师名叫哈维，他也是一名业余的自然学家，对所有来自陆地和海洋的生物都很有兴趣。于是，船员就把这条 5.7 米长的触手以 10 美元的价格卖给了哈维。根据哈维的估计，长着这条触手的水怪，身长可能达到 20 多米。这只触手的母体到底是什么东西，当时引起了极大的争议。

到了第二年，也就是 1874 年，另一群渔民竟然用渔网捕捞到了一只巨大的乌贼，长约 8.1 米。他们听说哈维曾经用 10 美元买了一条触手，也想去碰碰运气，不过最终的成交价格仍然是 10 美元。这只巨大的乌贼就是后来被命名为大王乌贼的神秘深海生物。

哈维把这只大王乌贼带回了家，并把它悬挂在浴缸上方的窗帘杆上，拍下了一幅珍贵的照片，这也是人类第一次真正见到大王乌贼的全貌。这张照片也在世界范围内流传开来。拍完照后，哈维就把大王乌贼放到了后院的一大桶盐水里。最后，哈维把这只大王乌贼交给了耶鲁大学的一位动物学家做研究用途。这是有关大王乌贼存在的第一个证据。这个故事刊登在美国《科学家》杂志 2016 年 7 月号上[①]。

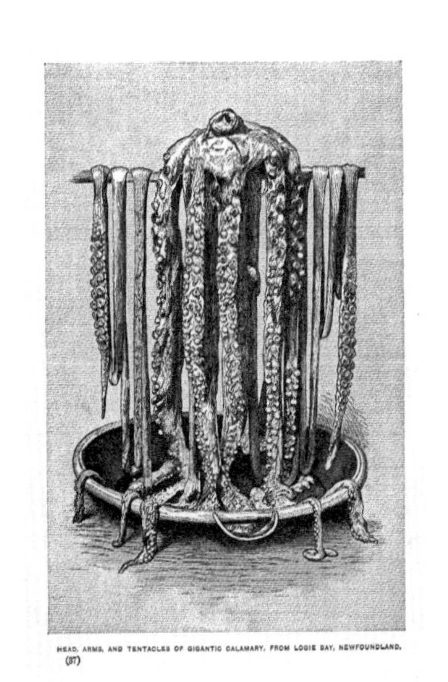

HEAD, ARMS, AND TENTACLES OF GIGANTIC CALAMARY, FROM LOGIE BAY, NEWFOUNDLAND. (37)

比利时的动物学家海夫尔曼斯搜集并分析了从 1639 年至 1966 年三百多年间共 587 宗发现海怪的报告，排除可能看错的、故意骗人的和写得不清楚的，认为可信的有 358 宗。他把这些报道中所有的细节输入电脑分析，得出了九种不同的海怪。虽然这些报道中仍不免有夸张成分，但其中至少有一种从前人们认为“不可能存在”的海中巨怪得到了证实：那就是大王乌贼[2]。在生物学中，乌贼属于头足类动物。

自从大王乌贼被正式发现后，就引起了海洋生物学家极大的兴趣。然而，这种生物至今依然让生物学家们感到迷雾重重。对它的了解往往只能通过被冲上海滩的尸体，从加拿大、日本水域的高纬度地区，到澳大利亚的塔斯马尼亚岛都发现了它们的尸体，往往都是高度腐烂的尸体。不过，这也说明，它们在海洋中的分布极广。然而，这种巨型海洋生物的生活习性到底是怎样、它们的数量有多少、生活在多深的水域等，这些问题，生物学家们在很长一段时间中，几乎是一无所知的。

突破口竟然来自于看似八竿子打不着的一种香料。这种香料叫龙涎香，这是香奈儿 5 号香水的主要成分。这种香料我国早在汉代就有记载，最早是被渔民发现的，比麝香还香。传说这是海里的龙在睡觉时流出的口水，滴到海水中凝固起来，因此得名。龙涎香非常名贵，有“漂浮的黄金”之称。直到 1993 年，一群鲸类学家来到亚速尔群岛的商业捕鲸船上，他们研究了 17 头抹香鲸胃里的食物和肠道后有了一个意外的发现[3]。他们竟然看到了龙涎香是如何形成的。在抹香鲸的肠道中，科学家们找到了一种坚硬的角质物质，被肠道分泌物包裹着，而这种物质成分竟然就和龙涎香一样。只不过龙涎香是被抹香鲸排出体外后，又经过了几十年甚至上百年的海水浸泡，最终形成了名贵的龙涎香。而对那种坚硬的角质物质经过进一步研究，才发现，它们竟然就是大王乌贼的嘴部，它的嘴部与鹦鹉的喙长得很像，因此也被称为鹦嘴。

这个发现非常重要，一下子让生物学家们获得了大量的大王乌贼的研究标本。因为抹香鲸的数量是极多的，而且全世界都有捕鲸船在捕杀抹香鲸，每一头抹香鲸的胃和肠道里面几乎都能发现这些无法消化掉的鹦嘴。

根据《美国国家地理》杂志2009年的一篇报道[4]：法国尺泽生物研究中心的伊夫·谢雷尔（Yves Cherel）详细分析了三头抹香鲸胃部的角质化嘴，他发现这些嘴部分别来自19个不同的物种，其中17种是乌贼，包括大王乌贼。这些发现证明了深海头足类动物的多样性，在深海中生活着大量尚不被人类所知的大型生物，大王乌贼只不过是它们中的一种。

通过对大王乌贼鹦嘴的化学成分分析，能反映出它们吃什么以及在哪里吃。鹦嘴中碳-13的水平还能告诉我们它们生活在多深的海域。研究证明，大王乌贼生活在极深的大洋底部，深度可达3 000米，这是一个极为恐怖的深度。

更有意思的发现是，过去人们总是发现抹香鲸身上伤痕累累，不知道是被什么生物弄的。现在已经可以确定，抹香鲸在深海中与大王乌贼经常展开惊心动魄的厮杀。抹香鲸一般体长20米左右，而大王乌贼也能长到10多米长，你可以想象一下这样两种深海中的庞然大物互相追逐、以命相搏的场景，肯定是极为震撼的。生物学家们从抹香鲸身上的伤痕可以大致推断出当时的惨烈场面，不是抹香鲸吃掉大王乌贼，就是大王乌贼用触腕把抹香鲸的喷水孔盖住使其窒息而死。可惜，虽然有人声称看到过这种厮杀的场面，但迄今为止也没有出现过影像证据。很多海洋纪录片的导演做梦都希望能拍到一场鲸贼搏斗的场景。只是，别说是拍到这种罕见的奇观了，就算是想拍到一张大王乌贼活体的照片都极为困难。

在哈维拍下那张著名的大王乌贼照片后的128年中，竟无人能拍到一张大王乌贼的活体照片。直到2002年1月15日，在日本濑户内海，人们首次拍摄到了活着的大王乌贼的照片，那是一只被绑在码头上奄奄一息的大王乌贼，人们在浅海区域发现了它，它很快就死亡了[5]。

好运气出现在 2004 年 9 月，日本科学家在小笠原群岛捕捉到了一只大王乌贼的全貌，并用照相机记录了下来。这只大王乌贼长约 8 米。科学家们用鱿鱼做诱饵，牵引着鱼线吸引着大王乌贼。在北太平洋水下 900 米处，抓拍了超过 500 张照片。由于大王乌贼被鱼线的钩子钩住，还损失了两条最长的触手。这是人类第一次拍摄到在水面下活动的大王乌贼[6]。

2013 年 1 月，日本 NHK 电视台和美国探索频道首次拍摄到了大王乌贼在深海中游动的景象。据报道，拍摄小组乘潜水器下潜到北太平洋 630 米的深海中，在那里拍摄到了这只长 3 米的大王乌贼，不过这对于大王乌贼来说最多只能算是一只婴儿级别的“小王乌贼”了。他们随后又跟踪乌贼下潜到水下 900 米，最终，这只大王乌贼消失在了人们的视野中。这是世界上首次在深海拍摄到大王乌贼的动态影像[7]。

到今天为止，人类对于大王乌贼还知之甚少，甚至连大王乌贼到底能长到多大也还在争论不休。据《美国国家地理》杂志报道，到目前为止，发现过的体型最大的大王乌贼长约 17.7 米，重约 1 吨。至于大王乌贼的数量、种群分布、寿命、繁殖规律等，这些依然都是宇宙未解之谜。

然而，你可能没有想到，大王乌贼并不是世界上最大的深海无脊椎动物，在大王乌贼被发现的 200 多年后，我们又发现了另外一种神秘的巨型深海动物。

海底黑烟囱

看一看

上一节，我们讲了大王乌贼，它其实就是很多传说中的海怪。然而，令人没想到的是，海怪不止是大王乌贼。

1925 年，生物学家在一头抹香鲸的胃里面发现了一只巨大触手的残肢，当时人们的第一反应就是大王乌贼，因为那个时候大王乌贼是人们唯一已知的能长出那么大触手的海洋生物。可是，很快人们就发现，这只触手似乎跟大王乌贼的有很大区别。触手上面有一些结构与大王乌贼的很不同，反而很像是鱿鱼的触手。乌贼触手和鱿鱼触手的区别在于，鱿鱼触手上有钩子，而乌贼的触手上没有。但问题是，怎么可能有这么巨大的鱿鱼呢?

但这件事情很快就被人淡忘了，一晃几十年过去了。到了 20 世纪 70 年代，一艘在南极捕鱼的渔船捕获到的鱼类身上发现了一些奇怪的勾爪痕迹，这些痕迹非常明显，也很巨大，当时的生物学家无法判断这是什么生物留下的爪印，似乎与已知的任何生物都不同。

直到 1981 年，这些令人感到奇怪的现象才终于得到了解答。一艘在南极海岸捕鱼的俄罗斯拖网渔船捕获了一条长达 4 米的鱿鱼，经过生物学家们的判定，这是一条未成年的雌性鱿鱼，属于管鱿目、酸浆鱿科。后来，这种新发现的鱿鱼被命名为大王酸浆鱿，这也是第一条较为完整的大王酸浆鱿标本。未成年的就有 4 米长，那成年的得长到多长呢?

你可能会以为，一个新的鱿鱼属被发现了，而且还是如此巨大的一种，肯定会引起生物学家们的巨大兴趣，很快就可以捕捉到很多活体了吧!

大多数人都会高估人类的能力，面对大洋，人类依然是极为渺小的。大洋下的浩瀚依然超过任何人的想象，我们对海底的了解可能还不如对月球了解得多。

又过了 20 多年，直到 2003 年 4 月 2 日，英国的 BBC 在线刊发了一篇配图的新闻报道。在南极海域附近才再次找到了一头大王酸浆鱿的样本[8]，是的，找到的时候已经死了。这头大王酸浆鱿的总长度是 6—8 米，如果不算触手，身体的长度是 2.5 米，就是身体比姚明还高很多。不过，这头大王酸浆鱿依然是一只未成年的。成年的大王酸浆鱿到底能长到多大，这依然是一个谜。

新西兰的海洋生物学家，专门从事乌贼研究的专家，奥克兰理工大学高级研究员史蒂夫·奥西尔博士告诉 BBC 在线:“捕获这头大王酸浆鱿做成标本之前，我们对它知之甚少，只知道这个物种生活在南极洲的深海环境里。现在我们可以肯定，它的体型大于大王乌贼。大王乌贼不再是最大的管鱿目生物。我们终于找到了更大的物种，它更大，而且是大了一个数量级。”

乌贼的特点是身子小，触手长，而鱿鱼的特点是身体巨大，触手相对较短。因此，虽然单论触手的长度，可能大王酸浆鱿没有大王乌贼的触手长，可如果要按头身的大小来算的话，那大王酸浆鱿就要巨大得多。

直到今天，我们拥有的大王酸浆鱿的标本仍然少得可怜。因此，对它的习性我们所知甚少，比大王乌贼还要少得多。有关大王酸浆鱿的一切生活习性，几乎都是宇宙未解之谜。生物学家们猜测，因为它的触手末端有着特有的能旋转的钩子，大王酸浆鱿会用两条长触手捕捉猎物，再送入触手中心的嘴部，并用鸟喙状的锯齿将其嚼碎再吃掉。它甚至有可能袭击抹香鲸。总之，围绕在大王酸浆鱿身上的谜题比大王乌贼更多，人类对它的研究可以说才刚刚开始。

在深深的大洋中，到底还隐藏着多少不为人类所知的巨型生物呢？这一点，恐怕最资深的海洋生物学家也不敢轻易下什么结论。我们只知道，很多有关海怪的传说并不都是出于人们的幻想。

不过，生活在水下500—3000米的大王乌贼只不过潜入了还不到最深的大洋一半的深度，在更深的地方，甚至是在万米深的大洋底部，会不会依旧是一个生命茂盛的神秘之地呢？

在很长一段时期，科学家们认为，超过5000米的深度后，海洋中不可能再有活着的生命，因为那里的环境，对于生命来说实在是太不友好了。首先是巨大的水压。每下潜10米就相当于增加一个大气压。在陆地上，如果你在150米高的写字楼中工作，气压的变化是很小的，你不会有什么感觉。但是，如果你潜入水中同样的深度，你的血管就会被压瘪，肺会被压缩成仅仅只有一个橘子的大小了。在5000米的水下是一种什么感觉呢？你可以想象自己被十五六辆满载的水泥搅拌车压在身上的感觉。不过，这种体会是像人类一样，身体有中空结构的生物才能感受到的。如果海洋生物的身体每一个缝隙都被海水填满的话，它们的感受就是另外一回事了。除了巨大的压力，在深深的海底，没有阳光，没有氧气，那是一个与地面上截然不同的环境。

然而，1960年瑞士人皮卡德乘坐“的里雅斯特”号首次达到马里亚纳海沟一万一千多米的沟底。他惊讶地发现，在那个深度，居然是端足目生物的领地。这是一种甲壳纲生物，长得像虾米，只是全身透明，它们就这么在毫无保护的状态下好好地活着。这一下就颠覆了生物学家们的认知。更加惊人的发现来自于20世纪70年代的传奇潜水器阿尔文号。

阿尔文号在加拉帕戈斯群岛附近2500米深的洋底发现了巨大的海底黑烟囱，因为水压巨大，所以海水的沸点远远高于100℃。在黑烟囱的附近，温度可以高达350℃。但是，就是在这样的一个极端环境中，却存在着一个完整的生物群落，从细菌到各种蠕虫，再到各种虾兵蟹将，那是应有尽有。这些生物不需要氧气，它们的能量来源是海底火山口的热量以及各种硫化物。硫化氢对于所有地面上的生物来说，都是一种剧毒的化合物，它们源源不断地从热液喷口中涌出。那里是一个独立的小世界，没有阳光、氧气或者其他一切通常与生命有关的东西。这个生态系统的基础不是光合作用，而是化学合成作用。若是在这次发现之前，有哪位生物学家提出这样的生态系统模型，绝对会被生物学界认为是异想天开的。例如，有一种叫“阿尔文虫”的生物，它头部的水温竟比尾部的水温高出了78℃。在此之前，人们普遍认为不可能有复杂生物存活于54℃以上的高温中。现在居然发现有一种生物不但生活在远高于这个温度的水中，而且还是在冰火两重天的环境中。这一发现彻底刷新了我们对生命生存条件的认知。

现在我们已知，这样的热液喷口遍布各个大洋。迄今发现的最深的热液喷口位于加勒比海最深处的开曼海沟，深度是7686米。深海热液喷口的生物主要包括细菌、古菌、病毒、底栖生物和浮游动物。热液喷口附近常密集栖息着一些个体巨大、身体结构极其特殊的无脊椎动物群落，多数是以前未发现过的物种。我能查到的最新资料⑨，到2000年为止在深海热液喷口发现的生物种类已有10个门，500多个种属，特有种超过400个，特有科11个，新发现的物种数量仍在不断增加。

但是，大家千万别忘了，人类拥有的能够下潜到黑烟囱深度的深潜器掰着手指头都数得过来，制造深潜器的技术难度是非常高的。除了仍然在服役的超级老兵阿尔文号，还有日本的深海 6500 号，俄罗斯的和平 1 号和 2 号，还有法国的鹦鹉螺号。这些深潜器服役都超过 30 年了，全是老兵。比较新的深潜器有中国的蛟龙号以及美国的“深海挑战者”号等，或许还有我没查到的深潜器，但肯定多不到哪里去了。因此，深潜器到达过的海底可能连大洋的万分之一都不到，天知道在深深的大洋底下，还有多少人类未知的奇特生物。有关深海生物的未解之谜会一直伴随着人类对大洋深处的探索活动。

参考资料

① https://www.the-scientist.com/?articles.view/articleNo/46360/title/First-Photo-of-Intact-Giant-Squid--1874/

② https://baike.sogou.com/v374479.htm?fromTitle= 大王乌贼

③ http://www.press.uchicago.edu/books/excerpt/2012/kemp_floating.html

④ http://phenomena.nationalgeographic.com/2009/03/17/what-the-stomach-contents-of-sperm-whales-tell-us-about-giant-squid-and-octopuses/

⑤ https://en.wikipedia.org/wiki/Giant_squid

⑥ https://en.wikipedia.org/wiki/Giant_squid

⑦ https://www.youtube.com/watch?v=jCWop491Q9Y

⑧ http://news.bbc.co.uk/2/hi/science/nature/2910849.stm

⑨ http://www.docin.com/p-1361430136.html

金字塔很神秘吗？

拨开迷雾

看一看

关于金字塔的各种神秘事件或者未解之谜的新闻隔几年就会有一次，有些当然是子虚乌有的事情，但有些确确实实是属于科学新闻。2017 年 11 月 2 日，《自然》杂志就刊登了关于胡夫金字塔的最新研究成果：科学家利用来自外太空的高能粒子，发现了胡夫金字塔内一直隐藏着一个巨大的中空结构①。金字塔一直是神秘主义爱好者最喜欢的话题，我想告诉大家，金字塔确实还有许多尚待解开的谜题，但这些谜题都是考古学意义上的谜题，与超自然现象无关。今天给大家谈谈胡夫金字塔的探索简史，破除一些常见的谣言。

埃及金字塔是古埃及法老和王后的陵墓，分布在尼罗河两岸。在埃及境内发现的 96 座金字塔中，最大的就是开罗郊区吉萨的胡夫金字塔，它也被称为“吉萨大金字塔”。这座金字塔是第四王朝第二个国王胡夫的陵墓，迄今已有 4700 多年的历史。胡夫金字塔高约 136.5 米，相当于 40 层的大厦那么高，塔底面积约 52900 平方米，相当于 8 个足球场。胡夫金字塔由 230 万块石头组成，平均每块石头重约 2.5 吨，有的甚至重达几十吨②。金字塔的建造工程包括采石、运输、砌筑等工序，需要大量的人力、财力和物力。金字塔也因此充满了神秘而浪漫的气息。有一门学说也应运而生，那就是“金字塔神秘学”，它宣扬胡夫金字塔暗藏着种种神奇的数字，甚至暗藏着人类的全部历史和未来。

19 世纪中期，一位名叫约翰 · 泰勒的英国人仅仅凭借资料和想象就宣称：金字塔是一座地球模型，为人类记载了地球的各种数据。后来一位年轻人威廉·皮特里在埃及实测后，推翻了这些数据，成为“金字塔神秘学”的强烈反对者，也被认为是科学考古学之父。

除了对着数字瞎比画，金字塔神秘学还宣称金字塔具有魔力，有一个法国人在20世纪初声称，他将猫的尸体放在一座金字塔模型底下，结果猫变成了木乃伊！《冒充科学的把戏和谬论》一书的作者马丁·加德纳曾经在《科学美国人》杂志上发表过一篇文章讽刺这种现象，始料不及的是，他这些明显属于讥讽的设想，却被一些读者当成了事实到处传播。

20世纪70年代时，“金字塔神秘学”又有了新发展[③]。名声一直不怎么好的瑞士人冯·丹尼肯出版了《众神之车》一书，捏造了各种各样的证据证明外星人来过地球，上帝就是外星人。其中的一大证据，就是古埃及人根本没有能力建造大金字塔，它是外星人建造的。有一个流传很广的说法是“以当时的技术水平，埃及必须有5000万人口才能勉强承担建造金字塔的巨大工程，但那时全世界才不过2000万人”。这种说法最早来自于一位叫作李方的国内记者，他是在《历史学大地震就要来临？》这篇文章中提出的。而真正的考古学界的意见是，从建造最早的第一座金字塔开始，古埃及人花了一百多年的时间，通过一步步的摸索、改进，才最终建成了这座古埃及文明的象征——胡夫金字塔。著名的金字塔考古学家莱纳（Mark Lehner）博士曾经领导过一个著名的试验：采用古埃及的技术，12个人用22天的时间切出了搭建金字塔需要的石头，随后44个人完成了搭建工作[④]。我的观点是，外星人建造金字塔的说法是对人类文明和智慧的侮辱。

另外，在20世纪，有关埃及金字塔的建造者究竟是谁也存在着许多争论，但绝大多数史学家和考古学家都赞同古希腊历史学家希罗多德的观点。他认为，金字塔是当时埃及的奴隶建造的，而所需的石头是成千上万的奴隶从西奈半岛上的阿拉伯山开采来的。

但 1990 年，这个观点被吉萨高地上的一个意外发现给推翻了。根据 BBC 官网 2011 年 2 月 17 日的一篇报道⑤，那年夏天，一个旅行者在吉萨高地骑马时，马腿不慎卡在了一个洞里。这是一个掩埋在地下的墓地，它有漂亮的拱顶，周围全部被石膏封着，上面有象形文字写的名字。得到消息后，来自世界各地的埃及学家云集到了吉萨高地上，陆续找到了大大小小一千多座坟墓，每一座都属于一个金字塔建造者，这其中包括工人和监工们的墓地。这些人不仅留下了他们的职位和头衔，甚至还留下了很多啤酒罐。当然，这不是现代意义上的啤酒，而是古埃及一种类似啤酒的饮料。数百个啤酒罐留在这里，是为了让死者在死后也能喝酒解渴。

当时就有学者根据这些发现指出，他们并不是奴隶，而是埃及的工匠。果不其然，考古学家之后在吉萨高地发现了一个规模庞大的墓地群和当年建造者们的生活城镇。这是一座不同寻常的城市遗址。城市中有生活区、工匠区、港湾，甚至还有啤酒屋和面包房。饮食的痕迹表明居住者享用的是像鱼类和牛肉一样的高蛋白食物以及蔬菜。在生活区中，居住者是以家庭为单位组成的，不管男女的性别搭配，还是老人、壮年和小孩的比例都非常符合常理。

不仅如此，金字塔的建造者还享有人身自由和休假的权利。金字塔外有一个陶片就记录了有一个工人，某天因为家庭纠纷，和爱人发生矛盾，不能来上班了。还有的陶片记录的请假理由是生病。他们大致是劳动九天休息一天，古埃及是一周 10 天制。

考古学家不久又带来了一个让人振奋不已的消息，他们发现了一具有着 4700 多年历史的石棺。这是人类有史以来所发现的最古老的石棺。根据石棺上的铭文，石棺主人是当年建造大金字塔的总监工乌塞瑞特。

以上这些信息，除了 BBC，还可以在美国著名的 CBS News（哥伦比亚广播新闻网）和另外一些知名的新闻网站中检索到。

那胡夫金字塔的谜题彻底解开了吗？那倒也没有。我们已经知道，金字塔是法老和王后的陵墓，胡夫金字塔也不例外，它的内部有国王墓室和王后墓室，但它还有一条神秘的通道，一面向南一面向北，通道的尽头又是什么呢？围绕这条神秘的通道，就有很多故事⑥。

最初发现这条通道是在 1872 年。当时一批前往埃及考古探险的欧洲人进入了胡夫金字塔。热衷考古的英国工程师维恩曼·迪克森和伙伴们小心翼翼地在这个迷宫中艰难地摸索着，在王后墓室南面的墙上，他们找到了一条深不可测的裂缝。就这样，神秘莫测的王后墓室南通道被发现了。这条通道只有 20 厘米乘 20 厘米宽，大约就像厨房里的油烟机排风孔那么大，根本无法进入。他们点燃了火把，试图利用火把产生的烟雾去寻找通道的出口。他们看着烟雾飘入了通道，可另一组在金字塔外面的人却始终没有发现烟雾的痕迹。这让他们百思不得其解，难道南通道没有通到金字塔外面吗？无论如何，这个发现在当时引起了很大的震动，是考古界的一条大新闻。因为在古埃及所有的金字塔里，除了常规的墓道之外，是没有其他通道的，而胡夫金字塔打破了这个惯例。但没有人知道当初的建造者是出于什么样的目的设置这条通道的，是因为当时新出现的宗教观念，还是由于建筑本身的需要？

时光飞逝，100 多年过去了，这期间，人们对于胡夫金字塔的了解也越来越多。国王墓室和王后墓室名不副实，因为墓室里面没有发现任何木乃伊，但两个墓室里都有棺材。不过 4700 多年前的棺材，是不是都是放尸体用的，这还有待确认。而王后墓室那条神秘的通道被称为“大甬道”。有人称，这或许是通风口，但这种说法未获得大多数人的认同，毕竟“通风口”这三个字实在离“神秘”差得太远了。后来，人们发现胡夫金字塔的内部空间十分巨大，连起来的倾斜通道长 42 米，高 9 米。

这些发现都是 20 世纪七八十年代的事情了，围绕着这条通道，后来还发生了很多轰动全世界的精彩故事，咱们把这个关子留到下一节。

大甬道之谜

看一看

上一节，我们说到了胡夫金字塔王后墓室中神秘的“大甬道”。那到了 20 世纪末，关于它的探秘进行得怎么样了呢？我们还说到，它背后有“门”，究竟是什么门呢，听我一一道来。

1993 年 3 月 22 日，考古界又爆出了一个激动人心的消息，名不见经传的德国人鲁道夫·甘登布里克[7]取得了十年来最重要的考古发现，他控制的机器人在胡夫金字塔的神秘通道里前进了 65 米！甘登布里克是德国驻开罗考古研究院的一位遥控机械装置工程师，他往王后墓室南通道的上方送进了一个小型遥控机器人。它重 6 公斤，形似坦克车，有履带，长度只有 37 厘米，由七个独立的电动机驱动。当时送它进入通道，是为了拍摄一部电视纪录片。

机器人前进到 65 米处时，停了下来，传回了一张照片，看似是一扇石头做的门。就此，机器人前进的通道就被这块石头堵住了，石头上还有两个门把手一样的东西。这块石头不像是一个天然的塌陷，仿佛是特意切割好来堵住这条通道的。但是，为什么要这么做呢？古埃及人想要保护什么东西吗？它到底会通向哪里呢？还有，像门把手一样的东西是做什么用的呢？

无数人着迷于这条神秘的通道和后面的大石头，想看看石头后面还藏着什么。也有人说，两个门把手一样的东西，预示着石头后面是一个墓室。日本早稻田大学的吉村佐治教授在对通道进行了微波与重力探测后宣布，石门距离金字塔外墙约有 16.5 米，足以存在一间墓室，这一发现又让金字塔的粉丝们再次激动起来：胡夫为什么要在一条通道中设置一个石门，石门背后如果有密室，是不是藏着始终没有找到的胡夫木乃伊？

在照片发回之前，还有一种古老的说法称这条通道为“星座通道”，因为这条通道的洞口看上去指向了大犬星座和猎户星座的方向，有人推测当时建筑的目的是为了引导法老王的灵魂走上天堂。但机器人发回的照片显示，通道里全是弯弯曲曲的路径，并不会指向哪些特定的星座。

而发现石门的甘登布里克则对门后面的秘密怀着死理性派的态度。他说：“我是绝对持中立的立场，考古是科学的过程。我不想回答任何猜测性的问题，这些问题只有通过继续研究才能回答。”

距离 1993 年，一晃 9 年过去了，2002 年夏天，一个被命名为“金字塔漫游者”的机器人在美国东海岸的波士顿推出。这个机器人身世显赫，它的先辈曾经参加过“911”世贸大楼的幸存者搜救工作。“金字塔漫游者”则装着当时世界上最先进的探测设备，有五个极小的数码摄像机用来拍摄和回传通道以及石门的细节图像。它被分成了两部分：前面看起来像一个微型坦克，这是电力室。电动马达驱动着顶部和底部的两套橡胶轮胎，作为附加牵引力，它也可以根据通道的高度进行伸缩。它的大脑则在后面，集成了高密度的电子元件。

好事多磨。在早期的实验中，这个机器人出了一个近乎致命的事故，它跌落了将近55米，但神奇的是，它几乎完好无损地幸存了下来。事故的原因是金属钉折断了。半个月后，修理好的机器人重新归来。新问题接着出现了。机器人必须将通道石门钻出一个洞来，才能看到它后面的景象。而这样做，就势必破坏石门。身为埃及最高文物委员会主席的哈瓦斯对此十分犹豫。为了解除哈瓦斯的担心，技术小组仿造了一个类似的环境，他们找到了一块与石门材质接近的石头，并对它进行钻孔实验，效果不错，没有出现崩裂的现象。哈瓦斯这才点头同意。于是，机器人“金字塔漫游者”戴上了钻头，开始肩负一项重要而艰巨的任务。

2002年9月17日，探索胡夫金字塔南通道的考古行动拉开了序幕。这次行动也被埃及旅游局策划成一次吸引全世界目光的公关活动，他们向全球直播此次考古的全过程。我是那次事件的亲历者，在我印象中，它绝对是当年最受全球瞩目的一次电视直播，据说有几亿人守在电视机前观看此次直播，我也不例外。

埃及当地时间凌晨2时，浓厚的夜色笼罩着尼罗河两岸，考古学家兵分两路，一路来到了胡夫金字塔王后墓室的南通道，机器人“金字塔漫游者”将从这里走向那扇神秘的石门；另一路则来到了距离胡夫金字塔不足一千米的吉萨高地工匠村，可能是为了增加直播的热度，埃及官方也决定在这一天同时打开1990年在金字塔工匠村遗址发现的一具石棺，这是人类有史以来所发现的最古老的石棺。根据石棺上的铭文，石棺主人就是当年建造胡夫金字塔的总监工乌塞瑞特。

2时50分，两处的考古学家们都在满头大汗地紧张工作着。2时55分，机器人已经走过了神秘通道中四分之三的路程，石门已经近在咫尺。3 时 15 分，哈瓦斯博士来到石棺旁边，他在最后清理石棺上的泥土。又过了 10 分钟，哈瓦斯博士慢慢地将棺盖撬开了一条小缝，然后停下来等待了一会儿。由于长年的考古经验，他知道石棺里面可能存在着有毒气体，因此要先让空气流通一下。而此时，在南通道，机器人的钻头已经钻通了石门。3 时 37 分，随着哈瓦斯博士揭开棺盖，一具男人的遗骸呈现在石棺里，整个骨骼非常完整，保持着面朝东的侧卧姿势。但遗憾的是，石棺里除了骨骼外，并没有发现关于南通道的建造秘密。看来，揭开南通道秘密的使命，只能寄希望于“金字塔漫游者”了。

3 时 57 分，当机器人的钻头探进石门背后的时候，一个出乎意料的结果出现了：前方又是一块布满斑痕的石门。不过，这个石门和前面那个很不一样。首先，它看起来很粗糙，上面有很多裂纹，明显是没有经过打磨处理的；其次，上面没有把手。2002 年的这次探险又戛然而止。关于 1993 年和 2002 年的两次探险，我特意制作了一段简单的视频，其中“金字塔漫游者”机器人也会露脸，有兴趣的同学在我的微信公众号“科学有故事”中回复“金字塔 2002”，就可以收到回复观看了。

谁也没有想到，这次揭秘金字塔的直播的结局是一个更大的谜题。这第二道石门后面到底有什么呢？这一等就是 15 年，我们终于在 2017 年底又等来了更新的消息。

2 年前，在不破坏胡夫金字塔物理结构的情况下，科学家展开了一项被称为“扫描金字塔”的计划。他们利用来自外太空的高能粒子，这也被称为“宇宙射线”，来探索金字塔的内部结构。就好像给金字塔拍 X 光照片一样，宇宙就是一架天然的 X 光相机。经过了 2 年的探索，2017 年 11 月 2 日，《自然》杂志刊登了这项研究的成果。科学家们发现了胡夫金字塔“大甬道”的上方还隐藏着一个巨大的中空结构，高约 8 米，宽 2 米，长至少 30 米，可能是水平的，也可能是倾斜的，可能含有一个或多个隔间甚至有走廊，但是粒子探测器的图像能显示的仅仅是这一空间的粗略大小，并无法得知其具体的设计细节。

那条神秘的通道的石门之后到底是什么，依然还是个谜，我们继续等待着考古学家们为我们揭晓最后的谜题，不过这还有赖于埃及官方的态度。大家知道，金字塔之所以每年能吸引如此众多的游客，就是因为它还有所谓的“未解之谜”，如果最后的谜题也被解开了，埃及很可能会因此损失旅游收入。所以，考古问题不是一个单纯的科学问题。从这一点上来说，与我之前介绍过的尼斯湖水怪有相似之处。通过这一章，我跟你简单介绍了什么是探索金字塔之谜的科学方法，而我希望你能因此学会如何区分传说和考古证据。编一个故事，做一些大胆的猜测，这很容易，可是，要取得一个实打实的证据，却非常难。而科学总是在做这些最困难的挑战。

参考资料

① http://www.sohu.com/a/202234059_372479

② https://baike.sogou.com/v17821.htm?fromTitle= 胡夫大金字塔

③ https://www.douban.com/group/topic/9109049/

④ https://en.m.wikipedia.org/wiki/Egyptian_pyramid_construction_techniques

⑤ http://www.bbc.co.uk/history/ancient/egyptians/pyramid_builders_01.shtml

https://www.theguardian.com/world/2010/jan/11/great-pyramid-tombs-slaves-egypt

https://www.cbsnews.com/news/more-evidence-slaves-didnt-build-pyramids/

⑥ https://www.sott.net/article/229155-Pyramid-Exploring-Robot-Reveals-Hidden-Hieroglyphs

https://news.nationalgeographic.com/news/2002/09/0923_020923_egypt.html

https://www.cheops-pyramide.ch/khufu-pyramid/cheops-great-pyramid.html

https://baike.sogou.com/v10948569.htm?fromTitle= 金字塔漫游者

⑦ http://www.violations.org.uk/gantenbrink.html

百慕大三角很神秘吗？

空气炸弹

看一看

神秘的百慕大三角似乎已经是一个老掉牙的话题了，可是，你可能不知道，就在2016年年末，围绕着百慕大三角，西方各大主流媒体一阵躁动，闹出了个大新闻。2016年10月21日，《纽约邮报》发文“百慕大三角之谜或许终于解开了”[①]，4天之后的25日，《华盛顿邮报》怼了回去，“百慕大三角之谜没有解开，科学家原话被歪解”[②]。这里说的是《纽约邮报》（*New York Post*），不是《纽约时报》（*New York Times*）。虽然名气略逊《纽约时报》一筹，但也是历史悠久，1801年就创刊了，2009年发行量全美排第六[③]。媒体和媒体的互怼一向很精彩。一会儿解开，一会儿没有解开，这到底是怎么回事呢？科学家又说了些什么呢？

让我们根据发布时间，分别来看看这两篇新闻。《纽约邮报》说，在百慕大三角上空形成的奇怪的云彩，可以解释为什么历史上会有几十艘船只和飞机在这块区域无故失踪。这个理论很引人瞩目，他说云彩或许能形成270千米时速的空气炸弹，从而击落飞机和船只。270千米差不多是F1赛车的平均时速。这个理论是气象学家兰迪·考文尼在接受科学频道《究竟是怎么回事》（*What on Earth*）节目采访时透露的[④]。考文尼在视频里表示：“云层的六角形状在卫星图像中真的很奇怪。海洋上这些六角形的云本质上是空气炸弹。它们由所谓的微型爆炸物形成，会引发空气爆炸。”《纽约邮报》还表示，空气爆炸威力巨大，是飓风级别的能量，很容易就能使船只和飞机失事。

看到这条新闻，那真是勾起我童年的记忆啊，自打我对宇宙未解之谜好奇以来，各种围绕百慕大失踪的假说层出不穷，次声波振动说、海底水桥说、天然气水合物说、磁偏角异常说、虫洞说、时空奇点说，等等。现在又来了一个云朵空气炸弹说。当然，现在再看这样的假说，和小时候的感觉已经完全不一样了。其实，对于任何一个学说，与关注这个学说本身同样重要的是，关注一下同行的评价。科学研究特别看重同行评价，一个理论出来，就要接受全世界同行的挑战和挑刺，因为科学不讲究求同存异，只有真假之分。

果然，4 天后，《华盛顿邮报》出手了，它开门见山这样说：这周，《纽约邮报》科学频道关于百慕大三角的报道引发了热议，科学频道的言下之意似乎是谜题已解，但接受采访的科学家却根本没有这个想法。科学频道《究竟是怎么回事》采访了亚利桑那州立大学气象系主任考文尼，把他塑造成了解开百慕大之谜的科学家。或者说，至少考文尼认为自己有了答案。但实际上，这位专家对百慕大压根不感兴趣。考文尼在接受我们的采访时表示，剪辑太可怕了，我看到科学频道的节目时真的很不安。

接着，《华盛顿邮报》把矛头对准了同时报道这起事件的同行，来了一番获胜者似的冷嘲热讽。除了《纽约邮报》，总部位于英国的《太阳报》也在线发表了一篇文章，标题很长："科学家宣称时速 270 千米的空气炸弹可以击落飞机、击沉船只，臭名昭著的百慕大，围绕它的失踪之谜已经解开"。类似这样报道的媒体还不止这两家，谈论水怪的时候我们经常提到的《每日邮报》也转载了，还有《热门机械》《印度时报》，除了纸媒，知名电视节目《今日》也进行了报道。这么一来，影响很大，百慕大的神秘形象又被树立起来了。

那这个考文尼到底有没有说过空气炸弹说呢？考文尼自己的说法是，这全是剪辑的错！这里也提个醒，剪辑师确实是可以做到完全歪解被采访者本意的。

为科学频道制作这期节目的 WAG TV 的首席运营官就很为考文尼

的“变卦”感到愤怒。他说，我们看了卫星摄像机拍摄的奇怪图像，然后让专家来解读背后的原理，最后再找到最有可能的答案。他的意思是，频道的流程是规范的，并没有胡说八道。

那剪辑出来的片子里到底是怎么样的呢？实际上，片子里考文尼的镜头并不多，更多的是旁白，但加在一起表达的差不多就是《纽约邮报》报道的那些夸张原理。考文尼表示，他确实是说过云朵会引发空气爆炸，但是是把这个作为反面教材，用来讽刺那些鼓吹神秘说的人的，结果节目一播出，完全颠倒黑白了。考文尼说他没有在节目播出前看过成片。最后他表示，自己对研究百慕大完全不感兴趣。

云朵能形成空气炸弹，所以百慕大可以把飞机和船弄沉没，这么耸人听闻的新闻，怎么能一下子，好像都不用考证似的就登上了主流媒体的头条呢？别奇怪，这其实是大众媒体的常态。在我看来，几乎每一个科学新闻，都存在媒体过度解读的问题。在如今的各种媒体上，各种夸大和歪解科学发现、科学理论是泛滥成灾的。想要了解科学，盯住几个靠谱的专业科普媒体、避开大众媒体是最好的选择。

接下来我们简单回顾一下百慕大三角的所谓神秘历史。百慕大三角是位于迈阿密、波多黎各和百慕大岛之间的一块三角地带，每边的边长约 2000 千米，大致相当于上海到北京一个来回的空中距离。不过关于它的具体划定范围，一直有争议，但它的面积至少有 130 万平方千米，大致相当于中国国土面积的 1/7，是很大一片海区了。百慕大三角还有个别名，叫“死亡三角”，因为据传它能吞掉船只和飞机。20 世纪发生的比较早也是最为著名的一起失踪事件是 1945 年 12 月 5 日的“美国海军第 19 鱼雷机中队失踪事件”⑤。那天一开始还算风和日丽，第 19 鱼雷机中队的 5 架“复仇者”攻击机在中尉查尔斯 · 泰勒的率领下，沿着佛罗里达海岸进行例行的飞行训练。战机起飞前刚刚进行过全面检测，每架战机都加满了足够飞 5 个半小时的油料，飞行员的情绪也不错。总之，一切安好，没有要出事的样子。

下午 2 点半，五架战机从基地起飞。1 个半小时后，第 19 中队顺利完成了当天的鱼雷轰炸训练任务，开始向基地返航。突然间，领飞的泰勒中尉与基地指挥所进行了紧急联系："我们迷航了，我们看不见陆地了！" 基地的空中交通管制官立即让第 19 中队的飞行员们报告他们所在的方位。指挥所还想向飞行员们下指令，但因为相互之间的联络断断续续的，所以只能根据雷达上的位置下令他们朝西飞，而无法下达更精准的命令。

最后，这五架战斗机因燃料耗尽，全部坠入海中。随后美军便派出了大量飞机和船舰进行救援搜索。但是结果却更悲惨，不但没有搜救成功，其中一架 PBM-5 水上飞机还在救援任务中出事，机上 13 名乘员无一生还。

关于此事的官方调查报告，足足有 500 页，最初的说法是队长泰勒应该为这次事故负主要责任。泰勒虽然有着近 2000 小时的飞行时间，但他并不是一位优秀的飞行员，性格固执，而且以马虎著称。二战期间，他就曾经两次在海上迷航，不得不放弃飞机跳伞逃生。在这次致命的飞行训练中，泰勒居然还忘记携带基本的导航仪和手表。更重要的是，基地在发现泰勒迷航后，就要求他把指挥权交给其他人。但刚愎自用的泰勒却宁愿相信自己多年的飞行经验，而不愿意接受指挥中心的提议，继续带队往错误的方向飞去。通讯记录显示，有至少不下两位学生飞行员发现泰勒的判断有误，并要求改变航向。但泰勒仍然一意孤行，带着一行人飞向了死亡的深渊。

第 19 中队事件还有着怎样的内情，百慕大的谜题到底解开了吗？我们下节揭晓答案。

不神秘的失事

上一节我们说到美国第19中队的5架战斗机在百慕大坠毁了，就连救援它们的飞机也出事了。这究竟是怎么回事呢?

看一看

综合我检索到的各种资料，不难发现，这次救援飞机的空难事故并不神秘，该有的迹象和证据一点儿都不缺。例如，根据气象资料，出事的那天，也就是1945年12月5日，早上是晴朗，但很快就晴转阴，到了救援飞机出动的时候，气象环境已经非常恶劣了。而当时参加救援的PBM-5水上飞机是历史上频繁出现油气外泄且常因小火花导致爆炸的机型，所以这种飞机也一直有一个非常倒霉的外号，叫“飞行中的油箱”，可见名声有多差。而且，根据当时在该海域经过的一艘邮轮上的乘客们的证言，当晚曾经听到过上空有爆炸声，并看见了闪光，海面上也拖着一条长长的油带。所有这些证据都表明这是一起由于恶劣天气引发的空难事故。

其实，在第19中队的事故发生后没多久，海军的官方报告就已经作出了明确的责任认定。第19中队失事的直接原因就是队长泰勒迷航了，他带着13名队员，总共驾驶了5架飞机，耗尽燃料不幸丧命。但是，泰勒的亲属对这样的调查结果却极度不满，多次向美国海军高层投诉。可能是一些当局的领导被弄得不胜其烦，也有可能军方高层就是为了摆脱亲属的纠缠，在事故原因中，除了写上“糟糕的天气”还加了一句“未知因素”。但军方万万没有想到，原本只是为了应付一下家属写上的“未知因素”这四个字，却激起了神秘主义爱好者的浮想联翩，从此诞生了“神秘的百慕大三角”“魔鬼三角”之类的名称。此后，各种谣言和辟谣就再也没有断过。

如果仔细追溯历史，我们会发现，1950 年，有一位叫爱德华·琼斯（Edward Jones）的人在美联社的发文中，第一次把第 19 中队空难事故发生的原因，引向了“百慕大三角”那片海域。正是他，第一次把“失踪”和“百慕大三角”联系在了一起。他也被称为“百慕大三角之父”。到了 20 世纪 60 年代，另一个叫文森特·盖迪斯（Vincent Gaddis）的人给自己发表的文章取了一个引人入胜的标题，他就是我们现在所说的“标题党”，他起的标题是“死亡百慕大三角（The Deadly Bermuda Triangle）”，这篇文章为他赚足了眼球。他在文中没有提供可靠的数据，但却摆出一副言之凿凿的样子。他说，这个地区海难频发，远远超过其他的海域。后来他又出了一本书《隐形的视角》（*Invisible Horizons*），详尽地描写了百慕大三角的神秘事件。就这样，套路成型了。挖掘过去的海难事件，加上个人的解读，最后把灾难的帽子扣在“百慕大三角”上，文章就可以吸引无数人的注意。百慕大三角就这样变成了“死亡三角”。

所以，这一切的源头还是要归结到美国海军当初那份调查报告中的“未知因素”四个字。第 19 中队的灾难事故，经过一轮轮发酵，谣言也是此起彼伏，没有停过，这都是“未知因素”惹出的祸。

关于百慕大三角很神秘的新闻报道，一直会时不时地出现在媒体上。比如 2003 年 12 月 3 日，在搜狐新闻上就有这样的一条国际要闻《美国教授揭开 20 世纪最离奇的战机集体失踪事件》，这条新闻又是搜狐援引中新网发的，而中新网又是翻译自俄罗斯的《真理报》。这条新闻说，加州大学的教授米切尔·克莱恩对百慕大的离奇失踪事件作出了新的解释。他认为，地球上存在一些“时空异区”，一旦不小心误入这些异区的话，那么时间就会变快或者变慢，空间也会相差几千千米。他认为，第 19 中队一定是飞进了“时空异区”，才会错过了加州的海岸线，而飞到了墨西哥湾的上空。这时候，如果飞行员往西找陆地的话，只能是越飞越远，因为墨西哥湾的陆地在东北方向，最后他们油料用尽坠入海中[6]。

我希望通过我的书，让你以后一看到这样的新闻，马上就给它一个“呵呵”。我检索了一下，不出所料，这个所谓的教授的信息根本查不到。如果你发现有一条新闻，从头到尾都没有给出可供你去查证的内容，比如里面提到的重要人物的准确背景信息，还有时间地点、数据来源等。你基本上已经可以把它认定为假新闻了。

我们再来看另外两起比较出名的百慕大飞机失事事件，我的资料来源是 BBC 的记者汤姆·曼戈尔德做的一份调查报告[7]。

第一起事故发生在 1948 年 1 月 30 日。一架英国南美航空公司（BSAA）的客机从伦敦飞往百慕大的途中消失了，基本没有留下任何飞机的残骸。当时的官方调查报告上说：这是我们遇过的最令人困惑的问题，中间发生的一切可能永远都无法获知了，这将成为一个未解之谜。但是，事实上是南美航空公司的安全记录惨不忍睹。三年里有 11 起严重事故，造成 5 架飞机失踪，73 名乘客和 22 名机组人员遇难。我想听到这里，你对它的搪塞之词也就不会意外了。

调查记者细究了当时的调查报告，有了新的发现。这架客机在到达中途加油站之前就遇到了问题。这架客机的加热器在航线中失灵了，其中的一个指南针也发生了错误。而当时为了暖和些，飞行员决定在 600 米的低空飞行，这会大大增加燃料的燃烧速度。记者由此推断，导致客机坠毁的原因是机械故障，或者燃料提前耗尽，又或者两者兼而有之。

第二起事故发生在一年后，同样的航空公司，同样的机型，这架客机在从百慕大离开一小时后，飞行员例行报告了他的位置，然后就在 5500 米的高空失踪了。根据专家的说法，这是一场突如其来的灾难。和第一起事故一样，没有残骸、碎片和尸体。不像燃料提前耗尽，不是天气突然变化，飞行员操作失误的可能也被排除。

看上去很像一起神秘的失踪事件，不过，仔细调查后就发现，这架飞机的设计有严重缺陷。机舱加热器被安装在了副驾驶座的地板下方，如果液压蒸汽发生了泄漏，就会导致爆炸，所以飞机才会突然从雷达上消失。

在 1975 年出版的《百慕大三角秘密已解》一书中，作者库舍挨个调查了神秘现象鼓吹者们提到的全部 50 多起事件，查阅了各方的调查报告，得出了 6 条到现在也没有过时的结论[8]。他说：一、按比例来说，该地区失踪的船只和飞机的数量并不比其他海区多；二、作为一个经常受到热带气旋影响的地区，它发生的失踪事件的数量是合理的，也并不神秘；三、很多作家都没有还原事实真相，那就是失踪事件发生时，气象条件很糟糕；四、失踪的数量被人为夸大了，比如一艘船失踪时会被记录下来，平安返回港口后，总的失踪数量却不会减少；五、一些失踪事件是谎报的，事实上从未发生。六、围绕百慕大三角之谜的炒作一直存在，作家会使用错误的推理制造耸人听闻的故事。

其实，有一份证据足以说明百慕大不神秘，垄断英国海洋保险的伦敦劳埃德保险公司声明[9]：根据劳埃德记录，自 1955 年以来，在世界范围内有 428 艘船只被报失踪，而我们没有发现任何证据，支持“百慕大三角比其他地方有更多失踪案”的说法。也就是说，途经百慕大的船只的保险费并不会额外提高。2013 年，世界自然基金会确定了世界上十个最危险的航运水域，其中并没有百慕大三角。我想，百慕大并不神秘的证据已经足够多了，真相早就被还原。关键在于你更愿意相信证据还是传说。

比如，自从科学家们创造了暗物质一词后，很快就出来一些神秘主义者，他们把百慕大三角的神秘归因到暗物质上。像这样用科学术语来编造的谎言，在生活中实在是太多了，人们也很容易被这些包装着科学术语的谣言所骗。不被谣言欺骗的方法除了拥有科学精神外，更直接的方法，当然就是学习这些科学术语的真正含义。

你想不想看看百慕大的水域到底是什么样子的呢？现在不仅可以看到水面，还有人潜入水下进行科学考察。我找到了英国《卫报》一位记者的调查视频，他在百慕大水域下潜了 150 米。有兴趣的同学可以在我的微信公众号“科学有故事”中回复“百慕大下潜”五个字观看视频。

参考资料

① https://nypost.com/2016/10/21/the-mystery-of-the-bermuda-triangle-may-finally-be-solved/

② https://www.washingtonpost.com/news/capital-weather-gang/wp/2016/10/25/the-bermuda-triangle-mystery-isnt-solved-and-this-scientist-didnt-suggest-it-was

③ https://en.wikipedia.org/wiki/New_York_Post

④ https://www.youtube.com/watch?v=5fuSHfhRiIE

⑤ https://www.history.com/news/the-mysterious-disappearance-of-flight-19
https://en.wikipedia.org/wiki/Flight_19

⑥ http://news.sohu.com/2003/12/03/41/news216394107.shtml

⑦ http://news.bbc.co.uk/2/hi/uk_news/8248334.stm

⑧ https://en.wikipedia.org/wiki/Bermuda_Triangle
⑨ https://adventure.howstuffworks.com/bermuda-triangle1.htm

球状闪电之谜

关于球状闪电的目击报告非常多，我能查到的最早的一份官方报告是 1960 年美国物理学会等离子体学部第二届年会的纪要文件。这份文件中说，地球上有大约 5 % 的人口报告说曾目睹球状闪电，2007 年 4 月《科学美国人》的一篇文章中也援引了这个数据[1]。我们姑且不去较真这个数据是不是可靠，但至少可以证明一点，关于球状闪电的目击报告非常多。

我们来看维基百科网站提供的几个典型的目击报告：

1638 年 10 月 21 日，英国德文郡温可比摩尔村雷雨大作，一团直径 2.4 米的火球袭来，进入了教堂，四人遇难，还有将近六十人受伤，教堂也差点毁于一旦。教堂墙壁上的大石头穿过了巨大的木结构横梁，滚落到了地上。据称，火球砸毁了许多长椅和窗户，教堂里充斥着硫黄味，臭气熏天，且满是浓浓的黑烟。

据目击者报告，火球分成了两部分，一部分撞开窗户滚了出去，另一部分消失在了教堂中。根据火球的特点和它的臭味，当时的人们认为它是“魔鬼”或“地狱之火”。后来，有人指责两个在布道时坐在长椅上打牌的人，认为他们惹怒了上帝，所以招来了火球。

1749 年 11 月 4 日接近中午时分，海军上将钱伯斯正在蒙塔古号上观测。他发现大约五千米以外有一个蓝色的大火球。船上的人立即放下了上桅帆，但火球快速袭来，他们还来不及调头离开，火球就几乎垂直地升起了，然后就在离他们三四十米的地方炸开了，威力好比一百门大炮同时发射，强烈的硫黄臭味蔓延了开来。爆炸把中桅炸成了碎片，主桅杆只剩下了龙骨。爆炸伤及了五人，其中一人伤势严重。爆炸前，这个火球看上去有一块巨大的磨石那么大。

1954 年，物理学家多莫科斯·塔尔（Domokos Tar）在一场雷暴中观察到了雷击。大风中，一片灌木丛被削平。几秒钟以后，一个快速旋转的环出现了，它是花环形状的，距离闪电击中的地点大约 5 米远。这个环垂直于地面，周围的人可以看到它的全貌。它外径大约 60 厘米，内径大约 30 厘米。它在离地 80 厘米的地方快速旋转。它是由湿答答的叶子和灰尘组成的，旋转的方向是逆时针的。几秒以后，这个环可以自己发光了，颜色变得越来越红，然后变成了橙色、黄色，最终是白色。外面的环就类似于烟火。尽管下着雨，但可以看到很多高压放电。数秒以后，这个环突然消失了，同时在它的中间出现了球状闪电。最初，这个球只有一条尾巴，和环的旋转方向也是相同的。它和环的组成看起来是一样的，而且完全不透明。刚开始，球其实没有前后移动，但接着就以每秒 1 米的速度匀速向前。尽管狂风大作，暴雨倾盆，但它很稳定，移动的高度也没有变过。前行了 10 米以后，它突然消失了，没有发出任何声响。

类似这样的目击报告，大家还可以在网上搜索出来一大把，我选择的几个还是相对来说不算太离奇的目击报告，有很多目击报告给人的感觉就是不可思议。如果是科幻迷，应该知道刘慈欣先生还根据球状闪电的种种奇闻，创作过一篇长篇科幻小说，书名就叫《球状闪电》。小说中描述的球状闪电，比我前面选择的几个例子要离奇得多了。

对球状闪电的描述，差异很大。有人说它是上下移动，有人说它是左右移动，有人说它的移动很诡异，无法预测，还有人说它顺着风或逆着风盘旋。有人觉得它的移动受到了建筑、人、汽车等周围环境的影响，有人则认为这些对它完全没有影响。有的描述中形容它穿过了坚固的木头和金属，却没有留下痕迹，但也有描述形容它具有破坏性，会融化或烧毁这些物质。球状闪电的外形被认为和输电线有关，这些输电线可能有 300 米甚至更高，雷暴等破坏性天气的程度也会影响它的外形。对球状闪电的描述五花八门：透明的、不透明的、多色的、发光均匀的、射线状的火焰、细丝、火花；形状也是千奇百怪：球状、椭圆状、泪滴状、棒头状、圆盘状。

尽管球状闪电已经有了海量的目击报告，但是，大家看了我那么多章真假宇宙未解之谜的内容，应该能体会到科学界对于各种奇异自然现象是非常谨慎和保守的，没有可靠的证据，再多的目击报告也不足以得到科学共同体的承认。UFO 现象同样也是属于那种有海量目击报告的奇异现象，但现在科学界已经把 UFO 现象基本认定为各种自然现象给人导致的错觉。

由于球状闪电的很多目击报告显得特别地诡异，会不会也有可能是各种已知的自然现象导致的错觉呢？比如把着火的气球或者反光的云朵、烟雾看成了球状闪电呢？科学界对于球状闪电的真实存在性是有着很大争议的。不过，好运气落在了我们中国人头上，2012 年发生的一件事情，终于为球状闪电真实性的百年争议画上了句号。

事情是这样的，2012 年 7 月，兰州西北师范大学的研究人员在青海省一个雷暴天气中绘制辐射地图时，意外用高速摄影机记录下了一个难以捉摸的发光球。光球从地面升起，变成一道闪电，在地上穿行了 15 米，然后消失。研究人员说，它的直径约 5 米，只出现了不到 2 秒钟。这次的拍摄设备还安装了光谱仪，从而能够识别构成球状闪电的主要元素。他们发现球状闪电中包含：铁、硅、钙，这与土壤主要成分相同，因此，研究人员推测球状闪电很可能是由击中地面的普通闪电产生，闪电具有巨大的热量，完全可以将土壤中的二氧化硅蒸发。

这项研究发表在了 2014 年 1 月出版的著名的物理学权威期刊《物理学评论快报》[2]上，这被认为是有史以来第一份球状闪电的科学证据，证实了球状闪电的真实存在性，并提供了球状闪电产生原因的重要线索。

既然这个现象被证实了，那么对于科学家们来说，接下来的一个重要工作就是揭示球状闪电形成的原因。实际上，关于球状闪电的成因，在 2014 年直接证据出现之前，就已经有不少论文探讨了。

例如，2012 年 10 月 SCI 核心期刊《地球物理研究期刊》就发表了一篇论文[③]，探讨了球状闪电可能的一种成因。这篇论文是由澳大利亚的一个科研小组发表的，领衔的科学家洛克说："有很多关于在住宅或者飞机驾驶舱的玻璃窗附近看到球状闪电的观测报告。"闪电袭击会留下一条由带电粒子或离子形成的长长的尾巴。洛克称，在大部分情况下，这些带正电或者带负电的离子会在瞬间结合在一起，剩余离子会迅速移向地面。洛克的理论认为，其中一些离子会聚集在玻璃窗等没有传导性的物体外表。"这种离子越积越多，并产生能够穿透玻璃的电场。"但是，要想证明这个理论非常困难，因为它需要一个能够产生高达 1 亿伏电压的设备。

首次在实验室中生成疑似球状闪电的现象于 2013 年发表在了 SCI 核心期刊《物理化学期刊》上[④]。美国科罗拉多州空军学院的研究人员使用部分浸没在电解质溶液中的电极来产生高功率的电火花，结果产生了明亮的白色的等离子体状态的球。从外形上来看，非常像传说中的球状闪电。

关于球状闪电的假说多如牛毛，我排除掉那些明显不太靠谱的，比如什么微型黑洞之类的，至少还有十多种有待科学进一步探索的假说。其中汽化硅假说是最受重视的假说之一，该假说认为硅可以被高温汽化，所带的电荷会形成光球，2007 年在实验室中实现了寿命为几秒钟的发光球，而 2014 年兰州西北师范大学的那次发现也为这种假说提供了重要的证据。此外，还有很多个候选假说，例如带电固体核心模型、微波腔假说、孤子假说、纳米电池假说、浮力等离子体假说、自旋等离子体环假说等。说实话，很多英文名词我都不知道怎么翻译，就是直接采用的谷歌翻译的结果，我也实在没有力气去弄懂每一种假说都具体是什么意思。我想，对于我们这些科学爱好者来说，只要知道球状闪电确实存在，但它的成因依然是一个宇宙未解之谜就够了吧。

参考资料

① https://en.wikipedia.org/wiki/Ball_lightning
② https://www.livescience.com/42732-ball-lightning-video.html
③ https://agupubs.onlinelibrary.wiley.com/doi/abs/10.1029/2012JD017921
④ https://pubs.acs.org/doi/abs/10.1021/jp400001y

水知道答案吗？

水能有多神奇

有一本书，叫《水知道答案》，这是一本在国内非常畅销的伪科学读物，尽管它总是被分在科普这个类目下。这本书2009年由南海出版公司出版，作者是日本人江本胜。后来又有了第二册和第三册。一套三册的《水知道答案》2018年9月在当当网的售价是96元，被归类在了"科普读物"下，排名第11位。

那这本书到底说了些什么呢？简单来说，江本胜用拍摄的122张水结晶照片提出了以下的观点：与自来水相比，各种各样的天然水结晶可谓美丽至极，水听到了好听的音乐时呈现的结晶更是美不胜收；此外，把"谢谢"和"混蛋"两个词写给水看，它的结晶便会形成非常强的对比。这些照片都是在低温下利用放大率为200倍的显微镜拍摄下来的。

研究人员把水装到瓶子里，然后把打上字词的纸贴在瓶壁上给水看。当看到"爱和感谢"时，作者对照片的描述是"水呈现出几乎接近完美的结晶，好像在讲述大自然本来就起源于爱与感谢的故事"。作者还展现了用多国语言表示的"感谢"文字给水看时，水结晶都是美丽的六边形。而当看到"混蛋"之类的伤人语言时，水就无法形成结晶了。看到"气死我了，宰了你"时，"水竟然呈现出孩子被欺负时的样子"。你可以感受一下来自于水的喜怒哀乐。

研究人员还别出心裁地将玻璃瓶中的水放在两台音箱中间，让水"听"音乐。结果，他们的结论是，水听了贝多芬的《田园交响曲》，"结晶都呈现出非常浪漫的样子，美丽而工整，似乎有安抚疲惫身心的功效"；听了莫扎特的《第40号交响曲》，"结晶就像曲调一样，非常美丽，仿佛再现了莫扎特的奔放个性”；听了猫王的《伤心旅店》，“结晶一分为二，恰如心碎的感觉”；但听了作者认为曲调嘈杂的某重金属乐曲时，作者的描述是“与看到‘混蛋’一词时的反应相似，反衬的正是对音乐的感受，或者说对歌词的‘理解’”。

就是这样一本书，随着影响力的扩大，信以为真的人却在不断增加，各种仿效行为也出现了。2011 年时，广州有一个四年级的小学生，他每天上学前，会从冰箱里拿出两盒米饭，对着其中的一盒赞美，“你美得像个天使，我真不舍得扔了你”，对另一个用力骂，“你这么恶心，还敢待在我家里”。折腾完放回冰箱。冰箱里还有一盒米饭，从来不打开。据说，一个月后，一直被赞美的米饭还是白白的，只有一点黄，而被用力骂的米饭变得又黑又臭，至于完全不被理睬的米饭，则是变黄了。当时，南方都市报对这件事情进行过报道，题为“广州小学生米饭行为实验：米饭被大骂一个月会变臭”。而这个小学生之所以会有这样的实验念头，就是因为学校播放了《水知道答案》的科教纪录片。

在日本国内，信以为真的人也有。不过好在，也有实在看不下去，出来怒怼的。日本法政大学的左卷健男出了另一本书，叫《水不知道答案》。一看标题就是和江本胜针锋相对的。那他又是怎么怼的呢？

首先，左卷教授认为，“已经出书了”、“都拍成照片了”，光这两点就会导致一定数量的人信以为真。更何况，不是任何人都可以拍到这样的照片，我前面已经介绍过，这些照片是在低温下利用放大率为 200 倍的显微镜拍摄下来的。极少会有人亲自做一做实验去验证一下。专业的显微镜也是科学工具，操作难度也挡住了很多人。这就类似于在电视上验证特异功能，总有人会信以为真。

那么，这些照片是真实的吗，水结晶真的会有各种引人遐想的形状吗？随着这本书走出日本国门，西方也有学者要出来说两句了。加州理工大学物理系主任肯尼斯·勒布瑞切特是研究水结晶的专家。他解释说，温度和湿度是决定水结晶形态和形状最重要的两个因素。如果结晶温度在零下 5—10 摄氏度之间，水结晶更容易形成柱状或是针状的结构。到了零下 15 度，水结晶会倾向于结成片状雪花。雪花的复杂程度和湿度有关。湿度越小，雪花的形状就越简单。他的结论是，这些情况跟水结晶是否听到了优美的音乐、看到了温暖的单词没有任何关系。

美国《新科学家》杂志刊登的一篇文章则认为，江本胜的实验设计存在人为操纵。江本胜是以结果为导向，选出了合适的、对自己观点有利的照片刊登，而没有将全部的照片公之于众。这样做就回避掉了对自己结论不利的照片，江本胜完全可以一百张照片里只挑出最支持自己论点的一张刊登。

好了，这是质疑江本胜的。那么江本胜是怎么回应的呢？江本胜曾经对结晶的制作和摄影方法做了一个总结。其中的关键步骤就是先把装水的容器在零下 20 度的冷库内放 3 个小时，然后把这些容器拿到零下 5 度的低温室中，逐一将光对准冰的凸起部分，再用放大率为 200 倍的显微镜观察，拍下照片。左卷教授认为，正是这些步骤使六边形、树枝状的水结晶的形成成为可能。

把在冰箱里零下 20 度时形成的冰，拿到零下 5 度的房间里，冰的温度会随之上升。显微镜的光线照射也会使冰的温度上升。冰面温度上升到零下 15 度时，冰的凸起部分就会有雪的结晶出现。很多结晶的照片就是在这种情况下拍摄的。如果显微镜聚焦的光线照射的时间稍微长一点，数秒钟以后，结晶就会以 2 倍左右的速度生长。这当中，也会有各种奇形异状出现，然后冰融化了，结晶也就不存在了。从出现到消失，各种形状都可能出现，摄影者可以随心所欲拍到自己想要的效果。

江本胜当然不会认可这些说法。他在书中写得很明白："为什么水听到音乐，结晶会发生变化呢？为什么听到不同声音或看到不同文字的水，会呈现出不同的面貌呢？这一切都是因为有'波动'存在，还因为水对万物发出的波动都非常敏感，能将它们如实地复制下来。"

那么作者口中的波动具体指的是什么呢？书中的原文是：我们未必能听到所有的声音，也许极少数人拥有能听到树或花草之间对话的能力，但绝大多数人的耳朵听不见植物发出来的声音，所以比较稳妥的说法是，万物发出的每一种波动，都能被置换成各不相同的声音。

波动在物理学中表示一种物质的运动形式，指的是空间或物体的一部分受到外界作用而发生状态变化，并且以一定速度不断向周围传播开来的现象，比如水波受到周围一个水波的扰动而跟着运动起来，这就是泛起了涟漪。江本胜描述的听上去像是"声波"。声波是由于空气疏密程度的变动而引起的波动。而江本胜所说的万物的波动都变成了声音，也是误读。波动的重要性质之一不是发声，而是传递能量。对于声波而言，微小柔和的声音发出的功率大约是 10^{-9} 瓦，大声叫喊的时候，发出的功率是 10^{-3} 瓦，大型管弦乐队发出的功率大约是 10 瓦。

江本胜还认为，语言发出的波是"语言所具有的意识的能量"，水发出的波与其他发生源发出的波产生共振。因为"波动"和"共振"都是科学用语，会给人非常高大上的感觉，所以这里江本胜用了雅俗联姻的方法，为缺少科学常识的受众营造出了貌似科学的氛围。我经常说，什么是伪科学呢，就是宣称自己是科学，或者使用了一大堆科学术语，但又不符合科学研究的基本范式，这就是伪科学。

今天我们主要介绍了畅销书《水知道答案》中和水结晶各种照片有关的部分。这本书除了图片，也还有不少文字部分的观点描述。下一节，我们就看看，它还有什么我们不知道、水却能知道的答案。我们还要再去深入调查一下作者的背景和他神秘化水结晶背后的动机。

商业利益的牵绊

上一节，我们介绍了《水知道答案》中的那一百多张水结晶照片的故事。今天我们就来看看除了这些照片，这本书还说了些什么。我还对作者做了个背景调查。

在该书的第二章《水是不同空间的入口》中，作者写道："冰可以浮在水上，水可以溶解其他物质，水为什么具有这样不可思议的性质？如果从'水本来就不是地球上的物质而是来自宇宙的其他地方'进行推想，这个疑问也就迎刃而解了。在地球上，生命诞生，而且构成近乎完美的系统并且不断进化，这一切都使我们不得不感到它的背后有个很大的秘密。于是我们想到：从宇宙送到地球上的水蕴含着生命的信息。"

水会不会来源于宇宙呢？答案是：有可能。但这绝对不是什么"背后的很大的秘密"，而是一些严肃的科学发现。2014年时，美国伍兹霍尔海洋研究所的科学家提出，地球海洋出现的时间远远早于以前的估计，很可能是46亿年。当时，整个太阳系正在形成，太空中的彗星和小行星撞击了地球，随之带来了大量的水。研究人员表示，这个证据说明陨石和小行星能携带大量水冰。我想补充一点，我们说一本书是伪科学书籍，并不等于这本书里的每个词每句话都是错的，特别是现在流行雅俗联姻的表达方式，关键是看它呈现证据的方式是否合理、表达观点的逻辑是否成立。

在第三章《意识创造奇迹》中，作者写道："目前已经被证实的元素有 108—111 种，但我想事实上肯定不止这么多。佛教说人有 108 种烦恼。所谓烦恼，就是我们生而为人的迷惘、执着、忌妒、虚荣等心态。烦恼又衍生出痛苦。我总在想，人的 108 种烦恼会不会和 108 种元素是一一对应的？"

实际上到现在为止，发现的元素至少有 111 种，以后还有增加的可能，108 这个数字已经过时了。可要用起来的时候，作者还是采信了 108 这个数字，而不是用 111。这种简单的数字类比实际上很容易，例如：我们也可以说，目前已经被证实的元素有 111 种，111 分别对应三障。一报障，二业障，三烦恼障。其实除去地球上自然界里不存在的元素，只有 90 多种元素。9 就能化解三障，因为佛陀说化解三障记住 9 个字：善护念，离诸相，无所住。

像这样的巧合实际上无处不在，因为数字就那么几个。说完了这些，我还想给出一个判定书籍是否是伪科学书籍的好方法，那就是调查作者的背景资料。以下是我对江本胜公开资料的一个整理。

第一，作者没有发表过专业论文。有人在网上揭露过江本胜虽然头衔中有"医学博士"，但其实是替代医学的医学博士，并不受到主流医学界的承认。在国外，替代医学是指被划定在现代医学之外的补充疗法，常见的有冥想、按摩、针灸、饮食疗法和我国的传统医学。按照科研惯例，如果江本胜的关于水的"波动"学说具备科学性，那么他应该在有同行评议的核心期刊上发表过论文。我在以前的章节中也介绍过，核心期刊上论文的可靠性是要高于个人出版的图书的。

第二，作者面对质疑，认为自己出版的不是科普图书，不需要每句话都经过科学家的审核。随着影响力的扩大，作者面对质疑时的回应也是大有看点的。日本国联大学副校长安井志是这么说的：在以科学立国为宗旨的日本，《水知道答案》书里这样超自然的信息被传扬，是一件使人感到羞耻的事。面对质疑，江本胜一会儿说自己出版的其实是诗集，一会儿又说“这只是门外汉出的书，没有认为它是科学或与科学沾边的”，但不死心的他还加了一句，“今后，我认为还会被周围的科学家用科学的方法证实”。他的这句辩解，给人留下了一种“这是科学，只是尚未证实”的印象。关于自己的书籍是不是伪科学，他的回答是：我认为这不是伪科学，在摄影者意识的作用下，美丽的东西可以得到展现，我们都明白这到底算不算客观存在。

第三，作者醉翁之意不在酒，除了卖书，还有更大的商业利益埋藏在背后。江本胜自称用波动测定器 MRA 给很多人测定了各自的波动，然后根据测定结果他给不同的人推荐了不同的波动水。那这又是怎么回事呢？

首先，MRA 是美国人罗纳德·温斯托克开发的一种磁共振分析仪。原理是任何一种物体都具有固定的振动波，对照这种振动波的共振波数，就可以诊断出疾病。检查过程是这样的，举个检查肝病的例子，工作人员先记录下肝脏的共振波数，输入 MRA 仪器中。被检测者把手压在探针上就可以把波动送出去。波动是否发生了共振可以从这个仪器发出的声音得知。把肝脏特有的波动所发生的共振和正常的波动进行对比，就可以将疾病导致的紊乱数值揪出来。比如与正常波动值的差在 −21 到 +21 之间，如果是 +21 则完全没有问题，如果是 −21，则病得不轻。

江本胜对这套仪器赞不绝口，他是这么说的：利用MRA这种仪器可以测定含有水的生物的特性；MRA仪器可以把各物质本身特征波动的信息转录给水；把对健康有益的编号转录给水，水就变成了波动水。而他推广的波动健康咨询的内容就是，利用MRA发现疾病，然后再喝与疾病对应的波动水，这样就可以把病治好了。这里说了那么多，其实和我们周围鼓吹酸性水有毒、要喝碱性水的那套说辞差不多。

上一节，我们已经介绍过了波动，江本胜的波动和物理学界所使用的“波动”不是一个概念。在宝岛社出版的《向超科学者先生们的大回击》一书中，作家福本博文一针见血地指出，MRA完全是虚假的机器。

他提出了四点质疑并自问自答了一番，看样子是拆解了机器来了个大探秘：

一、MRA的宣传是认为它会对被测定对象施加极其微弱的磁性，它有这种功能的证据在哪里？答：虽然声称可以测定微弱的磁性，但仪器构造中没有一条回路具有这项功能。

二、数字编号相互对应的原理是什么？答：编号只是显示器上显示出来的数字而已，与仪器内部其他部分根本就没有连接起来，与仪器的频率、电压、电流根本没有关系。

三、判断共振和非共振的原理是什么，判定后声音是怎样变化的？答：发出来的声音与编号没有任何关系。发出声音的装置，只是手与放在它上面的金属球之间的、由电阻决定了频率的发振器，操作者可以随意改变频率。

四、什么叫作“信息被转录给水”？答：具有转录功能的构造根本不存在。

福本的结论是：MRA 只是测量手掌皮肤表面电阻的仪器，简单说来，它的原理和测谎仪差不多。所以，操作者可以随意控制 MRA 来显示数据。与这个数据相连在一起的江本胜的波动水，当然也只是一般的水而已，是自来水也是有可能的。

江本胜和他的书，以及背后的故事，都已经说完了。但遗憾的是，目前这套书仍然在作为科普图书出售，销量也很好。我们需要警惕的是，有一些书籍它没有科学理论的支撑，只是用科学术语伪装起来，就能轻易地使读者相信。以下这些词就经常被滥用：除了最常见的纳米和量子，还有波动、共振、分子簇、负离子、能量、活性。这些词语有它严谨的科学定义，但在伪科学中被随意滥用了。

有这样一种为《水知道答案》和“米饭实验”辩护的观点，认为虽然不符合客观事实，但是得出的结论是教人向善的，目的是好的，没必要否定。我对这个观点持反对态度，因为用谎言来教人向善是不可取的，同样，用谎言驳斥谎言也不可取。用一个虚假实验来教导人向善最终反而会让人的价值观崩溃，因为真相迟早有一天会浮现。客观真实的现象一样可以教人向善，我们没有必要因小失大。